KB232266

4주완성 합격마스터

산업안전지도사

3차 면접 | 건설안전분야

안우현(안길웅) 편저

도서출판 오스틴북스

차 례

질문목록

1. 건설안전관련법규

1-1. 산업안전보건법

분류	회차	질문내용
1. 총칙	8	1. 산업안전보건법의 목적과 그 특징에 대해 설명
	9	2. 산업재해의 정의에 대해 설명
	8	3. 중대재해의 정의와 여기에는 어떤 것 이 포함되는지 설명
	8	4. 산업안전보건법령상의 중대재해와 중대산업사고에 대해 설명
	8.10	5. • 자율안전보건컨설팅에 대해 설명
	9	• 자율안전컨설팅과 원하청 상생협력에 대해 설명
	13	• 자율안전컨설팅 신청자격과 공사규모별 외부전문가 요건 차이에 대해
	9	6. 재해율과 사망만인율에 대하여 설명
	8.9.11.12	7. 산업안전보건법령상 사업주의 의무에 대하여 설명
	9.10	8. 산업안전보건법령상 사업주의 안전보건 조치사항에 대하여 설명
2. 안전보건관리 체제 등	15	9. 산업안전보건법상 이사회 승인 대상 및 내용을 설명
	15	10. • 사전조사 및 작업계획서 작성대상 공사에 대해 설명
	14	• 사전조사 및 작업계획서 작성 등 건설작업에 대해 설명
	15	11. • 건설현장의 안전관리자 업무에 대해 설명
	14	• 안전관리자 증원.교체사유에 대해 설명
	15	• 안전관리자 자격에 대해 설명
	8	12. 건설공사 보건관리자 선임기준에 대해 설명
	8	13. 안전보건관리담당자와 안전보건조정자에 대해 설명
	14.15	14. • 산업안전보건위원회에 심의의결 거쳐야 하는 사항에 대해 설명
	13.15	• 산업안전보건위원회, 노사협의체, 안전보건협의체에 대해 설명
	15	• 산업안전보건위원회, 안전보건협의체 구성요건
	10.15	15. 안전보건관리규정에 대하여 설명
3. 안전보건교육	15	16. 근로자 안전보건교육 교육과정별 교육시간에 대해 설명
	9	17. • 산업안전보건법령상 근로자 정기안전교육내용에 대하여 설명
	8	• 기초안전보건교육에 대해 설명
	8	18. 안전보건교육규정에서 정하는 강사자격 요건에 대해 설명
4. 유해 · 위험 방지 조치	9	19. 법적으로 근로자에게 알려야 하는 제도에 대해 설명
	8	20. 산안법상 근로자 대표에게 확인 혹은 통지 해야하는 법조항에 대해 설명
	14	21. • 유해위험요인, 위험성, 위험성평가 정의에 대해 설명
	12	• 위험성평가 시 유해위험요인 확인방법에 대해 설명

분류	회차	질문내용
	9.10.11	22. • 위험성평가의 정의 및 절차에 대하여 설명
	14	• 사업장 위험성평가에 관한 지침상 위험성평가 절차와 내용에 대해 설명
	15	23. 위험성평가 근로자 참여 범위, 위험성평가의 방법에 대해 설명
	9.11	24. • 위험성평가의 위험성 결정방법과 그 상세식에 대하여 설명
	11	• 위험성평가 시 계산방법에 대해 설명
	10	• 위험성평가의 위험도 계산에 대하여 설명
	9	25. • 위험성평가 중 수시평가에 대하여 설명
	14	• 위험성평가 결과와 조치사항 기록.보존 포함사항과 기록.보존기간에 대해 설명
	9.12	26. 안전성평가와 위험성평가의 차이점에 대하여 설명
	15	27. 안전보건표지에 대해 설명
	8	28. 근로자 건강장해를 유발하는 유해인자관리에 대하여 설명
	8	29. • 유해위험방지 계획서 대상 사업장 종류에 대해 설명
	15	• 유해위험방지계획서 건설공사 종류에 대해 설명
	15	• 유해위험방지계획서 작성 대상 공사에 대해 설명
	15	30. • 유해위험방지계획서 자체심사 및 확인업체의 기준에 대해 설명
	13.14	• 유해위험방지계획서 자체심사 및 확인업체 선정기준과 자체심사 및 확인방법에 대해 설명
	8	31. • 지도사가 평가하는 유해위험방지계획서 대상공사의 범위에 대해 설명
	15	• 유해위험방시계획서 중 지도사가 평가・확인할 수 있는 대상 건설공사의 범위 및 지도사의 요건에 대해 설명
	14	32. 안전보건진단의 종류와 내용에 대해 설명
	15	33. • 안전보건진단에서 종합진단에 대해 설명
	15	• 경영・관리적 사항에 대한 평가 내용에 대해 설명
	15	34. 사업주 및 근로자의 작업 중지권에 대해 설명
	8	35. 악천후시 작업중지에 대해 설명
	13	36. • 산업안전보건법상 중대재해의 정의와 중대재해 발생 시 보고내용, 산업재해조사표의 내용과 제출기한에 대해 설명
	14	• 중대재해 발생 시 사업주 조치사항과 보고내용에 대해 설명
5. 도급 시 산업 재해 예방	8.11.15	37. • 도급사업 시 산업재해 예방 조치 사항에 대하여 설명
	13	• 관계수급인 근로자가 도급인의 사업장에서 작업을 하는 경우 도급인이 이행해야 할 사항에 대해 설명
	13	38. • 산업안전보건법상 건설공사발주자의 산업재해 예방조치에 대해 설명
	15	• 안전보건대장 작성대상에 대해 설명
	14.15	39. • 안전보건대장 단계별(기본,설계,공사) 포함내용에 대해 설명
	15	• 공사안전대장 이행점검 확인시기에 대해 설명
	8	40. 안전보건조정자에 대해 설명

질문목록

분류	회차	질문내용
	8	41. • 산업안전보건법령상 위험가설구조물의 설계변경에 대하여 설명
	12	• 산업안전보건법상 설계변경 요청대상에 대해 설명
	13	• 산업안전보건법에서 설계변경 요청 대상과 전문가의 범위에 대해 설명
	8	• 설계변경 요청 대상과 검토자격자에 대해 설명
	14	42. • 산업안전보건관리비 계상의무 및 기준
	8.11	• 산업안전보건관리비에 대하여 설명하고, 사용기준에 따른 사용항목에 대해 설명
	14.15	• 산업안전보건관리비 중 안전교육비 사용기준
	13	43. 산업안전보건관리비와 안전관리비의 계상기준과 사용항목을 각각에 대해 설명
	11.12	44. • 지도분야 건설재해예방전문지도기관의 지도대상 공사에 대해 설명
	8.9.10	• 재해예방기술지도 대상공사와 제외대상공사에 대하여 설명
	8	• 전문재해예방기관에 기술지도를 받아야할 대상 사업장 범위
	9.10.11	45. • 건설재해예방전문지도기관의 지도기준에 대해 설명
	9.13	• 건설재해예방전문지도기관의 기술지도 수행방법에 대해
	9	• 기술지도후 보고해야할 사항, 방법, 시기 등에 대해 설명
	9.10.12	46. 건설재해예방기술지도 계약서에 포함되어야 하는 사항에 대해 설명
	15	47. 재해예방전문지도기관 인력 및 장비 기준
	12	48. • 노사협의체 설치대상 및 구성에 대해 설명
	14	• 노사협의체 근로자위원과 사용자위원 구성에 대해 설명
6. 유해. 위험 기계 등에 대한 조치	9	49. • 산업안전보건법령상 개인보호구에 대하여 설명
	11	• 산업안전보건기준에 관한 규칙에서의 공정별 안전보호구 종류에 대하여 설명
	12	• 사업주가 지급해야 할 개인용 보호구 종류에 대해 설명
	15	• 보호구 종류 및 착용작업에 대해 설명
	8	50. 성능평가대상 개인보호구 종류
	8	51. • 안전모의 성능시험 5가지에 대하여 설명
	9	• 안전모의 성능평가방법에 대해 설명
	8	52. 안전대의 등급에 대하여 설명
	14.15	53. 안전대 폐기기준 (로우프, 벨트, 재봉부분, D링, 후크 및 버클 구분하여 설명)
7. 유해. 위험 물질에 대한 조치	15	54. 기관석면조사 대상에 대해 설명
	9	55. 석면 해체, 제거 대상작업에 대하여 설명
8. 근로자 보건 관리	8.12	56. 유해・위험작업의 취업제한에 관한 규칙상 자격 및 작업내용에 대하여 설명
9. 산업안전지도사 및 산업보건지도사	8.9.10.15	57. • 산업안전지도사의 업무영역에 대해 설명
	14	• 건설안전분야 산업안전지도사 업무범위, 건설안전분야 평가.확인 건설공사 범위와 지도사요건

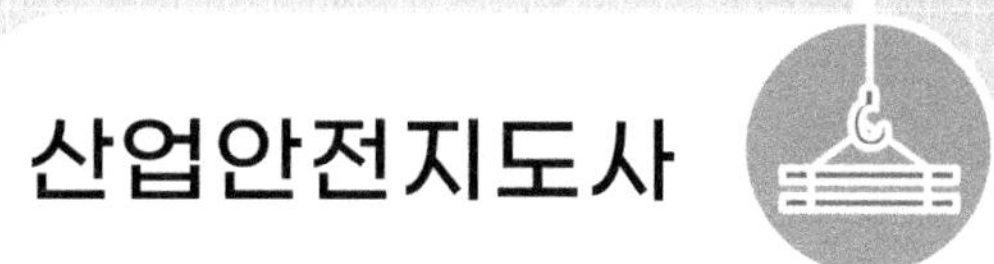

1-2. 건설기술진흥법

분류	회차	질문내용
1. 건설공사의 관리	8.10	1. 공사관리 4요소
	8	2. BIM을 설명하고 안전과 관련하여 활용 사항에 대하여 설명
	7.8.9.10	3. PTW(permit to work)에 대하여 설명
	8	4. 안전관리계획서의 통합제출에 대해 설명
	12	5. 안전관리계획서 작성 시 공종별 세부 안전관리계획에 대해 설명
	10	6. 안전관리계획서에서 설계자와 시공자가 하는 일에 대하여 설명
	8	7. 건설기술진흥법상 점검종류와 점검실시시기에 대해 설명
	8	8. 건설기술진흥법령상 가설구조물의 구조적 안전성 확인사항 5가지에 대해 설명
	8.9	9. 설계안전검토보고서(DFS : Design For Safety)에서 설계자와 시공자의 업무 사항에 대하여 설명
	9	10. • 설계안전검토보고서(DFS : Design For Safety)의 제출처 및 대상건설공사 중 굴착공사의 기준에 대하여 설명
	10	• DFS에서 굴착깊이의 기준에 대하여 설명
	11	11. • 안전관리비에 대해 설명
	8	• 안전관리비 사용기준에 대해 설명
	15	12. 토목, 건축 관련 기술인 교육 제한일자
	8	13. 건설기술진흥법령상 안전교육에 대하여 설명
	8.9	14. • 건설기술진흥법령상 건설사고에 대하여 설명
	12	• 건설기술진흥법의 건설사고와 중대한 건설사고에 대해 설명
	8	15. • 중대재해 발생 시 사고조사위원회의 운영방법에 대하여 설명
	9	• 건설공사 사고 시 위원회를 구성하는데 위원회 구성인원과 운영방법
2. 건설공사 참여자 안전 관리	9	16. • 감리원의 안전관리 역할에 대하여 설명
	10	• 감리업무지침의 안전전담감리업무에 대하여 설명
	12	17. 발주자 및 건설공사 참여자 안전관리 수준평가 내용

1-3. 기타 관련법

분류	회차	질문내용
1. 산업재해 보상법	10	1. • 업무상 산업재해에 대하여 설명
	9	• 산재성립기준에 대하여 설명
2. 건설산업 기본법	8.9	2. • 건설공사 클레임의 유형에 대하여 설명
3. 대기환경 보전법	11	3. • 비산먼지 발생원인 및 방진대책, 방진막 설치기준에 대하여 설명
4. 중대재해 처벌법	11	4. • 산업안전보건경영시스템에 대해 설명
	9	• 산업안전보건경영시스템의 혜택에 대해 설명

질문목록

2. 안전관리이론

분류	회차	질문내용
1. 총칙	8	1. 안전에 대해 설명
	7	2. • 안전보건관리조직 체제에 대해 설명
	7	• 라인형, 스태프형, 라인스태프형의 장점과 단점
2. 재해발생 및 예방이론	9	3. 재해요인에 대하여 설명
3. 재해조사 및 원인분석	8	4. 4M에 대하여 설명
4. 안전활동기법	9.11	5. 무재해운동 3원칙에 대하여 설명
	8	6. 위험예지훈련에 대하여 설명
5. 안전심리	9	7. • 재해빈발자에 대하여 설명
	13.15	• 재해빈발자의 유형과 안전대책에 대해 설명
	8	8. 감성안전에 대해 설명
6. 인간공학	8	9. 휴먼에러의 분류와 방지대책에 대해 설명
	8	10. • 휴먼에러의 종류의 예를 설명
	8	• Slip와 Lapse 및 Mistake와 Violation(위반)의 각각의 차이점
7. 시스템공학	7.10	11. • 페일 세이프(Fail safe)에 대하여 설명
	9	• Fail safe를 적용한 사례가 9가지 정도 있는데, 아는 대로 설명
	8	12. • Fail safe와 Fool Proof에 대해 설명
	8	• 현장에서 Fail safe와 Fool Proof의 구체적인 예를 설명
	8	13. • Risk와 Hazard 및 Danger와 Peril의 각각 차이점에 대해 설명
	8	• Risk Assessment와 Risk Management에 대해 설명
	8	14. Event tree와 Fault tree에 대해 설명

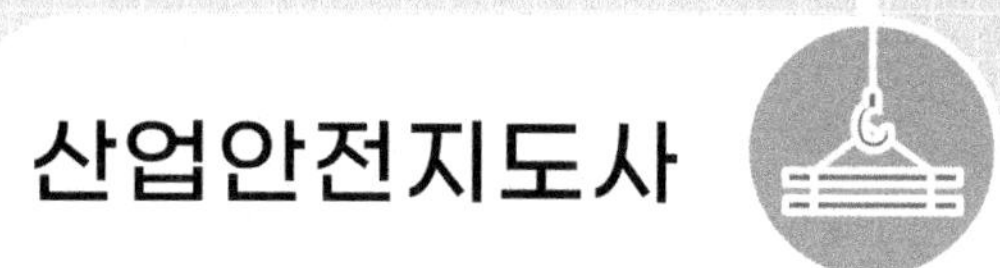

3. 건설공사 안전기술

3-1. 건설시공(공법 및 시공방법)

분류	회차	질문내용
1. 가설	**1. 총칙**	
	8	1. 안전인증 가설기자재에 대해 설명
	8	2. 방호장치 안전인증 고시와 방호장치 자율안전기준 고시의 추락, 낙하 및 붕괴 등의 위험방호에 필요한 가설기자재 분류에 대해 설명
	15	3. 가시설 성능기준을 받지않아도 되는 사항에 대해 설명
	14	4. 가설기자재의 생산, 유통, 사용 측면(3가지)에서의 안전대책에 대하여 설명
	10.11	5. 가설재 제작 임대업체 사용자별 준수사항에 대하여 설명
	10	6. 가설기자재(9종) 시험에서 종류와 성능기준, 시험방법에 대하여 설명
	8	7. 가설구조물에 작용하는 하중의 종류에 대하여 설명
	9	비계, 거푸집동바리 등 가설구조물 설계시 작용하는 하중의 종류에 대해 설명
	13	8. 가설재 설계시 하중에 대하여 거푸집 동바리를 중심으로 설명
	2. 가설통로	
	8.13.14.15	9. • 산업안전보건기준에 관한 규칙상 가설통로 설치시 준수사항과 설치각도에 따른 가설통로의 종류
	10.11	• 가설통로의 종류 및 각도에 따른 설치방법에 대하여 설명
	14	• 산업안전보건기준에 관한 규칙상 통로조명, 통로의 설치 및 유지기준, 가설통로 설치 준수사항
	15	10. 가설공시 표준인진작업지침상 가설경사로 설치기준에 대해 설명
	15	11. 산업안전보건기준에 관한 규칙상 계단, 계단참 설치 시 기준
	14.15	12. 사다리식 통로 설치 시 준수사항
	15	13. • 산업안전보건기준에 관한 규칙상 이동식 사다리 설치기준
	14	• 이동식사다리 사용하여 작업 시 준수사항
	3. 비계	
	14	14. • 비계의 재료, 작업발판 최대적재하중, 작업발판구조에 대해 설명
	8.9.10.11	• 높이 2미터 이상 작업 시 작업발판 설치기준에 대하여 설명
	8	15. • 가설비계 조립 시 준수사항에 대하여 설명
	13	• 5m 이상 비계조립, 해체하거나 변경하는 작업을 하는 경우 준수사항에 대해 설명
	13	16. • 기상악화로 작업 중지 후 비계의 점검사항에 대해 설명
	8.9	• 가설비계 조립 중 폭풍우로 인해 작업을 중지 한 후 작업재개 시 점검해야할 사항에 대해 설명
	12	17. • 강관비계 구조에 대해 설명
	13	• 강관비계 조립 시 준수사항과 강관비계 구조에 대해 설명
	14	18. 강관틀 비계 조립・사용 준수사항에 대해 설명
	9	19. 달비계 와이어로프의 매듭방식에 대하여 설명
	15	20. 달비계 최대적재하중의 산출근거 및 와이어로프의 안전계수 설명
	12.13.15	21. • 시스템비계의 조립 작업 시 준수사항에 대해 설명
	11	• 고층건물 외부의 시스템비계 설치 시 안전조치 사항에 대하여 설명

질문목록

분류	회차	질문내용
	4. 가설도로	
	14	22. • 이용시 준수사항에 대해 설명
	15	• 가설공사 표준안전작업지침상 가설도로를 설치하여 사용 시 준수사항에 대하여 설명
	5. 가설전기	
	8	23. 건설공사 가설전기에 대하여 설명
	14.15	24. 전기배선 및 이동전선 위험방지 조치에 대해 설명

분류	회차	질문내용
2. 건설기계	**1. 총칙**	
	8	1. • 건설현장에서 건설기계의 주행성에 대하여 설명
	8	• trafficability의 의미와 장비별 콘지수
	7.9.10	2. • 운전석 이탈금지 건설기계에 대해 설명
	12	• 운전위치의 이탈금지 기계 3가지에 대해 설명
	11	3. 건설기계 이송 시 안전대책에 대해 설명
	15	4. 신호체계를 갖춰야 하는 공사에 대하여 설명
	9	5. 건설현장에서 사망사고가 다발하는 5대 건설기계에 대하여 설명
	2. 차량계 건설기계	
	8.11.13.14	6. 차량계 건설기계의 종류와 산업안전보건기준에 관한 규칙에서 정한 작업 시 안전조치 사항에 설명
	12	7. 항타기 · 항발기 전도방지에 대해 설명
	8	8. 최근 굴착기 사고 증가에 따른 작업전 점검방법에 대해 설명
	8	9. • 펌프카를 이용한 콘크리트 타설시 사고원인 및 방지대책에 대해 설명
	10.11	• 콘크리트 펌프카 사용 시 준수사항에 대하여 설명
	9.13	10. 아스팔트피니셔의 위험요인과 안전대책에 대해 설명
	3. 양중기	
	7.9	11. 산업안전보건법령상 타워크레인을 자립고 이상의 높이로 설치하는 경우에 다음 지지방법별 준수사항에 대해 설명
	14.15	12. 타워크레인 조립 · 해체 시 특별교육에 대해 설명
	8.9	13. • 이동식크레인의 위험요인 및 대책에 대하여 설명
	10	• 이동식크레인 사용 시 준수사항에 대하여 설명
	12	14. 리프트 안전대책에 대해 설명
	10.11	15. 곤돌라 작업 시 안전대책에 대해 설명
	4. 양중기의 와이어로프 등	
	10	16. • 와이어로프의 안전계수에 대하여 설명
	8	• 와이어로프 폐기기준과 직경 측정기구에 대해 설명
	8	17. 슬링벨트 폐기기준과 인장하중 측정에 대해 설명
	5. 차량계 하역운반기계	
	13.15	18. • 지게차의 방호장치 종류에 대해 설명
	7.10	• 지게차 안전에 관하여 설명

분류	회차	질문내용
3. 토공사	**1. 토질**	
	8	1. 토압의 종류에 대해 설명
	15	2. • 흙의 전단강도 공식
	15	• 쿨롱의 전단강도 공식
	2. 굴착	
	14	3. 굴착공사표준안전작업지침상 지질조사 시 사전조사 사항에 대해 설명
	13	4. 굴착작업시 사전조사 내용과 작업계획서의 내용에 대해 설명
	11.14.15	5. 깊은 굴착공사 시 사전조사사항에 대하여 설명
	12	6. 깊은 굴착작업 시 준수사항에 대하여 설명
	8	7. 굴착공사 시 지하매설물 안전조치사항에 대하여 설명
	14	8. • 기존구조물 지지방법 준수사항에 대해 설명
	15	• 기존구조물 인접굴착 시 준수사항에 대해 설명
	12.15	9. 굴착면 기울기 기준에 대해 설명
	14.15	10. • 굴착공사표준안전작업지침상 토석의 붕괴형태에 대해 설명
	14.15	• 토사붕괴 예방을 위한 점검사항에 대해 설명
	8.9	11. 개착 굴착공사에서 계측기의 종류에 대하여 설명
	9	12. 도심지의 협소한 공간에서 공사 시 바닥에 자재를 효율적으로 적재 할 수 있는 공법에 대하여 설명
	3. 흙막이	
	8	13. 토류판 흙막이 현장 굴착중 다량의 지하수 누수시 제일먼저 해야할일에 대해 설명
	10	14. • 흙막이공사의 가시설에서 안전을 확보하기 위하여 설치하는 계측기의 종류5가지에 대해 설명
	8.12	• 흙막이 공사 계측기 종류와 목적
	4. 기초	
	8	15. 부마찰력에 대해 설명
	8	16. 면진구조
	5. 사면	
	15	17. 천단부 붕괴 각도와 붕괴원인에 대해 설명
	6. 옹벽	
	8	18. • 옹벽의 종류와 안정조건
	12	• 옹벽의 안전진단 8가지 기준

분류	회차	질문내용
4. 구조물공사	**1. 총칙**	
	9	1. 탄성계수와 소성계수 차이, 적용
	8.10	2. 탄성계수와 변형계수에 대하여 설명
	2. 거푸집 · 동바리	
	9	3. 콘크리트 공사에서 거푸집의 수평방향 허용오차에 대하여 설명
	8.10	4. 작업발판 일체형거푸집의 종류와 안전대책에 대하여 설명
	9.10.12	5. 콘크리트공사표준안전작업지침상의 거푸집공사에서 거푸집, 동바리, 콘크리트 타설 시 점검사항을 각각 2개씩 설명

질문목록

분류	회차	질문내용
	3. 철근	
	8	6. 철근의 가공 방법에 대하여 설명
	9	7. 철근 절단작업의 종류와 주의사항에 관하여 설명
	14.15	8. 철근 인력운반과 기계운반 시 준수사항에 대해 설명
	4. 콘크리트	
	8	9. 콘크리트 헤드에 대해 설명
	8.15	콘크리트 측압공식과 측압에 영향을 주는 인자에 대해 설명
	15	콘크리트 벽체 두께 구하는 공식, 기둥 측압산정 공식과 계수에 대해 설명
	7.9.11	10. 콘크리트공사표준안전작업지침상의 콘크리트 타설 시 안전수칙에 관하여 설명

분류	회차	질문내용
5. 철골공사	8.9.10	1. 철골 자립도 검토 대상에 대해 설명
	15	2. 철골공사 표준안전작업지침상 사전에 계획하여 철골 공작도에 포함되어야 할 안전시설에 대해 설명
	15	3. 철골건립전 준비사항과 반입시 준수사항에 대해 설명
	15	4. • 철골공사표준안전작업지침에 따른 철골 인양시 준수사항에 대해 설명
	14	• 철골공사표준안전작업지침상 철골건립을 위하여 철골기둥을 인양할 때 준수사항
	9.10.13	5. • 철공공사 시 안전대책에 대하여 설명
	15	• 철골공사표준안전작업지침상 철골공사 안전준수사항에 대해 설명
	15	6. 철골공사 안전시설물에 대해 설명
	15	7. 구명줄 로프 기준에 대해 설명
6. 초고층공사	8.9.12	8. 건축물의 연돌현상에 대한 문제점과 대책에 대하여 설명
	9	9. 초고층 건축물의 가설구조물에 대하여 설명
7. 해체공사	9	10. 건축물 해체 시 고려사항에 대하여 설명
	12.13	11. 건물 등의 해체작업시 사전조사 내용과 작업계획서의 내용에 대해 설명
	8.14.15	12. 해체공사 시 구조물 사전조사 사항에 대해 설명
	15	13. 해체공사시 절단톱 공법을 사용할 경우 주의사항에 대해 설명
	15	14. 해체공사시 지반침하, 분진, 소음에 대한 대책에 대해 설명

분류	회차	질문내용
8. 터널공사	9	1. TBM과 실드, 침매터널의 차이점에 대하여 설명
	9	2. 터널의 스프링라인에 대하여 설명
	9	3. TBM공법에서 버력처리 방법에 대하여 설명
	11	4. 발파표준안전작업지침상 발파 시 진동, 파손 우려에 대한 통제사항에 대하여 설명
	9	5. • 발파시 진동에 대한 수치와 영향을 최소화하기 위한 방안에 대해 설명
	11	• 발파 시 진동관리기준에 대해 설명
	9.10.13	6. • 터널굴착공사를 할 때 환기방법에 대하여 지침에 나온 내용을 중심으로 설명
	8.9.10.11	• 터널 작업 시 환기방법, 작업대기 시간, 및 사용금지된 내연기관을 가진 건설기계 에 대하여 설명
9. 교량공사	10.14	7. 산업안전보건기준에 관한 규칙상 교량공사의 설치・해체 또는 변경작업 시 준수사항에 대하여 설명
	8.9	8. 교량 교좌장치의 부반력에 대하여 설명
10. 제방공사	15	9. 하천제방의 붕괴원인

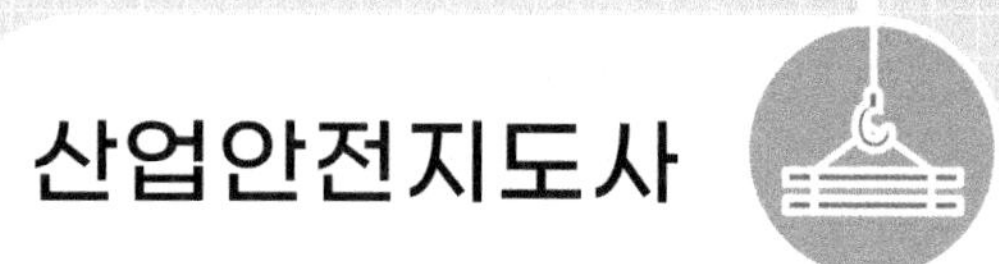

3-2. 건설현장 재해유형별 원인 및 안전대책

분류	회차	질문내용
1. 추락	11	1. 떨어짐(추락) 재해의 물적원인과 인적원인에 대하여 설명
	11	2. • 산업안전보건법령상 추락방지를 위한 안전방망(추락방호망)을 설치해야 할 경우에 설치기준에 대해 설명
	13	• 산업안전보건기준에 관한 규칙에서 추락방호망의 설치기준과 추락방지망이 낙하물방지망을 대체할 수 있는 조건에 대해 설명
	8.10	3. • 추락방호망에 대하여 설명
	14	• 추락재해방지표준안전작업지침상 테두리로프 및 달기로프의 강도와 방망사 강도 구분 설명
	15	• 추락재해방지표준안전작업지침상 방망 보관, 사용제한, 방망 작성내용에 대해 설명
	14.15	4. 지붕공사 시 추락방지 조치에 대해 설명
	14	5. 표준안전난간 설치기준에 대해 설명
	14.15	6. 추락재해방지표준안전작업지침상 안전대 폐기기준 (로우프, 벨트, 재봉부분, D링, 후크 및 버클 구분하여 설명)
2. 낙하	12.14	7. 낙하물방지망, 방호선반 설치기준에 대해 설명
3. 붕괴	14.15	8. 구축물 등의 안전성 평가 대상에 대해 설명
4. 폭발.화재	10	9. 전기화재의 원인과 대책에 대하여 설명
	14	10. 화재위험작업시 특별교육 내용에 대해 설명
	14	11. 가연성물질이 있는 장소에서 화재위험작업 시 준수사항에 대해 설명
	13	12. 화재감시자를 배치해야 할 장소, 화재감시자의 업무, 화재감시자에게 지급해야 할 장비에 대해 설명
5. 감전	11	13. 표준안전작업지침 상 건설현장에서 전기 감전재해 방지대책에 대하여 설명
6. 전도	12	14. 건설기계 장비별 전도 방지대책에 대해 설명
7. 질식	11.12.13	15. 산소결핍장소에서 작업 시 안전보건 조치사항에 대해 설명
	9	16. 밀폐공간에 대하여 설명
	10	17. 밀폐공간 작업 프로그램에 대해서 설명
	11	18. 건설현장의 밀폐공간 작업 시 사전안전조치 사항 및 재해예방대책에 대해 설명

3-3. 건설현장 안전관리

분류	회차	질문내용
1. 계절별 안전관리 (하절기)	11.15	1. 건설현장 계절별 위험요인중 장마철 위험요인 및 안전대책에 대해 설명
	8	2. 태풍 대비한 현장의 안전관리 방안에 대해 설명
	9	3. 폭염 시 공사장 안전관리 대책에 대하여 설명
	7	4. • 온열질환에 대하여 설명
	11.12.13	• 온열질환의 종류 및 초기증상, 예방수칙, 응급처치 요령에 대하여 설명

산업안전지도사 3차 면접

유형별 기출문제

제 1 편

건설안전관련법규

01 산업안전보건법

분류	질문번호	회차	질문내용
1. 총칙	1	8	산업안전보건법의 목적과 그 특징에 대해 설명
	2	9	산업재해의 정의에 대해 설명
	3	8	중대재해의 정의와 여기에는 어떤 것이 포함되는지 설명
	4	8	산업안전보건법령상의 중대재해와 중대산업사고에 대해 설명
	5	8.10	자율안전보건컨설팅에 대해 설명
		9	자율안전컨설팅과 원하청 상생협력에 대해 설명
		13	자율안전컨설팅 신청자격과 공사규모별 외부전문가 요건 차이에 대해
	6	9	재해율과 사망만인율에 대하여 설명
	7	8.9.11.12	산업안전보건법령상 사업주의 의무에 대하여 설명
	8	9.10	산업안전보건법령상 사업주의 안전보건 조치사항에 대하여 설명
2. 안전보건관리 체제 등	9	15	산업안전보건법상 이사회 승인 대상 및 내용을 설명
	10	15	사전조사 및 작업계획서 작성대상 공사에 대해 설명
		14	사전조사 및 작업계획서 작성 등 건설작업에 대해 설명
	11	15	건설현장의 안전관리자 업무에 대해 설명
		14	안전관리자 증원.교체사유에 대해 설명
		15	안전관리자 자격에 대해 설명
	12	8	건설공사 보건관리자 선임기준에 대해 설명
	13	8	안전보건관리담당자와 안전보건조정자에 대해 설명
	14	14.15	산업안전보건위원회에 심의의결 거쳐야 하는 사항에 대해 설명
		13.15	산업안전보건위원회, 노사협의체, 안전보건협의체에 대해 설명
		15	산업안전보건위원회, 안전보건협의체 구성요건
	15	10.15	안전보건관리규정에 대하여 설명
3. 안전보건교육	16	15	근로자 안전보건교육 교육과정별 교육시간에 대해 설명
	17	9	산업안전보건법령상 근로자 정기안전교육내용에 대하여 설명
		8	기초안전보건교육에 대해 설명
	18	8	안전보건교육규정에서 정하는 강사자격 요건에 대해 설명

질문 1. **산업안전보건법의 목적과 그 특징에 대해 설명하세요.(8회 기출문제)**

출처

산업안전보건법 제1조

답

산업안전보건법은 사업장에서 발생할 수 있는 사고 및 질병을 예방하여 노무자의 생명과 건강을 보호하기 위한 법률입니다.

▷ **목적**

산업 안전 및 보건에 관한 기준을 확립하고 그 책임의 소재를 명확하게 하여 산업재해를 예방하고 쾌적한 작업환경을 조성함으로써 노무를 제공하는 사람의 안전 및 보건을 유지·증진함을 목적으로 합니다.

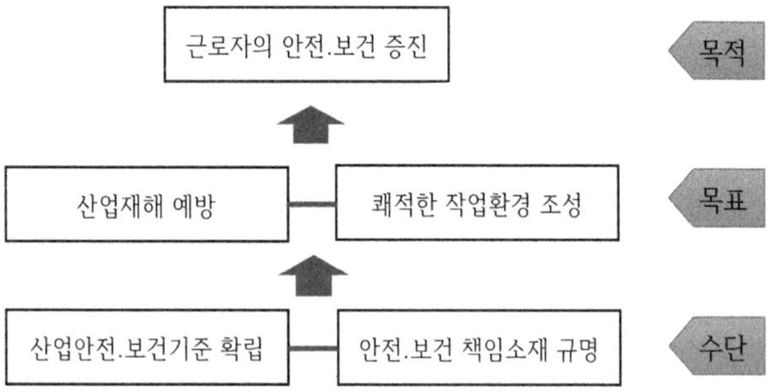

근로자의 안전.보건 증진 — 목적

산업재해 예방 — 쾌적한 작업환경 조성 — 목표

산업안전.보건기준 확립 — 안전.보건 책임소재 규명 — 수단

▷ **특징**

① 근로자 보호 중심 법률 : 근로자의 생명과 건강 보호를 최우선
② 강행성 및 규제성 : 법 위반 시 형사처벌 및 과태료 부과 등 강력한 제재
③ 자율적 예방체계 지향 : 위험성평가 중심의 자기규율 예방체계
④ 사업주 책임 중심 구조 : 안전보건 확보 의무를 사업주에게 부과
⑤ 현장 중심 관리 : 작업환경 및 방법 등 직접적 재해요인 관리

Tip

▶ 산업안전보건법의 핵심 4대 구성 요소

구분	산업안전보건법
기본 이념	근로자 보호 (인명 존중)
법적 성격	강행·규제 (형사처벌 중심)
관리체계	사업주 책임 + 자율예방
관리방법	현장 중심 (작업방법/환경)

비고

질문 2.	산업재해의 정의에 대해 설명하세요.(9회 기출문제)

출처

산업안전보건법 제2조

답

▷ **산업재해의 정의**

"산업재해"란 노무를 제공하는 사람이 업무에 관계되는 건설물・설비・원재료・가스・증기・분진 등에 의하거나 작업 또는 그 밖의 업무로 인하여 사망 또는 부상하거나 질병에 걸리는 것을 말한다.

▷ **산업재해 관리의 이원적 체계(3일 vs 4일)**

1. 3일 이상(보고 의무)

– 산업안전보건법에 의거, 휴업 3일 이상 시 1개월 이내 산업재해조사표 제출

2. 4일 이상(보상 기준)

– 산업재해보상보험법에 의거, 요양 4일 이상 시 근로복지공단 보상 실시

Tip

▶ 산업재해 일수별 관리기준 (3일 이내・3일 이상・4일 이상)

기준	3일 이내	3일 이상	4일 이상
관리 내용	사업주 보상	보고 대상	산재보험 적용
법적 근거	근로기준법	산업안전보건법	산업재해보상보험법
주요 조치	사업주 직접 보상	산업재해조사표 제출	근로복지공단 보상
판단 기준	요양/휴업 포함	"휴업" 기준	"요양" 기준

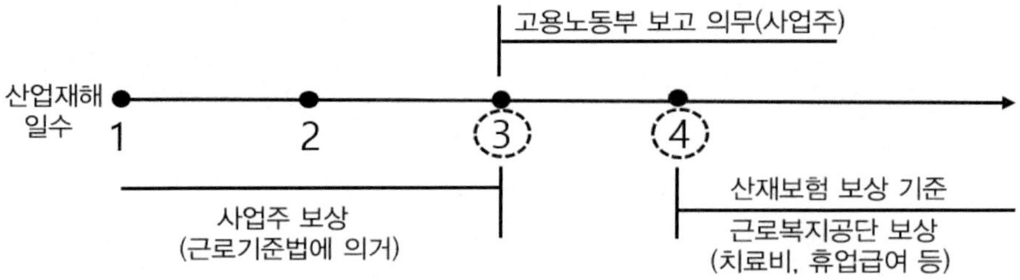

고용노동부 보고 의무(사업주)

산업재해 일수

1 2 3 4

사업주 보상
(근로기준법에 의거)

산재보험 보상 기준

근로복지공단 보상
(치료비, 휴업급여 등)

비고

<table>
<tr><td>질문 3.</td><td>중대재해의 정의에 대해 설명하세요.(8회 기출문제)</td></tr>
<tr><td>출처</td><td>산업안전보건법 제2조, 시행규칙 제3조</td></tr>
<tr><td>답</td><td>▷ 정의
“중대재해”란 산업재해 중 사망 등 재해 정도가 심하거나 다수의 재해자가 발생한 경우로서 고용노동부령으로 정하는 재해를 말한다.

▷ 중대재해의 범위(고용노동부령으로 정하는 재해)
① 사망자가 1명 이상 발생한 재해
② 3개월 이상의 요양이 필요한 부상자가 동시에 2명 이상 발생한 재해
③ 부상자 또는 직업성 질병자가 동시에 10명 이상 발생한 재해</td></tr>
<tr><td>Tip</td><td>▶ 각종 법령에 따른 재해의 종류 및 범위
<table><tr><td>산업안전보건법</td><td>건설기술진흥법</td><td>중대재해처벌법</td></tr><tr><td>① 중대재해
② 중대산업사고</td><td>① 건설사고
② 중대한 건설사고</td><td>① 중대산업재해
② 중대시민재해</td></tr></table>
• 중대산업사고
① 근로자가 사망하거나 부상을 입을 수 있는 설비에서의 누출ㆍ화재ㆍ폭발 사고
② 인근 지역의 주민이 인적 피해를 입을 수 있는 설비에서의 누출ㆍ화재ㆍ폭발 사고
• 건설사고
① 사망 또는 3일 이상의 휴업이 필요한 부상의 인명피해
② 1천만원 이상의 재산피해
• 중대한 건설사고
① 사망자가 3명 이상 발생한 경우
② 부상자가 10명 이상 발생한 경우
③ 건설 중이거나 완공된 시설물이 붕괴 또는 전도(顚倒)되어 재시공이 필요한 경우
• 중대산업재해
① 사망자가 1명 이상 발생
② 동일한 사고로 6개월 이상 치료가 필요한 부상자가 2명 이상 발생
③ 동일한 유해요인으로 급성중독 등 직업성 질병자가 1년 이내에 3명 이상 발생
• 중대시민재해
① 사망자가 1명 이상 발생
② 동일한 사고로 2개월 이상 치료가 필요한 부상자가 10명 이상 발생
③ 동일한 원인으로 3개월 이상 치료가 필요한 질병자가 10명 이상 발생</td></tr>
<tr><td>비고</td><td></td></tr>
</table>

질문 4.	산업안전보건법령상의 중대재해와 중대산업사고에 대해 설명하세요.(8회 기출문제)
출처	산업안전보건법 제2조, 시행규칙 제3조 산업안전보건법 제44조, 시행령 제43조
답	▷ **중대재해의 정의** "중대재해"란 산업재해 중 사망 등 재해 정도가 심하거나 다수의 재해자가 발생한 경우로서 고용노동부령으로 정하는 재해를 말한다. ▷ **중대재해의 범위**(고용노동부령으로 정하는 재해) ① 사망자가 1명 이상 발생한 재해 ② 3개월 이상의 요양이 필요한 부상자가 동시에 2명 이상 발생한 재해 ③ 부상자 또는 직업성 질병자가 동시에 10명 이상 발생한 재해 ▷ **중대산업사고의 정의** "중대산업사고"란 유해하거나 위험한 설비로부터의 위험물질 누출, 화재 및 폭발 등으로 인하여 사업장 내의 근로자에게 즉시 피해를 주거나 사업장 인근 지역에 피해를 줄 수 있는 사고를 말한다. ▷ **중대산업사고의 범위** ① 근로자가 사망하거나 부상을 입을 수 있는 설비에서의 누출・화재・폭발 사고 ② 인근 지역의 주민이 인적 피해를 입을 수 있는 설비에서의 누출・화재・폭발 사고
Tip	▶ 각종 법령에 따른 재해의 종류 (see table below)
비고	

▶ 각종 법령에 따른 재해의 종류

산업안전보건법	건설기술진흥법	중대재해처벌법
① 중대재해 ② 중대산업사고	① 건설사고 ② 중대한 건설사고	① 중대산업재해 ② 중대시민재해

질문 5.	◆ **자율안전보건건컨설팅에 대해 설명하세요.(8.10회 기출문제)** ◆ **자율안전컨설팅과 원하청 상생협력프로그램에 대해 설명하세요.(9회 기출문제)** ◆ **자율안전컨설팅 신청 자격과 공사규모별 외부전문가 요건 차이에 대해 설명하세요.(13회 기출문제)**
출처	고용노동부 「건설업 자율안전컨설팅 제도 운영지침」 2025년 기준
답	▷ **자율안전보건건컨설팅** – 건설사가 외부 전문가와 협력하여 스스로 안전관리 체계를 운영하는 제도 1. 컨설팅 대상 (신청 자격) : 기본적인 안전관리 역량이 검증된 현장 • 대상 현장 : 공사금액 120억(토목 150억)상 건설현장 중 ① 24년(발생일 기준)에 사고사망재해가 발생하지 않고, ② 23년도 산재예방실적평가(노력도) 점수가 70점 이상이면서, ③ 23년도 산업재해발생률(사고사망만인율)이 평균 0.5배 이하인 업체 – 단, 대형사고 등으로 사회적 물의를 일으킨 업체 제외 2. 컨설팅 방법 및 운영 사업주(현장소장)가 고용노동부 승인을 받은 외부 전문기관과 계약하여 정기적으로 기술지도를 받는 방식으로 진행 • 전문기관 선정: 고용노동부에 등록된 재해예방전문지도기관 또는 안전진단기관 중 선택 • 전문가 구성: 건설안전기술사, 산업안전지도사 등 건설안전 전문가 2인 이상이 팀을 구성하여 현장 방문 • 방문 주기: 매월 1회 이상 현장을 직접 방문하여 기술지도를 수행 • 비용 처리: 컨설팅 계약 및 수행에 드는 비용은 산업안전보건관리비로 전액 사용 가능 3. 핵심 혜택 : 근로감독 유예 – 장점 : 승인 기간 동안 고용노동부의 정기 근로감독(취약시기 점검 포함)을 면제
	▷ **공사규모별 외부전문가 요건** – 2025년 기준 • 120억 이상 1500억 미만 : 건설안전분야 산업안전지도사(또는 건설안전기술사) 및 건설·산업안전 산업기사 이상 자격자 각 1명 이상 • 1500억 이상 3000억 미만 : 건설안전분야 산업안전지도사(또는 건설안전기술사) 및 경력 3년 이상 건설·산업안전기사(산업기사 5년) 이상 보조원 각 1명 이상 • 3000억 이상 : 건설안전분야 산업안전지도사(또는 건설안전기술사) 및 경력 3년 이상 건설안전기사(산업기사 5년) 이상 보조원 각 1명 이상이 2일 이상 지도 ※ 외부전문가는 컨설팅 실시일에 기술지도 수행 불가
비고	◆ 고용노동부 – 원하청 상생협력프로그램 2020년 운영 중단

질문 6.	재해율과 사망만인율에 대하여 설명하세요.(9회 기출문제)
출처	고용노동부예규 산업재해통계업무처리규정 제3조
답	▷ 재해율과 사망만인율의 정의 1. 재해율이란 산재보험적용근로자수 100명당 발생하는 재해자수의 비율을 말한다. : 재해율 = (재해자수 / 산재보험적용근로자수) × 100 ① 산재보험적용근로자수는 산업재해보상보험법이 적용되는 근로자수를 말함. ② 재해자수는 근로복지공단의 유족급여가 지급된 사망자 및 근로복지공단에 최초요양신청서를 제출한 재해자 중 요양승인을 받은자(지방고용노동관서의 산재 미보고 적발 사망자 수를 포함)를 말함. 다만, 통상의 출퇴근으로 발생한 재해는 제외함. 2. 사망만인율이란 산재보험적용근로자수 10,000명당 발생하는 사망자수의 비율을 말한다. : 사망만인율 = (사망자수 / 산재보험적용근로자수) × 10,000 – 사망자수는 근로복지공단의 유족급여가 지급된 사망자(지방고용노동관서의 산재미보고 적발 사망자를 포함)수를 말함. 다만, 사업장 밖의 교통사고(운수업, 음식숙박업은 사업장 밖의 교통사고도 포함)·체육행사·폭력행위에 의한 사망, 사고발생일로부터 1년을 경과하여 사망한 경우는 제외한다.
Tip	▶ 산업재해통계업무처리규정 : 산업재해통계업무처리규정은 산업재해에 관한 조사 및 통계의 유지·관리를 위한 규정으로, 통계처리 방법과 관련된 사항을 규정하고 있습니다.
비고	

질문 7.	산업안전보건법령상 사업주의 의무에 대하여 설명하세요.(8.9.11.12회 기출문제)
출처	산업안전보건법 제5조
답	▷ **사업주의 의무** ① 산업안전보건법과 산업안전보건법에 따른 명령으로 정하는 산업재해 예방을 위한 기준 준수 ② 근로자의 신체적 피로와 정신적 스트레스 등을 줄일 수 있는 쾌적한 작업환경의 조성 및 근로조건 개선 ③ 해당 사업장의 안전 및 보건에 관한 정보를 근로자에게 제공
Tip	▶ 제4조 정부의 책무 ① 산업 안전 및 보건 정책의 수립 및 집행 ② 산업재해 예방 지원 및 지도 ③ 직장 내 괴롭힘 예방을 위한 조치기준 마련, 지도 및 지원 ④ 사업주의 자율적인 산업 안전 및 보건 경영체제 확립을 위한 지원 ⑤ 산업 안전 및 보건에 관한 의식을 북돋우기 위한 홍보・교육 등 안전문화 확산 추진 ⑥ 산업 안전 및 보건에 관한 기술의 연구・개발 및 시설의 설치・운영 ⑦ 산업재해에 관한 조사 및 통계의 유지・관리 ⑧ 산업 안전 및 보건 관련 단체 등에 대한 지원 및 지도・감독 ⑨ 그 밖에 노무를 제공하는 사람의 안전 및 건강의 보호・증진 ▶ 제6조 근로자의 의무 : 근로자는 산업안전보건법과 산업안전보건법에 따른 명령으로 정하는 산업재해 예방을 위한 기준을 지켜야 하며, 사업주 또는 근로감독관, 공단 등 관계인이 실시하는 산업재해 예방에 관한 조치에 따라야 한다. ▶ 산업안전보건법상 건설공사발주자의 의무 ① 안전보건대장 작성 및 이행 확인 ② 안전보건조정자 선임 ③ 공사기간 단축 및 공법변경 금지 ④ 불가항력의 사유 등의 공사지연 시 건설공사 기간의 연장 ⑤ 산업안전보건관리비 계상 ⑥ 산업재해 예방 지도계약
비고	

질문 8.	산업안전보건법령상 사업주의 안전보건 조치사항에 대하여 설명하세요.(9.10회 기출문제)
출처	산업안전보건법 제38조, 제39조
답	▷ 안전조치 ① 기계・기구 및 설비에 의한 위험 : 회전부 등에 의한 끼임 및 충돌방지를 위해 덮개설치 및 건설기계 작업 시 유도자 배치 등의 조치 ② 폭발성, 발화성 및 인화성 물질 등에 의한 위험 : 폭발.화재방지를 위해 인화성물질 보관관리와 용접 작업 시 화재감시자 배치 및 소화기 비치 등의 조치 ③ 전기, 열, 그 밖의 에너지에 의한 위험 : 감전방지를 위해 누전차단기 설치 등의 조치 ④ 불량한 작업방법 등에 의한 위험 : 높은곳에서의 근로자 떨어짐 방지를 위해 안전난간 설치 및 작업발판 설치 등의 조치, 터파기 시 토사 붕괴방지를 위해 흙막이지보공 설치, 물체의 떨어짐 등의 방지를 위해 낙하물방지망, 안전모 지급 등의 조치 ▷ 보건조치 ① 원재료・가스・증기・분진・흄 등에 의한 건강장해 방지를 위해 환기설비 및 마스크 지급등의 조치 ② 방사선・유해광선・고열・한랭・초음파・소음・진동・이상기압 등에 의한 건강장해 방지를 위해 개인보호구 지급 등의 조치 ③ 사업장에서 배출되는 기체・액체 또는 찌꺼기 등에 의한 건강장해 방지를 위해 유출방지 설비 및 비산방지조치, 개인보호구 지급 등의 조치 ④ 계측감시(計測監視), 컴퓨터 단말기 조작, 정밀공작(精密工作) 등의 작업에 의한 건강장해를 위해 신체적 피로 및 정신적 스트레스에 의한 건강장해 예방 등의 조치 ⑤ 단순반복작업 또는 인체에 과도한 부담을 주는 작업에 의한 건강장해 방지를 위해 근골격계 질환 예방조치 ⑥ 환기・채광・조명・보온・방습・청결 등의 적정기준을 유지하지 아니하여 발생하는 건강장해 방지를 위해 적정조도 유지 및 기계환기 설비 설치 등의 조치 ⑦ 폭염・한파에 장시간 작업함에 따라 발생하는 건강장해 방지를 위해 열사병, 열탈진 등의 예방 3대 핵심수칙(물, 그늘, 휴식 제공)을 준수 동상, 저체온증 등 예방을 위한 3대 핵심수칙(따뜻한 옷, 물, 장소 제공)을 준수 작업 전후로 건강상태 확인, 장시간 노출 되지 않도록 작업시간을 적절히 배분 등 조치
Tip	▶ 관리적. 체계적 조치사항 ① 위험성평가 실시 ② 안전보건교육 실시 ③ 안전보건관리체계 구축 ④ 개인 보호구 지급
비고	

질문 9.	산업안전보건법상 이사회 승인 대상 및 내용을 설명하세요.(15회 기출문제)
출처	산업안전보건법 제14조, 시행령 제13조
답	산업안전보건법 제14조에 따라 특정 규모 이상의 대표이사는 매년 회사의 안전보건계획 수립하여 이사회에 보고 및 승인을 받아야 한다. 이는 기업의 안전보건관리를 실무 수준에서 경영진 수준으로 격상시켜 책임을 강화하기 위한 제도로 경영진이 직접 예산과 조직을 챙김으로써 산업재해를 예방하는데 목적이 있다. ▷ **이사회 승인 대상** ① 상시근로자 500명 이상을 사용하는 회사 ② 시공능력의 순위 상위 1천위 이내의 건설회사 ▷ **내용** ① 안전 및 보건에 관한 경영방침 ② 안전・보건관리 조직의 구성・인원 및 역할 ③ 안전・보건 관련 예산 및 시설 현황 ④ 안전 및 보건에 관한 전년도 활동실적 및 다음 연도 활동계획
Tip	▶ FLOW 매년 안전보건계획 수립 ➜ 이사회 보고 및 승인 ➜ 안전보건계획 이행 ➜ 안전보건계획 이행실적 평가 ➜ 차년도 안전보건계획 수립에 반영 회사는 매년초(또는 전년도 말)에 계획을 수립하여 이사회의 정식 안건으로 상정해야 합니다. 대표이사는 매년 안전보건계획을 수립하여 이사회에 보고하고 승인을 받아야 합니다. 또한 승인받은 계획을 성실하게 이해해야 할 의무가 있습니다. 이사회 보고 및 승인을 받지 않거나, 계획을 수립하지 않은 경우 천만원 이하의 과태료 부과
비고	

질문 10.	◆ **사전조사 및 작업계획서 작성대상 공사에 대해 설명하세요.(15회 기출문제)** ◆ **사전조사 및 작업계획서 작성 등 건설작업에 대해 설명하세요.(14회 기출문제)**
출처	산업안전보건기준에 관한 규칙 제38조
답	산업안전보건기준에 관한 규칙 제38조에 따라, 사업주는 위험을 미리 알고 대책을 세운 뒤 작업을 시작하라는 선행 안전관리의 핵심입니다. ▷ **사전조사 및 작업계획서 작성대상 공사**(유해 · 위험작업 13가지) ① 타워크레인을 설치 · 조립 · 해체하는 작업 ② 차량계 하역운반기계등을 사용하는 작업 ③ 차량계 건설기계를 사용하는 작업(굴착기, 도저, 항타기 등 건설장비 사용 시) ④ 화학설비와 그 부속설비를 사용하는 작업 ⑤ 전기작업(50V 초과 또는 250VA 초과 전기에너지 취급 시) ⑥ 굴착면의 높이가 2미터 이상이 되는 지반의 굴착작업 ⑦ 터널굴착작업 ⑧ 교량(높이 5m 이상 또는 지간 길이 30m 이상)의 설치 · 해체 또는 변경 작업 ⑨ 채석작업 ⑩ 구축물, 건축물, 그 밖의 시설물 등의 해체작업 ⑪ 중량물의 취급작업 ⑫ 궤도나 그 밖의 관련 설비의 보수 · 점검작업 ⑬ 열차의 교환 · 연결 또는 분리 작업(입환작업) ▷ **사전조사 및 작업계획서 작성 등 건설작업** – 위의 13가지 중 ④, ⑤, ⑨, ⑫, ⑬은 제외한 작업
Tip	▶ **작성 주체** • 법적 의무: 사업주 • 실무적 작성자: 관리감독자(현장에서는 사업주를 대신하여 해당 작업을 직접 지휘 · 감독)
비고	

<table>
<tr><td>질문 11.</td><td>◆ 건설현장의 안전관리자 업무에 대해 설명하세요.(15회 기출문제)
◆ 안전관리자 증원.교체사유에 대해 설명하세요.(14회 기출문제)
◆ 건설현장의 안전관리자 자격에 대해 설명하세요.(15회 기출문제)</td></tr>
<tr><td>출처</td><td>산업안전보건법 제17조, 시행령 제16조/제17조/제18조, 시행규칙 제12조</td></tr>
<tr><td>답</td><td>산업안전보건법 제17조에 따라 사업주는 사업장에 안전에 관한 기술적인 사항에 관하여 사업주 또는 안전보건관리책임자를 보좌하고 관리감독자에게 지도·조언하는 업무를 수행하는 사람을 두어야 합니다.

▷ 건설현장 안전관리자 업무 (시행령 제18조)
① 산업안전보건위원회 또는 노사협의체에서 심의·의결한 업무와 해당 사업장의 안전보건관리규정 및 취업규칙에서 정한 업무
② 위험성평가에 관한 보좌 및 지도·조언
③ 안전인증대상기계등과 자율안전확인대상기계등 구입 시 적격품의 선정에 관한 보좌 및 지도·조언
④ 해당 사업장 안전교육계획의 수립 및 안전교육 실시에 관한 보좌 및 지도·조언
⑤ 사업장 순회점검, 지도 및 조치 건의
⑥ 산업재해 발생의 원인 조사·분석 및 재발 방지를 위한 기술적 보좌 및 지도·조언
⑦ 산업재해에 관한 통계의 유지·관리·분석을 위한 보좌 및 지도·조언
⑧ 법 또는 법에 따른 명령으로 정한 안전에 관한 사항의 이행에 관한 보좌 및 지도·조언
⑨ 업무 수행 내용의 기록·유지
⑩ 그 밖에 안전에 관한 사항으로서 고용노동부장관이 정하는 사항

▷ 안전관리자 증원 및 교체 사유(시행규칙 제12조)
① 연간재해율이 같은 업종의 평균재해율의 2배 이상인 경우
② 중대재해가 연간 2건 이상 발생한 경우
③ 관리자가 질병이나 그 밖의 사유로 3개월 이상 직무를 수행할 수 없게 된 경우
④ 화학적 인자로 인한 직업성 질병자가 연간 3명 이상 발생한 경우

▷ 건설현장 안전관리자의 자격(시행령 제17조)
<table>
<tr><td>구분</td><td>주요 자격 요건</td></tr>
<tr><td>자격증 중심</td><td>산업안전지도사, 산업안전산업기사/건설안전산업기사 이상 자격 취득자</td></tr>
<tr><td>전공자 중심</td><td>대학 또는 전문대학의 산업안전 관련 학위 취득자</td></tr>
<tr><td>경력자(건설)</td><td>• 건설현장 안전보건관리책임자로 10년 이상 경력자
• 토목·건축 분야 중급자로서 산업안전교육 이수자
• 토목·건축 분야 기사 취득 후 실무경력자(기사3년/산업기사5년)로서 산업안전교육 이수자</td></tr>
</table>
</td></tr>
<tr><td>비고</td><td>▶ 건설현장에서 안전관리자는 사업장의 안전을 책임지는 기술적 보좌역(Staff)으로서 매우 중요한 역할을 수행합니다.</td></tr>
</table>

질문 12.	**산업안전보건법상 건설공사 보건관리자 선임기준에 대해 설명하세요.(8회 기출문제)**
출처	산업안전보건법 제18조, 시행령 제20조
답	산업안전보건법 제18조에 따라 사업주는 사업장에 보건에 관한 기술적인 사항에 관하여 사업주 또는 안전보건관리책임자를 보좌하고 관리감독자에게 지도・조언하는 업무를 수행하는 사람을 두어야 합니다.

▷ **건설업 보건관리자 선임기준**(시행령 제20조)

선임기준	선임인원	비고
800억원 이상 (토목 1000억원) 또는 상시 근로자 600명 이상	1명 이상	1400억원 증가 시 마다 또는 600명이 추가될 때 마다 1명씩 추가

▷ **건설현장 보건관리자의 자격**(시행령 제21조)

구분	주요 자격 요건
자격증 중심	산업안전지도사, 산업위생관리산업기사 /대기환경산업기사 /인간공학기사 이상 자격 취득자
전공자 중심	대학 또는 전문대학의 산업보건 또는 산업위생분야 학위 취득자
기타	• 의사 • 간호사

Tip

▶ **건설현장 보건관리자 주요 업무**

① 건강진단 관리
- 일반/특수 건강진단 실시 및 결과에 따른 사후관리(작업 전환 권고 등)

② 작업환경 측정 및 관리
- 분진, 소음, 유해화학물질 등 작업 환경 측정 및 개선 지도

③ 질병 예방 활동
- 근골격계 질환 예방, MSDS(물질안전보건자료) 교육, 열사병/한랭질환 예방 관리

▶ **보건관리자 증원 및 교체 사유**(시행규칙 제12조)

① 연간재해율이 같은 업종의 평균재해율의 2배 이상인 경우
② 중대재해가 연간 2건 이상 발생한 경우
③ 관리자가 질병이나 그 밖의 사유로 3개월 이상 직무를 수행할 수 없게 된 경우
④ 화학적 인자로 인한 직업성 질병자가 연간 3명 이상 발생한 경우

비고

▶ 건설현장에서 보건관리자는 근로자의 건강 보호와 작업환경 관리를 담당합니다.

<table>
<tr><td>질문 13.</td><td>산업안전보건법상 안전보건관리담당자와 안전보건조정자에 대해 설명하세요.(8회 기출문제)</td></tr>
<tr><td>출처</td><td>산업안전보건법 제19조, 제68조</td></tr>
<tr><td>답</td><td>
▷ 안전보건관리담당자
안전관리자 선임 의무가 없는 소규모 사업장의 안전보건 업무를 보좌하기 위해 도입된 제도입니다.

1. 선임대상
– 상시근로자 20명 이상 50명 미만인 사업장 (제조업, 임업, 하수・폐기물 처리업 등 고위험 업종 중심)
2. 자격 요건
– 안전관리자・보건관리자 자격이 있거나, 안전보건관리담당자 양성교육(16시간)을 이수한 자
3. 안전보건관리담당자의 업무
① 안전보건교육 실시 보좌 및 지도・조언
② 위험성평가 보좌 및 지도・조언
③ 작업환경측정 및 개선 보좌 및 지도・조언
④ 각종 건강진단에 관한 보좌 및 지도・조언
⑤ 산업재해 발생의 원인 조사, 산업재해 통계의 기록 및 유지를 위한 보좌 및 지도・조언
⑥ 안전장치 및 보호구 구입 시 적격품 선정에 관한 보좌 및 지도・조언

▷ 안전보건조정자
건설공사 현장에서 다수의 수급인이 동시에 작업함에 따라 발생하는 작업 간 위험요인(혼재작업 위험)을 조정・통제하기 위한 제도입니다.
– 2개 이상의 건설공사를 도급한 건설공사발주자는 안전보건조정자를 선임 또는 지정해야 합니다.
1. 선임대상
– 2개 이상의 건설공사가 같은 장소에서 행해지는 경우 총 공사금액 50억원 이상인 경우
2. 자격 요건
<table>
<tr><th colspan="2">구분</th><th>주요 자격 요건</th></tr>
<tr><td rowspan="2">선임</td><td>자격증 중심</td><td>산업안전지도사, 건설안전기술사 자격 취득자</td></tr>
<tr><td>경력자(건설)</td><td>• 건설현장 안전보건관리책임자로 3년 이상 등</td></tr>
<tr><td colspan="2">지정</td><td>• 공사감독자/ 책임감리자</td></tr>
</table>
3. 안전보건조정자의 업무
① 같은 장소의 혼재된 작업 파악
② 혼재작업에 따른 위험성 파악
③ 작업의 시기・내용 및 안전보건 조치 등의 조정
④ 혼재작업의 안전보건관리책임자 간 작업 내용에 관한 정보 공유 여부의 확인
</td></tr>
<tr><td>비고</td><td></td></tr>
</table>

<table>
<tr><td>질문 14.</td><td>◆ 산업안전보건위원회에 심의·의결 거쳐야 하는 사항에 대해 설명하세요.(14.15회 기출문제)
◆ 산업안전보건위원회, 노사협의체, 안전보건협의체에 대해 설명하세요.(13.15회 기출문제)
◆ 산업안전보건위원회, 안전 및 보건에 관한 협의체 구성요건에 대해 설명하세요.(15회 기출문제)</td></tr>
<tr><td>출처</td><td>산업안전보건법 제24조, 제75조. 시행령 제35조, 제64조, 시행규칙 제79조, 제93조</td></tr>
</table>

답

산업안전보건법 제24조에 따라 설치되는 산업안전보건위원회는 노사가 함께 사업장의 안전 및 보건에 관한 중요 사항을 심의·의결하는 기구입니다.

▷ 산업안전보건위원회의 심의·의결사항

① 사업장의 산업재해 예방계획의 수립에 관한 사항
② 안전보건관리규정의 작성 및 변경에 관한 사항
③ 안전보건교육에 관한 사항
④ 작업환경측정 등 작업환경의 점검 및 개선에 관한 사항
⑤ 근로자의 건강진단 등 건강관리에 관한 사항
⑥ 산업재해에 관한 통계의 기록 및 유지에 관한 사항
⑦ 중대재해에 관한 사항
⑧ 유해하거나 위험한 기계·기구·설비를 도입한 경우 안전 및 보건 관련 조치에 관한 사항
⑨ 그 밖에 해당 사업장 근로자의 안전 및 보건을 유지·증진시키기 위하여 필요한 사항

▷ 산업안전보건위원회, 노사협의체, 안전보건협의체

1. 산업안전보건위원회
① 구성: 근로자 위원(근로자대표, 명예감독관 등)과 사용자 위원(대표이사, 안전·보건관리자 등) 각 10명 이내 동수로 구성
② 핵심 역할: 산업재해 예방계획 수립, 안전보건관리규정 작성 등 주요 사항의 심의·의결
2. 노사협의체
① 구성: 도급인(원청) 및 수급인(하청)의 대표자 및 근로자 대표로 구성
② 핵심 역할: 산업재해 예방 및 대피 방법, 위험성평가 실시에 관한 사항 논의
3. 안전보건협의체
① 구성: 도급인(원청) 사업주 및 수급인(하청) 사업주 전원 (근로자 참여 의무 없음)
② 핵심 역할: 작업의 시작 시간, 작업 공정 간의 간섭 및 위험 방지 조치 협의

구분	산업안전보건위원회	노사협의체	안전보건협의체
설치대상	건설업120억(토목150억)	건설업120억(토목150억)	모든 도급 사업
성격	노사 심의·의결	건설업 노사 협의	원·하청 사업주 간 협의
개최 주기	분기(3개월)	2개월	매월

비고

▶ 노사협의체
– 이를 운영하면 산업안전보건위원회 및 안전보건협의체를 설치한 것으로 인정

질문 15.	산업안전보건법상 안전보건관리규정에 대하여 설명하세요.(10.15회 기출문제)
출처	산업안전보건법 제25조, 시행규칙 제25조
답	안전보건관리규정은 사업장에서 산업재해를 예방하고 근로자의 안전과 건강을 보호하기 위하여 안전보건관리조직, 책임과 권한, 관리 절차를 문서로 명확히 정한 내부 규범입니다. 이는 회사의 규모와 특성에 맞춘 구체적인 실행 지침을 명문화하여 사고를 예방하는 데 목적이 있습니다. 안전보건관리규정을 작성하거나 변경할 때는 반드시 산업안전보건위원회의 심의・의결을 거쳐야 합니다. 위원회가 없는 사업장은 근로자 대표의 동의를 받아야 합니다. **▷ 작성 대상** – 건설업 : 상시근로자 100명 이상을 사용하는 회사 **▷ 규정에 포함되어야 할 내용** ① 안전 및 보건에 관한 관리조직과 그 직무에 관한 사항 ② 안전보건교육에 관한 사항 ③ 작업장의 안전 및 보건 관리에 관한 사항 ④ 사고 조사 및 대책 수립에 관한 사항 ⑤ 그 밖에 안전 및 보건에 관한 사항
Tip	
비고	

질문 16.	◆ 근로자 안전보건교육 교육과정별 교육시간에 대해 설명하세요.(15회 기출문제)
출처	산업안전보건법 제29조, 시행규칙 제26조 [별표 4]
답	산업안전보건법령에 따른 안전보건교육은 사고 예방의 가장 기본이 되는 법적 의무 사항입니다. 근로자의 안전의식을 고취하는 가장 기본적인 수단으로 현장의 위험을 근로자의 지식으로 전환하는 과정입니다. ▷ **근로자 안전보건교육 종류** – 정기교육, 채용 시 교육, 작업내용 변경 시 교육, 특별교육, 건설업 기초안전·보건교육으로 구분되며, 근로자의 업무 특성과 위험도에 따라 교육시간과 내용이 달리 정해져 산업재해 예방과 근로자 건강보호를 목적으로 실시됩니다. ▷ **근로자 안전보건교육 교육과정별 교육시간** 1. 정기교육 ① 사무직.판매직 근로자 : 매반기 6시간 이상 ② 그 밖의 근로자 : 매반기 12시간 이상 2. 채용시 교육 ① 일용근로자 및 1주 이하인 기간제근로자 : 1시간 이상 ② 1개월 이하인 기간제근로자 : 4시간 이상 ③ 그 밖의 근로자 : 8시간 이상 3. 작업내용 변경 시 교육 ① 일용근로자 및 1주 이하인 기간제근로자 : 1시간 이상 ② 그 밖의 근로자 : 2시간 이상 4. 특별교육(39가지 유해·위험 작업 종사자) ① 타워 신호업무 외 38가지 유해·위험 작업의 일용근로자 및 1주일 이하인 기간제근로자 : 2시간 이상 ② 타워크레인 신호업무 작업의 일용근로자 및 1주일 이하인 기간제근로자 : 8시간 이상 ③ 39가지 유해·위험 작업의 그밖의 근로자 : 16시간 이상 5. 건설업 기초안전·보건교육 : 4시간 이상
Tip	
비고	

질문 17.	◆ **산업안전보건법령상 근로자 정기안전교육 내용에 대하여 설명하세요.(9회 기출문제)** ◆ **산업안전보건법령상 기초안전보건교육에 대해 설명하세요.(8회 기출문제)**
출처	산업안전보건법 제29조, 시행규칙 제26조 [별표 5]
답	▷ **근로자 정기교육 내용** 1. 정기교육 ① 산업안전 및 산업재해 예방에 관한 사항(화재・폭발 사고 시 대피에 관한 사항 포함) ② 산업보건 및 건강장해 예방에 관한 사항(폭염・한파작업으로 건강장해 시 응급조치 사항) ③ 위험성 평가에 관한 사항 ④ 건강증진 및 질병 예방에 관한 사항 ⑤ 유해・위험 작업환경 관리에 관한 사항 ⑥ 산업안전보건법령 및 산업재해보상보험 제도에 관한 사항 ⑦ 직무스트레스 예방 및 관리에 관한 사항 ⑧ 직장 내 괴롭힘, 고객의 폭언 등으로 인한 건강장해 예방 및 관리에 관한 사항 2. 채용 시 교육 및 작업내용 변경 시 교육 ① 산업안전 및 산업재해 예방에 관한 사항(화재・폭발 사고 시 대피에 관한 사항 포함) ② 산업보건 및 건강장해 예방에 관한 사항 ③ 위험성 평가에 관한 사항 ④ 산업안전보건법령 및 산업재해보상보험 제도에 관한 사항 ⑤ 직무스트레스 예방 및 관리에 관한 사항 ⑥ 직장 내 괴롭힘, 고객의 폭언 등으로 인한 건강장해 예방 및 관리에 관한 사항 ⑦ 기계・기구의 위험성과 작업의 순서 및 동선에 관한 사항 ⑧ 작업 개시 전 점검에 관한 사항 ⑨ 정리정돈 및 청소에 관한 사항 ⑩ 사고 발생 시 긴급조치에 관한 사항 ⑪ 물질안전보건자료에 관한 사항 4. 특별교육(39가지 유해・위험 작업 종사자) – 공통내용 : 채용 시 교육 및 작업내용 변경 시 교육과 동일 – 개별내용 : 해당 작업의 위험성, 안전작업방법, 보호구 사용 및 점검, 비상조치 및 응급처치 그 밖에 안전・보건관리에 필요한 사항 5. 건설업 기초안전・보건교육 : 4시간 이상 – 건설업 일용근로자가 현장에 투입되기 전에 반드시 이수해야 하는 사전 필수 안전교육 ① 건설공사의 종류(건축・토목 등) 및 시공 절차 : 1시간 ② 산업재해 유형별 위험요인 및 안전보건조치 : 2시간 ③ 안전보건관리체제 현황 및 산업안전보건 관련 근로자 권리・의무 : 1시간
비고	▶ 건설현장 해당 작업의 작업계획서 내용이 교육에 직접 반영되도록 하여 교육의 실효성을 높이는 것이 중요합니다.

질문 18.	◆ 산업안전보건법령상 안전보건교육규정에서 정하는 강사자격 요건에 대해 설명하세요. (8회 기출문제)
출처	고용노동부고시 – 안전보건교육규정
답	▷ **안전보건교육규정에서 정하는 강사자격 요건** 1. 안전보건교육기관 및 직무교육기관의 강사와 같은 등급 이상의 자격을 가진 사람 2. 사업주, 법인의 대표자, 대표이사 및 안전보건 관련 이사 3. 안전 · 보건에 관한 업무를 총괄 · 관리하는 전담 조직에 소속된 사람으로서 안전 · 보건에 관한 업무 경력이 있는 사람 4. 사업장 내에서 이루어지는 작업에 3년 이상 근무한 경력이 있는 사람으로서 사업주가 강사로서 적정하다고 인정하는 사람. 5. 다음 각 목의 어느 하나에 해당하는 사람으로서 실무경험을 보유한 사람 가. 안전관리전문기관과 보건관리전문기관, 건설재해예방전문지도기관 및 석면조사기관의 종사자로서 실무경력이 3년 이상인 사람 나. 소방공무원 및 응급구조사 국가자격 취득자로서 실무경력이 3년 이상인 사람 다. 근골격계 질환 예방 전문가(물리치료사 또는 작업치료사 국가면허 취득자, 1급 생활스포츠지도사 국가자격 취득자) 또는 직무스트레스예방 전문가(임상심리사, 정신보건임상심리사 등 정신보건 관련 국가면허 또는 국가자격 · 학위 취득자) 라. 의사 또는 간호사 마. 공인노무사 바. 변호사 사. 한국교통안전공단에서 교통안전관리 실무경력이 3년 이상인 사람 아. 보건복지부에서 실시하는 자살예방교육 전문강사 양성과정 이수자
Tip	
비고	

MEMO

분류	질문번호	회차	질문내용
4. 유해 · 위험 방지 조치	19	9	법적으로 근로자에게 알려야 하는 제도에 대해 설명
	20	8	산안법상 근로자 대표에게 확인 혹은 통지 해야하는 법조항에 대해 설명
	21	14	유해위험요인, 위험성, 위험성평가 정의에 대해 설명
		12	위험성평가 시 유해위험요인 확인방법에 대해 설명
	22	9.10.11	위험성평가의 정의 및 절차에 대하여 설명
		14	사업장 위험성평가에 관한 지침상 위험성평가 절차와 내용에 대해 설명
	23	15	위험성평가 근로자 참여 범위, 위험성평가의 방법에 대해 설명
	24	9.11	위험성평가의 위험성 결정방법과 그 상세식에 대하여 설명
		11	위험성평가 시 계산방법에 대해 설명
		10	위험성평가의 위험도 계산에 대하여 설명
	25	9	위험성평가 중 수시평가에 대하여 설명
		14	위험성평가 결과와 조치사항 기록.보존 포함사항과 기록.보존기간에 대해 설명
	26	9.12	안전성평가와 위험성평가의 차이점에 대하여 설명
	27	15	안전보건표지에 대해 설명
	28	8	근로자 건강장해를 유발하는 유해인자관리에 대하여 설명
	29	8	유해위험방지 계획서 대상 사업장 종류에 대해 설명
		15	유해위험방지계획서 건설공사 종류에 대해 설명
		15	유해위험방지계획서 작성 대상 공사에 대해 설명
	30	15	유해위험방지계획서 자체심사 및 확인업체의 기준에 대해 설명
		13.14	유해위험방지계획서 자체심사 및 확인업체 선정기준과 자체심사 및 확인방법에 대해 설명
	31	8	지도사가 평가하는 유해위험방지계획서 대상공사의 범위에 대해 설명
		15	유해위험방지계획서 중 지도사가 평가 · 확인할 수 있는 대상 건설공사의 범위 및 지도사의 요건에 대해 설명
	32	14	안전보건진단의 종류와 내용에 대해 설명
	33	15	안전보건진단에서 종합진단에 대해 설명
		15	경영 · 관리적 사항에 대한 평가 내용에 대해 설명
	34	15	사업주 및 근로자의 작업 중지권에 대해 설명
	35	8	악천후시 작업중지에 대해 설명
	36	13	산업안전보건법상 중대재해의 정의와 중대재해 발생 시 보고내용, 산업재해 조사표의 내용과 제출기한에 대해 설명
		14	중대재해 발생 시 사업주 조치사항과 보고내용에 대해 설명

질문 19.	산업안전보건법상 법적으로 근로자에게 알려야 하는 제도에 대해 설명하세요.(9회 기출문제)
출처	산업안전보건법 제34조, 제36조, 제37조 등
답	산업안전보건법은 근로자가 작업상 위험요인을 인지하고 스스로 안전하게 행동할 수 있도록, 사업주에게 안전보건에 관한 주요 사항을 근로자에게 알릴 의무를 부과하고 있다. 이는 근로자의 알 권리 보장과 자율적 재해예방을 위한 제도이다. ▷ **근로자에게 알려야 하는 제도** 1. 법령 요지 및 안전보건관리규정의 게시 (제34조) ① 사업장의 안전보건관리조직, 책임과 권한, 관리 절차를 규정한 기준 ② 근로자가 자신의 역할과 안전조치 사항을 인식할 수 있도록 안내 2. 안전보건표지의 부착 (제37조) - 위험한 장소나 시설물에 대해 경고를 제공하는 제도 3. 안전보건교육 실시 (제29조 등) ① 채용 시, 정기적, 작업내용 변경 시 해당 작업의 위험요인과 안전수칙 ② 단순 고지를 넘어 교육을 통해 위험을 구체적으로 알리는 과정 4. 물질안전보건자료(MSDS)의 게시 및 교육 (제114조) ① MSDS를 비치.교육 (물질의 명칭, 유해성·위험성, 취급 주의사항, 응급조치 요령) ② 화학물질을 취급하는 근로자의 중독 및 질병 예방을 위한 제도 5. 작업환경측정 결과의 고지 (제125조) ① 근로자가 자신이 일하는 환경이 얼마나 유해한지 알 수 있게 하는 제도 ② 소음, 분진, 화학물질 등 유해인자 측정 결과 및 개선 조치 사항 6. 위험성평가 결과의 공유 (제36조) ① TBM(작업 전 안전점검회의)을 통해 현장의 실질적인 위험을 공유하는 과정 ② 파악된 유해·위험요인 및 제거·대체·통제 등 개선조치 내용 7. 산업재해 발생 사실 및 재발방지대책 ① 산업재해 발생 원인 ② 동일·유사 사고 예방을 위한 재발방지 대책 8. 건강진단 결과 및 사후조치 (제129조 등) - 일반·특수건강진단의 집단적 결과직업병 예방을 위한 사후관리 조치
비고	▶ **알림 방법의 특징** ① 게시, 교육, 설명 등 근로자가 이해할 수 있는 방법으로 제공 ② 형식적 비치가 아닌 실질적 인지 가능성이 중요

<table>
<tr><td>질문 20.</td><td>산업안전보건법상 근로자 대표에게 확인 혹은 통지 해야하는 법조항에 대해 설명하세요.
(8회 기출문제)</td></tr>
<tr><td>출처</td><td>산업안전보건법 제25조, 시행규칙 제25조</td></tr>
<tr><td>답</td><td>산업안전보건법은 안전보건관리 과정에 근로자의 참여를 보장하기 위하여, 사업주가 중요한 안전보건 사항에 대해 근로자대표의 확인·통지·의견 반영을 하도록 규정하고 있다.
이는 사업주의 일방적 관리가 아닌 참여형·예방 중심 안전보건관리체계를 확보하기 위한 제도이다.

▷ 근로자 대표에게 확인 또는 통지해야 하는 주요 법조항
1. 근로자 대표에게 통지해야 하는 사항
– 사업주가 특정 결과를 얻었거나 계획을 수립했을 때 그 내용을 근로자 대표에게 알려야 하는 경우입니다.
① 산업안전보건위원회 의결 사항 (제24조)
: 위원회에서 심의·의결된 내용 및 결정 사항을 근로자에게 신속히 알려야 합니다.
② 안전·보건진단 결과 (제47조)
: 고용노동부 장관의 명령에 따라 실시한 안전·보건진단 결과를 통지해야 합니다.
③ 작업환경측정 결과 (제125조)
: 측정 결과 및 그에 따른 시설 개선 등 조치 사항을 통지해야 합니다. 근로자 대표가 요청할 경우 설명회를 개최해야 할 의무도 있습니다.
④ 중대재해 발생 시 원인 및 대책 (제24조 등)
: 발생 원인 조사 결과 및 재발 방지 대책에 관한 사항을 알려야 합니다.
⑤ 유해·위험 방지계획서 관련 사항 (제42조)
: 계획서의 작성·제출 및 그에 따른 심사 결과를 통지합니다.
⑥ 도급 작업 시 안전보건조치 사항 (제64조)
: 도급에 따른 유해·위험요인 및 안전보건협의체 운영 및 혼재작업 조정 내용</td></tr>
<tr><td>비고</td><td>▶ 근로자 대표의 확인 및 참여가 필요한 사항(협의 및 입회)
① 안전보건관리규정 작성 및 변경 (제25조)
: 규정을 작성하거나 변경할 때 산업안전보건위원회가 없는 사업장은 근로자 대표의 동의를 받아야 합니다.
② 작업환경측정 시 입회 (제125조)
: 근로자 대표가 요구하는 경우 반드시 측정 과정에 입회시켜야 합니다.
③ 위험성평가 실시 (제36조)
: 유해·위험요인을 파악하고 위험성을 결정하는 전 과정에 근로자 대표 및 근로자의 참여를 보장하고 결과를 확인해 주어야 합니다.
④ 산업재해 기록 및 보고 (제10조)
: 산업재해 통계 기록을 작성할 때 근로자 대표의 확인을 받거나, 요청 시 관련 서류를 제공해야 합니다.</td></tr>
</table>

질문 21.	◆ **유해위험요인, 위험성, 위험성평가 정의에 대해 설명하세요.(14회 기출문제)** ◆ **위험성평가 시 유해위험요인 확인방법에 대해 설명하세요.(12회 기출문제)**
출처	고용노동부고시 제2024-76호 사업장 위험성평가에 관한 지침
답	위험성평가는 사업장에서 발생 가능한 산업재해를 사전에 예방하기 위하여 유해·위험요인을 체계적으로 관리하는 사전 예방 중심의 안전관리 기법이다. ▷ **유해위험요인, 위험성, 위험성평가 정의** 1. 유해·위험요인(Hazard) – 유해·위험을 일으킬 잠재적 가능성이 있는 것의 고유한 특징이나 속성을 말한다. 2. 위험성(Risk) – 유해·위험요인이 사망, 부상 또는 질병으로 이어질 수 있는 가능성과 중대성 등을 고려한 위험의 정도를 말한다. 3. 위험성평가(Risk Assessment) – 사업주가 스스로 유해·위험요인을 파악하고 해당 유해·위험요인의 위험성 수준을 결정하여, 위험성을 낮추기 위한 적절한 조치를 마련하고 실행하는 과정을 말한다. ▷ **위험성평가 시 유해위험요인 확인방법** ① 사업장 순회점검에 의한 방법(필수) ② 근로자들의 상시적 제안에 의한 방법 ③ 설문조사·인터뷰 등 청취조사에 의한 방법 ④ 물질안전보건자료, 작업환경측정결과, 특수건강진단결과 등 안전보건 자료에 의한 방법 ⑤ 안전보건 체크리스트에 의한 방법 ⑥ 그 밖에 사업장의 특성에 적합한 방법
Tip	▶ **고용노동부고시 개정 (제2023-19호)** – 현장 적용이 어렵다는 의견을 반영하여 유해·위험요인 파악 및 개선대책 중심으로 쉽게 수행할 수 있도록 전체 절차와 내용을 현실적으로 정비했고 근로자 참여 및 결과 공유를 의무화하는 등 실효성을 강화했다. ▶ **고용노동부고시 개정 (제2024-76호)** – 위험성평가 실시 시 근로자 참여 및 공유 단계에서 고용형태(기간제·파견근로자 등) 및 국적과 관계없이 해당 근로자가 누락 되지 않도록 근로자 정의를 명확화 함.
비고	▶ 위험성평가는 현장의 위험을 근로자와 함께 찾아내는 소통에 있다고 생각합니다. 단순히 빈도와 강도를 계산하는 정량적 평가를 넘어, 현장의 목소리를 반영하여 실질적으로 위험을 줄이는 대책(감소대책)이 실행되도록 관리하는 것이 사전 예방 중심의 핵심입니다.

<table>
<tr><td>질문 22.</td><td>◆ 위험성평가의 정의 및 절차에 대하여 설명하세요.(9.10.11회 기출문제)
◆ 사업장 위험성평가에 관한 지침상 위험성평가 절차와 내용에 대해 설명하세요.(14회 기출문제)</td></tr>
<tr><td>출처</td><td>고용노동부고시 제2024-76호 사업장 위험성평가에 관한 지침</td></tr>
<tr><td>답</td><td>▷ 위험성평가의 정의
1. 위험성평가(Risk Assessment)
- 사업주가 스스로 유해·위험요인을 파악하고 해당 유해·위험요인의 위험성 수준을 결정하여, 위험성을 낮추기 위한 적절한 조치를 마련하고 실행하는 과정을 말한다.

▷ 위험성평가의 절차 및 내용(제2024-76호 개정 반영)
1. 사전준비(1억원 미만 건설공사 생략가능)
① 실시규정 작성(평가 대상 공정 선정, 근로자 및 담당자 역할 배분)
② 위험성 수준과 그 판단기준 등의 설정
③ 안전보건정보 사전 조사
2. 유해·위험요인 파악
① 순회점검 등 체계적으로 조사(아차사고 반영)
② 사전준비 단계에서 파악하지 못한 유해·위험요인을 추가적으로 발굴
3. 위험성 결정(기존 정량적 수치 중심에서 다양한 방법으로 판단 가능)
① 파악된 유해·위험요인에 대해 위험성 수준을 사전에 확정한 기준으로 판정
② 허용 가능한 수준인지 여부 결정
4. 위험성 감소대책 수립 및 실행
① 제거·대체, 공학적 대책, 관리적 대책, 보호구 사용 순으로 조치
② 허용 불가능한 위험성에 대해 개선대책 마련
5. 위험성평가 실시내용 및 결과에 관한 기록 및 보존
- 평가 결과를 문서화하여 기록·보존(3년간)</td></tr>
<tr><td>Tip</td><td>▶ 개정 전·후 위험성평가 비교
<table><tr><td>구분</td><td>개정 전</td><td>개정 후</td></tr><tr><td>유해·위험요인 대상</td><td>공정·작업 중심, 제한적</td><td>공정·작업·아차사고 등 폭넓게 파악</td></tr><tr><td>근로자 참여</td><td>일부 단계</td><td>전체 과정 참여 의무</td></tr><tr><td>위험성평가 핵심</td><td>정량적 위험성 추정 중심</td><td>유해·위험요인 파악 및 개선 중심</td></tr><tr><td>평가방법</td><td>제한적</td><td>다양한 방법 명시</td></tr><tr><td>결과 공유</td><td>부분 공유</td><td>상시 공유 및 교육 연계</td></tr></table></td></tr>
<tr><td>비고</td><td>▶ 위험성평가가 서류에 머물지 않으려면 TBM과의 연계가 필수적입니다. 평가를 통해 도출된 감소대책이 매일 아침 TBM을 통해 전달되고, 다시 근로자가 현장에서 발견한 새로운 위험이 다음 날 평가에 반영되는 선순환 구조를 만드는 것이 실질적인 위험성평가입니다.</td></tr>
</table>

<table>
<tr><td>질문 23.</td><td>◆ 위험성평가 근로자 참여 범위, 위험성평가의 방법에 대해 설명하세요.(15회 기출문제)</td></tr>
<tr><td>출처</td><td>고용노동부고시 제2024-76호 사업장 위험성평가에 관한 지침</td></tr>
<tr><td>답</td><td>위험성평가는 현장 작업을 가장 잘 아는 근로자의 참여 없이는 실효성을 확보하기 어렵다.
이에 산업안전보건법은 위험성평가 전 과정에 근로자가 참여함으로써, 현장 실정이 반영된 실효성 있는 재해예방을 도모하기 위해 고시가 개정되었습니다.

▷ 위험성평가 근로자 참여 범위
① 유해・위험요인의 위험성 수준을 판단하는 기준을 마련하고, 유해・위험요인별 허용 가능한 위험성 수준을 정하거나 변경하는 경우
② 해당 사업장의 유해・위험요인을 파악하는 경우
③ 유해・위험요인의 위험성이 허용 가능한 수준인지 여부를 결정하는 경우
④ 위험성 감소대책을 수립하여 실행하는 경우
⑤ 위험성 감소대책 실행 여부를 확인하는 경우

▷ 위험성평가의 방법
– 사업주는 사업장의 규모와 특성 등을 고려하여 선정
① 위험 가능성과 중대성을 조합한 빈도・강도법
② 체크리스트(Checklist)법
③ 위험성 수준 3단계(저・중・고) 판단법
④ 핵심요인 기술(One Point Sheet)법
⑤ 그 외 규칙 제50조제1항제2호 각 목의 방법
– 상대위험순위 결정(Dow and Mond Indices)
– 작업자 실수 분석(HEA)
– 사고 예상 질문 분석(What–if)
– 위험과 운전 분석(HAZOP)
– 이상위험도 분석(FMECA)
– 결함 수 분석(FTA)
– 사건 수 분석(ETA)
– 원인결과 분석(CCA)</td></tr>
<tr><td>비고</td><td>▶ 근로자 참여방법
① 근로자 안전보건 제안제도
– 우수 제안자에게는 시상 등 인센티브를 제공합니다.
② 아차사고 발굴 신고제도
– 오프라인 게시판, 온라인 시스템을 활용해 근로자들이 자유롭게 신고
③ 근로자 안전 소통채널 운영</td></tr>
</table>

<table>
<tr><td>질문 24.</td><td>◆ 위험성평가의 위험성결정 방법과 그 상세식에 대하여 설명하세요.(9.11회 기출문제)
◆ 위험성평가 시 계산방법에 대해 설명하세요.(11회 기출문제)
◆ 위험성평가의 위험도 계산에 대하여 설명하세요.(10회 기출문제)</td></tr>
<tr><td>출처</td><td>고용노동부고시(제2024-76호 개정 반영) 사업장 위험성평가에 관한 지침</td></tr>
<tr><td>답</td><td>사업장 위험성평가는 작업과 관련된 유해・위험요인을 사전에 파악하고, 그 위험성의 크기를 평가하여 허용 가능한 수준으로 저감하기 위한 대책을 수립・실행하는 체계적인 예방 활동이다. 이는 산업재해를 사후 관리가 아닌 사전 예방 중심으로 관리하기 위한 핵심 제도이다.

▷ 위험성결정 방법 – 고시(제2024-76호 개정 반영)
① 위험 가능성과 중대성을 조합한 빈도・강도법
② 체크리스트(Checklist)법
③ 위험성 수준 3단계(저・중・고) 판단법
④ 핵심요인 기술(One Point Sheet)법
⑤ 그 외 규칙 제50조제1항제2호 각 목의 방법

▷ 위험성결정 방법의 종류 및 상세식
1. 곱셈법 (빈도 X 강도)
① 가장 정밀한 방법으로, 빈도와 강도에 점수를 부여하여 두 값을 곱한 결과값으로 위험성을 결정합니다.
② 상세식 : Risk = 빈도(Likelihood) X 강도(Severity)
③ 빈도(Likelihood) : 위험요인이 사고로 이어질 수 있는 가능성이나 횟수
④ 강도(Severity) : 사고 발생 시 부상 또는 질병의 심각한 정도
2. 덧셈법 (빈도 + 강도)
– 곱셈법보다 계산이 간편하여 현장에서 이해하기 쉽습니다.
3. 행렬법 (Matrix)
① 계산식보다는 빈도와 강도를 가로축과 세로축으로 배열한 행렬표를 보고 위험성 등급을 직관적으로 찾는 방법입니다.
② 방법: 가로(강도)와 세로(빈도)가 만나는 지점의 색상이나 등급(고, 중, 저)으로 결정합니다.
4. 수평비교법 (핵심질문/Checklist)
① 수치 계산 없이 특정 질문에 대한 답변으로 위험을 결정합니다.
② 상세식: 질문 항목에 대해 “적정/부적정” 또는 “Y/N”으로 판단하여, 부적정 항목이 나오면 즉시 위험성이 있는 것으로 간주합니다.</td></tr>
<tr><td>비고</td><td>▶ 위험성 결정을 과거에는 빈도(가능성)와 강도(중대성)를 곱하거나 더하는 ‘점수법’이 주를 이루었으나, 이제는 사업장 규모와 특성에 맞춰 간소화된 방법을 선택할 수 있습니다.
① 과거 : 위험성을 추정할 때, 가능성(빈도)과 중대성(강도)을 행렬・곱셈・덧셈 등 계량적으로 산출하도록 하여 시행이 어려웠습니다.
② 개정 : 빈도・강도를 계량적으로 산출하지 않고도 위험성평가를 할 수 있습니다. 체크리스트, 위험성 수준 3단계 판단법 등 간편한 방법을 제시합니다.</td></tr>
</table>

질문 25.	◆ 위험성평가 중 수시평가에 대하여 설명하세요.(9회 기출문제) ◆ 위험성평가 결과 및 조치사항의 기록 · 보존 포함사항과 기록 · 보존기간에 대해 설명하세요. (14회 기출문제)
출처	고용노동부고시(제2024-76호 개정 반영) 사업장 위험성평가에 관한 지침
답	사업주는 위험성평가를 작업조건 변화 및 재해 발생 가능성에 따라 적정 시기에 반드시 실시하여야 한다. 위험성평가는 사업장의 유해 · 위험요인을 상시적으로 관리하기 위해 그 실시 시기에 따라 최초평가, 정기평가, 수시평가, 그리고 최근 도입된 상시평가로 구분됩니다. ▷ **위험성평가 중 수시평가** 1. 정의 – 계획에 따라 정기적으로 실시하는 정기평가와 달리, 작업조건 · 설비 · 공정 등에 변화가 발생하거나 산업재해 발생 위험이 증가한 경우 즉시 실시하는 위험성평가를 말하며, 건설현장의 유해 · 위험요인은 고정되어 있지 않고 수시로 변화합니다. 따라서 유해 · 위험요인의 변동성과 기존의 안전관리수준이 변화할 경우 위험성평가를 실시하여야 합니다. 2. 수시평가 실시 대상 ① 사업장 건설물의 설치 · 이전 · 변경 또는 해체 ② 기계 · 기구, 설비, 원재료 등의 신규 도입 또는 변경 ③ 건설물, 기계 · 기구, 설비 등의 정비 또는 보수 ④ 작업방법 또는 작업절차의 신규 도입 또는 변경 ⑤ 중대산업사고 또는 산업재해 발생 ⑥ 그 밖에 사업주가 필요하다고 판단한 경우 ▷ **기록 · 보존 포함사항** 1. 포함사항 ① 위험성평가 대상의 유해 · 위험요인 ② 위험성 결정의 내용 ③ 위험성 결정에 따른 조치의 내용 ④ 그 밖에 위험성평가의 실시내용을 확인하기 위하여 필요한 사항으로서 고용노동부장관이 정하여 고시하는 사항 – 위험성평가를 위해 사전조사 한 안전보건정보 – 그 밖에 사업장에서 필요하다고 정한 사항 2. 기록 · 보존기간 : 3년 이상
비고	▶ **위험성평가 실시 시기** (아래 표 참조)

최초평가	정기평가	수시평가	상시평가
– 사업개시일(건설현장의 경우 착공일)로부터 1개월 이내 착수	– 최초평가 후 매년 1회 실시	– 특정한 사유 – 재해 발생	– 일상 작업 중 수시 실시 – 정기 · 수시평가를 대신할 수 있는 체계

<table>
<tr><td>질문 26.</td><td>• 안전성평가와 위험성평가의 차이점에 대하여 설명하세요.(9.12회 기출문제)</td></tr>
<tr><td>출처</td><td>산업안전보건법 제44조, 제36조</td></tr>
<tr><td>답</td><td>▷ 안전성평가와 위험성평가의 차이점
1. 개념
① 안전성평가(Safety Assessment)
– 설비 및 시스템의 설계 단계에서 공학적 분석을 통해 사고의 발생 가능성을 근본적으로 제거하기 위한 기술적·공학적 평가이다.
② 위험성평가(Risk Assessment)
– 작업 단계에서 유해·위험요인의 발생 가능성과 중대성을 고려하여 위험을 허용 가능한 수준으로 관리·저감하기 위한 관리 중심의 예방 활동이다.

2. 목적
① 안전성평가(Safety Assessment)
– 사고의 근원적 제거
– 설계상 안전 확보
– 본질안전(Intrinsic Safety) 추구
② 위험성평가(Risk Assessment)
– 위험요인의 관리·통제
– 재해 예방
– 허용 가능한 위험수준 유지</td></tr>
<tr><td>Tip</td><td>▶ 안전성평가와 위험성평가 비교표
<table>
<tr><th>구분</th><th>안전성평가</th><th>위험성평가</th></tr>
<tr><td>법적 근거</td><td>산업안전보건법 제44조</td><td>산업안전보건법 제36조</td></tr>
<tr><td>개념</td><td>설비·시스템 안전성 검토</td><td>작업 위험요인 관리·통제</td></tr>
<tr><td>목적</td><td>시스템 자체의 안전성 확보 및 신뢰성 검증</td><td>자기규율 예방체계 확립 및 근로자 사고 예방</td></tr>
<tr><td>적용 단계</td><td>설계·설치 전</td><td>작업·운영 단계</td></tr>
<tr><td>평가 대상</td><td>유해·위험 설비</td><td>전 사업장</td></tr>
<tr><td>평가 성격</td><td>공학적·기술적</td><td>관리적·현장적</td></tr>
<tr><td>평가 중심</td><td>시스템 안전</td><td>작업 안전</td></tr>
<tr><td>참여주체</td><td>전문가 중심</td><td>사업주, 관리감독자, 근로자 (현장 구성원 전원)</td></tr>
<tr><td>예방 방식</td><td>본질안전</td><td>관리안전</td></tr>
</table></td></tr>
<tr><td>비고</td><td>▶ 안전성 평가가 기술적 전문성을 바탕으로 설비와 공정의 근원적 안전을 검증하는 도구라면, 위험성평가는 노사가 함께 현장의 위험을 상시 발굴하고 개선하는 자기규율 예방체계입니다.</td></tr>
</table>

<table>
<tr><td>질문 27.</td><td>• 안전보건표지에 대해 설명하세요.(15회 기출문제)</td></tr>
<tr><td>출처</td><td>산업안전보건법 제37조</td></tr>
<tr><td>답</td><td>

안전보건표지
– 안전보건표지는 사업장에서 유해 · 위험요인에 대한 정보를 시각적으로 제공하여 근로자의 안전행동을 유도하고 산업재해를 예방하기 위한 표시로서, 금지 · 경고 · 지시 · 안내의 4종류로 구분되며 법령에서 정한 색상과 형태 기준에 따라 설치하여야 한다.

1. 설치기준
① 시인성, 견고성 확보
② 외국어 함께 기록
③ 야간에 인지 가능한 물질로 제작

2. 사업주 준수사항
① 근로자가 즉각적으로 인지할 수 있도록 규정에 의거 제작.설치 및 사용
② 단순 부착이 아닌 안전교육과 병행 실시
③ 주기적으로 설치상태 및 변형유무 등 점검

</td></tr>
<tr><td>Tip</td><td>

▶ 안전보건표지의 종류(시행규칙 별표6)

<table>
<tr><td>종류</td><td>의미</td><td>색상</td><td>형태</td></tr>
<tr><td>금지표지</td><td>특정한 행위를 금지</td><td>빨간색</td><td>원형 (사선 포함)</td></tr>
<tr><td>경고표지</td><td>위험에 대한 경고</td><td>노란색</td><td>삼각형 / 마름모</td></tr>
<tr><td>지시표지</td><td>특정 행동 지시</td><td>파란색</td><td>원형</td></tr>
<tr><td>안내표지</td><td>비상시설/ 안전시설 위치 등 안내</td><td>녹색</td><td>사각형</td></tr>
</table>

</td></tr>
<tr><td>비고</td><td>▶ 안전보건표지는 현장의 위험을 '보이게 하여' 사고를 예방하는 시각적 안전관리 수단입니다. 현장에서 단순히 표지를 붙이는 것에 그치지 않고, 위험성평가 결과와 연계하여 고위험 구역에 적절한 표지가 부착되었는지 철저한 점검이 필요하며, 특히 외국인 근로자가 많은 현장에서는 그림 중심의 픽토그램을 강화하여 언어 장벽 없이 안전 메시지가 전달되도록 지도가 중요하다.</td></tr>
</table>

질문 28.	근로자 건강장해를 유발하는 유해인자 관리에 대하여 설명하세요.(8회 기출문제)
출처	산업안전보건법 제104조
답	▷ 유해인자 관리 – 근로자 건강장해 유해인자 관리란 작업환경 중 존재하는 물리적・화학적・생물학적 유해요인에 의한 직업병 및 건강장해를 예방하기 위하여 유해인자를 제거 또는 저감하고 근로자의 건강을 보호하는 일련의 관리활동을 말한다. 1. 건강장해 유발 유해인자의 분류 ① 화학적 인자: 유기용제, 중금속, 가스, 분진(미세먼지) 등 ② 물리적 인자: 소음, 진동, 방사선, 이상기압, 이상기온(고열・한랭 등) ③ 생물학적 인자: 혈액매개 감염인자, 공기매개 감염인자, 곤충 및 동물매개 감염인자 ④ 인간공학적 인자: 반복 동작, 부적절한 작업 자세, 과도한 힘의 사용(근골격계 질환 원인) 2. 유해인자 관리의 기본원칙 – 유해인자 관리(위험성 저감의 우선순위 원칙 준수) : 제거 → 대체 → 공학적 대책 → 관리적 대책 → 개인보호구 3. 유해인자 관리 방법 ④ 국소배기장치 설치 및 환기시설 개선 등의 공학적 대책 ⑤ 물질안전보건자료(MSDS)의 비치 및 유해성 등의 교육을 통한 관리적 대책 ⑥ 적합한 보호구의 지급 ⑦ 작업환경측정하여 노출기준 준수 ⑧ 특수건강진단을 통해 직업병 발병여부 조기 발견 및 사후관리
Tip	▶ **사업주의 법적 관리 사항** ① 보건관리자 선임 ② 작업환경측정 ③ 특수건강진단 실시 ④ 물질안전보건자료 비치 ⑤ 보호구 지급 ⑥ 보건교육 실시
비고	▶ 근로자 건강장해를 유발하는 유해인자는 물리적・화학적・생물학적 및 인체부담 요인으로 구분되며, 사업주는 유해인자를 제거 또는 대체하고 공학적・관리적 대책과 개인보호구 착용, 작업환경측정 및 건강진단 등을 통해 체계적으로 관리하여 직업병을 예방하여야 한다.

<table>
<tr><td>질문 29.</td><td>◆ 유해ㆍ위험방지계획서 대상 사업장 종류에 대해 설명하세요.(8회 기출문제)
◆ 유해ㆍ위험방지계획서 건설공사 종류에 대해 설명하세요.(15회 기출문제)
◆ 유해ㆍ위험방지계획서 작성 대상 공사에 대해 설명하세요.(15회 기출문제)</td></tr>
<tr><td>출처</td><td>산업안전보건법 제42조, 시행령 제42조</td></tr>
<tr><td>답</td><td>산업안전보건법 제42조에 따른 유해ㆍ위험방지계획서는 사업장에서 중대재해 발생 위험이 높은 설비 또는 대규모 건설공사에 대하여 설치ㆍ착공 전에 유해ㆍ위험요인과 안전대책을 사전 검토ㆍ수립하여 고용노동부에 제출하는 예방 중심의 사전 안전관리 제도이다.

▷ 대상 사업장 종류
– 대상은 크게 ① 제조ㆍ설비 사업장 ② 건설공사 사업장으로 구분된다.
① 제조ㆍ설비 사업장은 전기 계약용량이 300kW 이상인 사업장과 유해ㆍ위험 설비 설치ㆍ이전ㆍ변경 시 제출(폭발ㆍ화재ㆍ중독 등 중대산업사고 우려 설비)
② 건설공사 사업장(붕괴ㆍ추락ㆍ매몰 등 중대재해 위험이 높은 공사) 착공 전날까지 제출

▷ 건설공사 종류(작성 대상 공사)
1. 건축물 또는 시설 등의 건설ㆍ개조 또는 해체(이하 “건설등”이라 한다) 공사
가. 지상높이가 31미터 이상인 건축물 또는 인공구조물
나. 연면적 3만제곱미터 이상인 건축물
다. 연면적 5천제곱미터 이상인 시설로서 다음의 어느 하나에 해당하는 시설
1) 문화 및 집회시설(전시장 및 동물원ㆍ식물원은 제외한다)
2) 판매시설, 운수시설(고속철도의 역사 및 집배송시설은 제외한다)
3) 종교시설
4) 의료시설 중 종합병원
5) 숙박시설 중 관광숙박시설
6) 지하도상가
7) 냉동ㆍ냉장 창고시설
2. 연면적 5천제곱미터 이상인 냉동ㆍ냉장 창고시설의 설비공사 및 단열공사
3. 최대 지간(支間)길이(다리의 기둥과 기둥의 중심사이의 거리)가 50미터 이상인 다리의 건설등 공사
4. 터널의 건설등 공사
5. 다목적댐, 발전용댐, 저수용량 2천만톤 이상의 용수 전용 댐 및 지방상수도 전용 댐의 건설등 공사
6. 깊이 10미터 이상인 굴착공사</td></tr>
<tr><td>비고</td><td></td></tr>
</table>

<table>
<tr><td>질문 30.</td><td>◆ 유해 · 위험방지계획서 자체심사 및 확인업체의 기준에 대해 설명하세요.(15회 기출문제)
◆ 유해 · 위험방지계획서 자체심사 및 확인업체 선정기준과 자체심사 및 확인방법에 대해 설명하세요.(13.14회 기출문제)</td></tr>
<tr><td>출처</td><td>산업안전보건법 제43조, 시행규칙 제47조 [별표 11]</td></tr>
<tr><td>답</td><td>유해 · 위험방지계획서는 원칙적으로 관할 지방고용노동관서의 사전 심사 대상이나, 안전관리 역량이 우수한 사업장에 대해서는 자율안전관리체계 확립과 행정 효율성 제고를 위해 사업주가 스스로 심사 · 확인하도록 하는 제도가 자체심사 및 확인제도이다.

▷ 자체심사 및 확인업체의 기준 (다음 각 목의 요건 모두 충족할 것)
① 시공능력의 순위가 상위 200위 이내인 건설업체
② 3년간 평균산업재해발생률 이하인 건설업체
③ 안전관리자의 자격을 갖춘 사람 1명 이상을 포함하여 3명 이상의 안전전담직원으로 구성된 안전만을 전담하는 과 또는 팀 이상의 별도조직을 갖춘 건설업체
④ 건설업체 산업재해예방활동 실적 평가 점수가 70점 이상인 건설업체
⑤ 2년간 근로자가 사망한 재해가 없는 건설업체

▷ 자체심사 및 확인방법
1. 자체심사는 임직원 및 외부 전문가 중 다음에 해당하는 사람 1명 이상이 참여하도록 해야 한다.
① 산업안전지도사(건설안전 분야)
② 건설안전기술사
③ 건설안전기사(산업안전기사 취득한 후 건설안전 실무경력이 3년 이상 포함)로서 공단에서 실시하는 유해 · 위험방지계획서 심사전문화교육과정을 28시간 이상 이수한 사람
2. 자체확인은 가목의 인력기준에 해당하는 사람이 실시하도록 해야 한다.
3. 자체확인을 실시한 사업주는 유해 · 위험방지계획서 자체확인결과서를 작성하여 해당 사업장에 갖추어 두어야 한다.</td></tr>
<tr><td>Tip</td><td>▶ 사전심사 vs 자체심사 비교
<table><tr><td>구분</td><td>사전심사</td><td>자체심사</td></tr><tr><td>심사주체</td><td>노동관서</td><td>사업주(내부 전문가)</td></tr><tr><td>방식</td><td>사전 승인</td><td>자율심사 후 보고</td></tr><tr><td>대상</td><td>일반 사업장</td><td>우수 사업장</td></tr><tr><td>행정</td><td>직접 심사</td><td>행정 간소화(자율안전관리 강화)</td></tr></table></td></tr>
<tr><td>비고</td><td>▶ 유해 · 위험방지계획서는 공사계획 수립 후 위험요인을 분석하여 계획서를 작성하고, 일반 사업장은 지방고용노동관서의 사전심사를 거쳐 승인 후 착공하며, 자체심사 · 확인업체는 내부 전문가에 의한 자율 심사를 실시한 후 결과를 통보하고 착공하며 이후 이행 여부를 지속적으로 점검한다.</td></tr>
</table>

<table>
<tr><td>질문 31.</td><td>◆ 지도사가 평가하는 유해 · 위험방지계획서 대상공사의 범위에 대해 설명하세요.(8회 기출문제)
◆ 유해 · 위험방지계획서 중 지도사가 평가 · 확인할 수 있는 대상 건설공사의 범위 및 지도사의 요건에 대해 설명하세요.(15회 기출문제)</td></tr>
<tr><td>출처</td><td>산업안전보건법 제42조, 시행규칙 제44조, 고용노동부고시 제2020-1호</td></tr>
<tr><td>답</td><td>유해 · 위험방지계획서는 중대재해 발생 위험이 높은 건설공사에 대해 착공 전 위험요인을 사전 검토하는 제도이며, 일부 공사의 경우 지방고용노동관서 심사 대신 지도사가 평가 · 확인하도록 하여 전문성 확보와 행정 효율화를 도모하고 있다. 즉, 정부 직접 심사에서 지도사 전문 평가 · 확인 대행하는 제도이다.

▷ 지도사가 평가 · 확인할 수 있는 대상 건설공사의 범위
① 지상높이가 31미터 이상인 건축물 중 지상높이가 50미터 이하인 아파트 건설공사
② 깊이 10미터 이상인 굴착공사 중 깊이가 15미터 이하인 굴착공사

▷ 지도사의 요건
– 산업안전지도사(건설안전분야)
① 한국산업안전보건공단이 실시하는 유해 · 위험방지계획서 관련 교육과정을 20시간 이상 이수한 사람
② 한국산업안전보건공단의 유해 · 위험방지계획서 심사에 참여한 경험이 있는 사람</td></tr>
<tr><td>Tip</td><td>▶ 건설공사 작성 대상
</td></tr>
<tr><td>비고</td><td>▶ 지도사 평가 · 확인 절차
계획서 작성 → 지도사 기술 검토 → 보완요구/수정 → 확인서 발급 → 착공 → 현장 지도/점검</td></tr>
</table>

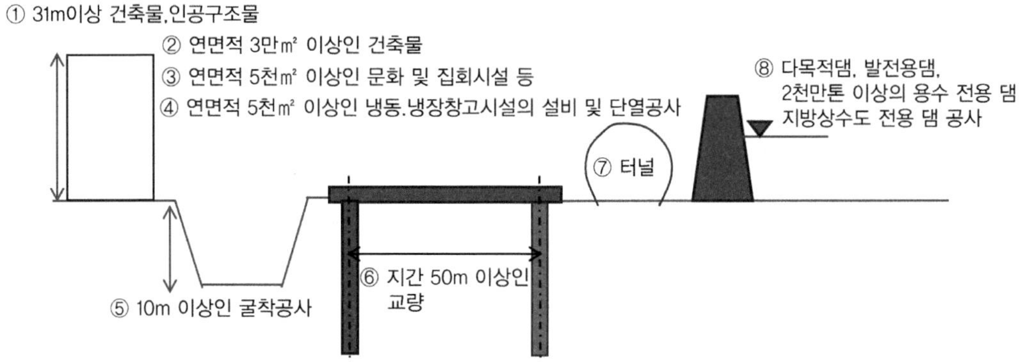

질문 32.	◆ 안전보건진단의 종류와 내용에 대해 설명하세요.(14회 기출문제)
출처	산업안전보건법 제47조, 시행령 [별표 14]
답	안전보건진단은 실시 주체 및 목적에 따라 자율안전보건진단과 명령안전보건진단으로 구분 ▷ **안전보건진단의 종류와 내용** 1. 자율안전보건진단 : 사업주가 자발적으로 외부 전문기관에 의뢰하여 실시 2. 명령안전보건진단 : 고용노동부 장관이 재해 발생 위험이 높다고 판단될 때 명령
비고	

종류	진단내용
종합진단	1. 경영・관리적 사항에 대한 평가 2. 산업재해 또는 사고의 발생 원인 3. 작업조건 및 작업방법에 대한 평가 4. 유해・위험요인에 대한 측정 및 분석 5. 보호구, 안전・보건장비 및 작업환경 개선시설의 적정성 6. 유해물질의 사용・보관・저장, 물질안전보건자료의 작성, 근로자 교육 및 경고표시 부착의 적정성 7. 그 밖에 작업환경 및 근로자 건강 유지・증진 등 보건관리의 개선을 위하여 필요한 사항
안전진단	1. 산업재해 또는 사고의 발생 원인 2. 작업조건 및 작업방법에 대한 평가 3. 유해・위험요인에 대한 측정 및 분석 ① 기계・기구 및 설비에 의한 위험성 ② 폭발성・물반응성・자기반응성・자기발열성 물질, 자연발화성 액체・고체 및 인화성 액체 등에 의한 위험성 ③ 전기・열 또는 그 밖의 에너지에 의한 위험성 ④ 추락, 붕괴, 낙하, 비래등으로 인한 위험성 ⑤ 그 밖에 기계・기구・설비・장치・구축물・시설물・원재료 및 공정 등에 의한 위험성 4. 보호구, 안전장비의 적정성
보건진단	1. 산업재해 또는 사고의 발생 원인 2. 작업조건 및 작업방법에 대한 평가 3. 유해・위험요인에 대한 측정 및 분석 – 허가대상물질, 관리대상 유해물질 및 온도・습도・환기・소음・진동・분진, 유해광선 등의 유해성 또는 위험성 4. 보호구, 보건장비 및 작업환경 개선시설의 적정성 5. 유해물질의 사용・보관・저장, 물질안전보건자료의 작성, 근로자 교육 및 경고표시 부착의 적정성 6. 그 밖에 작업환경 및 근로자 건강 유지・증진 등 보건관리의 개선을 위하여 필요한 사항

질문 33.	◆ **안전보건진단에서 종합진단에 대해 설명하세요.(15회 기출문제)** ◆ **경영 · 관리적 사항에 대한 평가 내용에 대해 설명하세요.(15회 기출문제)**
출처	산업안전보건법 제47조, 시행령 [별표 14]
답	산업안전보건법 제47조에 따른 안전보건진단은 잠재적 위험성이 높은 사업장에 대하여 전문가가 유해 · 위험요인을 찾아내고 그 대책을 수립하기 위해 실시하는 정밀 진단 제도입니다. ▷ **종합진단** 1. 의의 – 종합진단이란 사업장의 안전 · 보건관리 전반에 대하여 조직, 시설 · 설비, 작업환경, 작업방법, 관리체계 등을 종합적으로 조사 · 분석하여 문제점을 도출하고 개선대책을 제시하는 포괄적 안전보건진단을 말한다. 2. 진단내용 ① 경영 · 관리적 사항에 대한 평가 ② 산업재해 또는 사고의 발생 원인 ③ 작업조건 및 작업방법에 대한 평가 ④ 유해 · 위험요인에 대한 측정 및 분석 ⑤ 보호구, 안전 · 보건장비 및 작업환경 개선시설의 적정성 ⑥ 유해물질의 사용 · 보관 · 저장, 물질안전보건자료의 작성, 근로자 교육 및 경고표시 부착의 적정성 ⑦ 그 밖에 작업환경 및 근로자 건강 유지 · 증진 등 보건관리의 개선을 위하여 필요한 사항 ▷ **경영 · 관리적 사항에 대한 평가** 1. 의의 – 사업장의 안전보건관리체계 전반의 적정성과 실효성을 종합적으로 검토하여 지속적 개선이 이루어지고 있는지를 평가하는 것이다. 2. 평가내용 ① 산업재해 예방계획의 적정성 ② 안전 · 보건 관리조직과 그 직무의 적정성 ③ 산업안전보건위원회 설치 · 운영, 명예산업안전감독관의역할 등 근로자의 참여 정도 ④ 안전보건관리규정 내용의 적정성
비고	▶ 경영 · 관리적 사항 평가는 산업안전보건법 제47조에 따른 안전보건진단 제도에 근거하며, 사업장의 안전보건관리조직, 관리규정, 점검 및 개선체계 등 관리시스템 전반을 종합적으로 평가하도록 규정되어 있다.

질문 34.	◆ 사업주 및 근로자의 작업중지권에 대해 설명하세요.(15회 기출문제)
출처	산업안전보건법 제51조(사업주의 작업중지), 제52조(근로자의 작업중지)

답

산업안전보건법은 산업재해가 발생할 급박한 위험이 있을 때 사업주와 근로자 모두에게 작업을 중지할 수 있는 권리와 의무를 부여하고 있습니다. 이는 사고를 사후에 수습하기보다 선제적으로 차단하기 위한 강력한 법적 장치입니다.

▷ **작업중지권**

1. 의의

– 작업 중 급박한 위험이 있을 때, 사업주는 작업을 즉시 중지시키고 근로자를 대피시킬 의무가 있으며, 근로자는 스스로 작업을 중지하고 대피할 수 있는 권리를 말한다.

2. 사업주의 작업중지

① 실시 시기 : – 산업재해가 발생할 급박한 위험이 있는 경우
– 악천후 시(규정된 기준 준수)
– 중대재해 발생 시

② 조치 내용 : 즉시 작업을 중지시키고 근로자를 작업장소에서 대피시키는 등 필요한 안전·보건 조치

3. 근로자의 작업중지권

① 실시 시기 : 산업재해가 발생할 급박한 위험의 합리적인 이유가 있는 경우

② 실행 절차: 작업 중지 및 대피→ 지체 없이 그 사실을 관리감독자등에게 보고

③ 보고받은 관리감독자는 필요한 안전 및 보건조치

Tip

▶ **사업주 vs 근로자 작업중지 비교**

구분	사업주	근로자
성격	의무	권리
목적	재해 예방	자기 보호
조치	작업 중지 및 대피, 개선	작업 중지 및 대피, 보고
책임	미이행 시 처벌	지체없이 보고
금지	불이익 처우 금지	허위·남용 금지

비고

▶ 산업안전보건법상 사업주는 근로자에게 급박한 위험이 있을 때 즉시 작업을 중지하고 근로자를 대피시켜야 하며, 근로자는 스스로 작업을 중지하고 대피할 수 있는 권리를 가진다. 이 경우 사업주는 근로자의 정당한 작업중지권 행사에 대하여 해고 등 불이익한 처우를 하여서는 아니 된다.

<table>
<tr><td>질문 35.</td><td>◆ 악천후 시 작업 중지에 대해 설명하세요.(8회 기출문제)</td></tr>
<tr><td>출처</td><td>산업안전보건기준에 관한 규칙 제37조(악천후 및 강풍 시 작업 중지) , 제383조(작업의 제한)</td></tr>
<tr><td>답</td><td>산업안전보건기준에 관한 규칙에 의거하여, 사업주는 태풍, 강풍, 폭풍, 폭설 등 악천후로 인하여 재해가 발생할 우려가 있는 경우 작업을 중지시켜야 합니다.
이는 기상 위험요인을 제거하기 위한 선제적 안전조치이다.

▷ 악천후 시 작업 중지
1. 의의
– 기상요인에 의한 추락・붕괴・감전・전도・열사병 등 중대재해를 사전에 차단하기 위한 긴급 안전조치

2. 악천후 시 작업 중지 기준
① 강풍 시 (순간풍속 기준)
– 초당 10m 초과: 타워크레인의 설치・수리・점검 또는 해체작업 중지
– 초당 15m 초과: 타워크레인의 운전작업 중지
– 초당 10m 이상: 철골작업 중지
② 강우 및 강설 시 (철골 작업중지 기준)
– 강우: 시간당 강우량 1mm 이상인 경우
– 강설: 시간당 강설량 1cm 이상인 경우

▷ 악천후 전・후의 안전 조치 사항
1. 작업 중지 시 (사전 조치)
① 타워크레인: 선회 브레이크를 해제하여 지브가 바람의 방향에 따라 회전할 수 있도록 조치(풍하중 최소화)
② 가시설: 비계, 거푸집 동바리, 가설 울타리 등의 결속 상태를 강화하고 전도 방지 조치
③ 낙하물 예방: 적재된 자재를 결속하거나 안전한 장소로 이동

2. 작업 재개 시 (사후 점검)
① 지반 상태: 폭우 후 굴착면의 붕괴 위험(토압 증가) 및 지반 침하 여부 점검
② 가시설의 변형: 비계 연결부의 풀림, 동바리의 침하 또는 변형 여부 확인
③ 전기 설비: 침수로 인한 누전 위험이 없는지 절연 상태 점검</td></tr>
<tr><td>비고</td><td>▶ 악천후 시 작업중지는 근로자의 생명 또는 신체에 급박한 위험이 예상될 때 사업주가 작업을 즉시 중지하고 근로자를 대피시키며, 위험요인을 제거한 후 안전이 확보된 경우에만 작업을 재개하도록 하는 재해예방 조치이다.</td></tr>
</table>

<table>
<tr><td>질문 36.</td><td>◆ 산업안전보건법상 중대재해의 정의와 중대재해 발생 시 보고내용, 산업재해조사표의 내용과 제출기한에 대해 설명하세요.(13회 기출문제)
◆ 중대재해 발생 시 사업주 조치사항과 보고내용에 대해 설명하세요.(14회 기출문제)</td></tr>
<tr><td>출처</td><td>산업안전보건법 제2조, 제54조, 시행규칙 제67조, 제73조</td></tr>
<tr><td>답</td><td>

▷ **중대재해의 정의**

1. 정의

– "중대재해"란 산업재해 중 사망 등 재해 정도가 심하거나 다수의 재해자가 발생한 경우로서 고용노동부령으로 정하는 재해를 말한다.

2. 중대재해의 범위

① 사망자가 1명 이상 발생한 재해
② 3개월 이상의 요양이 필요한 부상자가 동시에 2명 이상 발생한 재해
③ 부상자 또는 직업성 질병자가 동시에 10명 이상 발생한 재해

▷ **중대재해 발생 시 사업주 조치사항**

– 중대재해 발생 시 조치는 즉시조치와 사후조치로 구분

즉시조치(현장에서 즉각 수행)	사후조치(사고 수습후 행정 절차수행)
– 즉시 중지 · 대피 · 구조 · 2차 재해방지 · 현장보존	– 보고 · 조사 · 재발방지대책 · 조사표

▷ **중대재해 발생 시 보고내용**

– 지방고용노동관서의 장에게 전화 · 팩스 등으로 지체 없이 보고

① 발생 개요 및 피해 상황
② 조치 및 전망
③ 그 밖의 중요한 사항

▷ **산업재해조사표의 내용과 제출기한**

1. 산업재해조사표의 내용

① 사업장의 개요 및 근로자의 인적사항
② 재해 발생의 일시 및 장소
③ 재해 발생의 원인 및 과정
④ 재해 재발방지 계획

2. 제출기한 : 산업재해 발생일로부터 1개월 이내 관할 지방고용노동관서에 제출

</td></tr>
<tr><td>비고</td><td>▶ 사업주는 재해발생 시 즉시 작업을 중지하고 근로자를 대피시킨 후 관계기관에 지체 없이 보고하고 사고원인 조사 및 재발방지 대책을 수립하여야 한다.</td></tr>
</table>

MEMO

분류	질문번호	회차	질문내용
5. 도급 시 산업재해 예방	37	8.11.15	도급사업 시 산업재해 예방 조치 사항에 대하여 설명
		13	관계수급인 근로자가 도급인의 사업장에서 작업을 하는 경우 도급인이 이행해야 할 사항에 대해 설명
	38	13	산업안전보건법상 건설공사발주자의 산업재해 예방조치에 대해 설명
		15	안전보건대장 작성대상에 대해 설명
	39	14.15	안전보건대장 단계별(기본,설계,공사) 포함내용에 대해 설명
		15	공사안전대장 이행점검 확인시기에 대해 설명
	40	8	안전보건조정자에 대해 설명
	41	8	산업안전보건법령상 위험가설구조물의 설계변경에 대하여 설명
		12	산업안전보건법상 설계변경 요청대상에 대해 설명
		13	산업안전보건법에서 설계변경 요청 대상과 전문가의 범위에 대해 설명
		8	설계변경 요청 대상과 검토자격자에 대해 설명
	42	14	산업안전보건관리비 계상의무 및 기준
		8.11	산업안전보건관리비에 대하여 설명하고, 사용기준에 따른 사용항목에 대해 설명
		14.15	산업안전보건관리비 중 안전교육비 사용기준
	43	13	산업안전보건관리비와 안전관리비의 계상기준과 사용항목을 각각에 대해 설명
	44	11.12	지도분야 건설재해예방전문지도기관의 지도대상 공사에 대해 설명
		8.9.10	재해예방기술지도 대상공사와 제외대상공사에 대하여 설명
		8	전문재해예방기관에 기술지도를 받아야할 대상 사업장 범위
	45	9.10.11	건설재해예방전문지도기관의 지도기준에 대해 설명
		9.13	건설재해예방전문지도기관의 기술지도 수행방법에 대해
		9	기술지도후 보고해야할 사항, 방법, 시기 등에 대해 설명
	46	9.10.12	건설재해예방기술지도 계약서에 포함되어야 하는 사항에 대해 설명
	47	15	재해예방전문지도기관 인력 및 장비 기준
	48	12	노사협의체 설치대상 및 구성에 대해 설명
		14	노사협의체 근로자위원과 사용자위원 구성에 대해 설명

질문 37.	◆ 도급사업 시 산업재해 예방조치 사항에 대하여 설명하세요.(8.11.15회 기출문제) ◆ 관계수급인 근로자가 도급인의 사업장에서 작업을 하는 경우 도급인이 이행해야 할 사항에 대해 설명하세요.(13회 기출문제)
출처	산업안전보건법 제64조
답	도급사업은 동일 장소에서 원・하청 근로자가 혼재하여 작업하므로 공정 간 간섭, 작업 충돌, 관리 공백 등으로 추락・협착・붕괴 등 중대재해 발생 위험이 증가한다. 따라서 산업안전보건법은 사업장을 지배・관리하는 도급인에게 산업재해 예방에 대한 총괄책임을 부여하고 있다. 즉, 도급인 중심 통합 안전관리를 실시하는 제도이다. ▷ **도급사업 시 산업재해 예방조치 사항** 1. 협의체의 구성 및 운영 2. 순회점검(건설업: 2일에 1회 이상) 3. 안전보건교육장소 및 자료 등 지원 4. 안전보건교육의 실시 확인 5. 경보체계 운영과 대피방법 훈련 6. 위생시설 제공 7. 작업시기・내용, 안전조치 및 보건조치 등의 확인 8. 작업시기・내용 등의 조정 9. 정기・수시 합동 안전보건점검(건설업: 2개월에 1회 이상) ▷ **관계수급인 근로자가 도급인의 사업장에서 작업을 하는 경우 도급인이 이행해야 할 사항** 1. 협의체의 구성 및 운영 2. 순회점검(건설업: 2일에 1회 이상) 3. 안전보건교육장소 및 자료 등 지원 4. 안전보건교육의 실시 확인 5. 경보체계 운영과 대피방법 훈련 6. 위생시설 제공 7. 작업시기・내용, 안전조치 및 보건조치 등의 확인 8. 작업시기・내용 등의 조정
Tip	
비고	

질문 38.	◆ 산업안전보건법상 건설공사발주자의 산업재해 예방조치에 대해 설명하세요.(13회 기출문제) ◆ 안전보건대장 작성 대상에 대해 설명하세요.(15회 기출문제)
출처	산업안전보건법 제67조–제73조, 시행령 제55조, 시행규칙 제86조, 고시 제2024-35호
답	건설공사에서 발주자는 공사금액・공기・공법・설계 등을 결정하는 최상위 의사결정자로서, 무리한 공기 단축, 저가 발주, 부적정 설계는 직접적으로 산업재해를 유발한다. 따라서 산업안전보건법은 발주 단계에서부터 위험요인을 제거하도록 발주자에게 예방책임을 부여하고 있다. **▷ 건설공사발주자의 산업재해 예방 조치** 1. 안전보건대장 작성・관리 2. 안전보건조정자 선임 – 2개 이상 도급공사가 같은 장소에서 혼재 시 공정 간 위험요인 조정 및 통합관리 3. 공사기간 단축 및 공법변경 금지 4. 공기・설계 변경 조치 5. 산업안전보건관리비 적정 계상 및 기술지도계약 체결 **▷ 안전보건대장 작성 대상** 1. 작성 대상 – 총공사금액 50억 원 이상 건설공사 2. 작성 주체 – 건설공사 발주자 (단, 설계자 및 시공자에게 작성을 의뢰하고 발주자는 이를 확인・승인함) 3. 각 단계별 조치사항 ① 계획단계 – 해당 건설공사에서 중점적으로 관리하여야 할 유해・위험요인과 이의 감소방안을 포함한 기본안전보건대장을 작성할 것 ② 설계단계 – 기본안전보건대장을 설계자에게 제공하고, 설계자로 하여금 유해・위험요인의 감소방안을 포함한 설계안전보건대장을 작성하게 하고 이를 확인할 것 ③ 시공단계 – 최초로 도급받은 수급인에게 설계안전보건대장을 제공하고, 그 수급인에게 이를 반영하여 안전한 작업을 위한 공사안전보건대장을 작성하게 하고 그 이행 여부를 확인할 것
비고	▶ 안전보건대장은 건설공사 전 과정의 산업재해를 예방하기 위하여 발주자가 작성・관리하는 안전관리 문서로서, 총공사금액 50억 원 이상 건설공사를 대상으로 한다. 기본・설계・공사 단계로 구분하여 위험요인 정보, 설계 안전성 검토사항, 시공 중 안전관리 이행내용 등을 기록・관리하며, 발주자는 착공 전, 공사 중, 준공 시 그 이행상태를 점검・확인하여야 한다.

질문 39.	◆ **안전보건대장 단계별(기본,설계,공사) 포함내용에 대해 설명하세요.(14.15회 기출문제)** ◆ **공사안전대장 이행점검 확인시기에 대해 설명하세요.(15회 기출문제)**
출처	산업안전보건법 제67조–제73조, 시행령 제55조, 시행규칙 제86조, 고시 제2024-35호
답	▷ **안전보건대장 단계별(기본,설계,공사) 포함내용** (아래 표 참조) ▷ **공사안전대장 이행점검 확인시기** – 공사 착공 후 매 3개월마다 1회 이상 – 공사안전보건대장에 따른 안전보건 조치계획을 이행 여부 확인
비고	▶ 산업안전보건법상 건설공사 발주자는 계획・설계단계에서 산업재해를 사전에 예방할 책임을 진다. – 공사 전 과정의 위험요인을 체계적으로 관리하기 위하여 기본・설계・공사 단계의 안전보건대장을 작성・제공・확인하고 그 이행상태를 점검하여야 한다.

단계별	포함내용
기본 안전보건대장	1. 공사내용, 공사규모 등 공사 개요 2. 공사현장 제반 정보 3. 구조물, 기계・기구 등 유해・위험요인과 그에 대한 안전조치 및 위험성 감소방안 4. 산업재해 예방을 위한 건설공사발주자의 법령상 주요 의무사항 및 이에 대한 확인
설계 안전보건대장	1. 안전한 작업을 위한 적정 공사기간 및 공사금액 산출서 2. 건설공사 중 발생할 수 있는 유해・위험요인 및 시공단계에서 고려해야 할 유해・위험요인 감소방안 3. 산업안전보건관리비의 산출내역서
공사 안전보건대장	1. 설계안전보건대장의 유해・위험요인 감소방안을 반영한 건설공사 중 안전보건 조치 이행계획 2. 유해위험방지계획서의 심사 및 확인결과에 대한 조치내용 3. 건설공사용 기계・기구의 안전성 확보를 위한 배치 및 이동계획 4. 건설공사의 산업재해 예방 지도를 위한 계약 여부, 지도결과 및 조치내용

<table>
<tr><td>질문 40.</td><td>◆ 안전보건조정자에 대해 설명하세요.(8회 기출문제)</td></tr>
<tr><td>출처</td><td>산업안전보건법 제68조, 시행령 제56조, 제57조</td></tr>
<tr><td>답</td><td>
건설공사 현장에서 2개 이상의 수급인이 동시에 작업함에 따라 발생하는 작업 간 위험요인(혼재작업 위험)을 조정·통제하기 위한 제도입니다.

▷ 안전보건조정자
– 2개 이상의 건설공사를 도급한 건설공사발주자는 안전보건조정자를 선임 또는 지정해야 합니다.

1. 선임 대상
– 각 건설공사의 금액의 합이 50억원 이상

2. 자격 요건
<table>
<tr><th colspan="2">구분</th><th>주요 자격 요건</th></tr>
<tr><td rowspan="2">선임</td><td>자격증 중심</td><td>산업안전지도사, 건설안전기술사 자격 취득자</td></tr>
<tr><td>경력자(건설)</td><td>• 건설현장 안전보건관리책임자로 3년 이상
• 건설안전·산업안전 분야 기사/산업기사 취득 후 실무경력자(기사5년/산업기사7년)</td></tr>
<tr><td colspan="2" rowspan="2">지정</td><td>• 공사감독자</td></tr>
<tr><td>• 책임감리자</td></tr>
</table>

3. 안전보건조정자의 업무
① 같은 장소의 혼재된 작업 파악
② 혼재작업에 따른 위험성 파악
③ 작업의 시기·내용 및 안전보건 조치 등의 조정
④ 혼재작업의 안전보건관리책임자 간 작업 내용에 관한 정보 공유 여부의 확인
</td></tr>
<tr><td>비고</td><td>▶ 안전보건조정자는 혼재 작업으로 인한 사고를 예방하기 위해 발주자가 선임해야 하는 핵심 인력으로 분리 발주 현장의 ‘안전 관제탑’ 역할을 수행합니다.</td></tr>
</table>

질문 41.	◆ 산업안전보건법령상 위험가설구조물의 설계변경에 대하여 설명하세요.(8회 기출문제) ◆ 산업안전보건법상 설계변경 요청 대상에 대해 설명하세요.(12회 기출문제) ◆ 산업안전보건법에서 설계변경 요청 대상과 전문가의 범위에 대해 설명하세요. (13.14회 기출문제) ◆ 설계변경 요청 대상과 검토자격자에 대해 설명하세요.(8회 기출문제)
출처	산업안전보건법 제71조, 시행령 제58조
답	위험가설구조물의 설계변경이란 시공 중 붕괴·전도·낙하 등 중대재해 발생 우려가 있는 경우 기존 설계의 안전성을 재검토하여 설계를 변경함으로써 구조적 위험요인을 제거하는 제도를 말한다. 즉, "시공 전 위험 제거 → 설계단계로 환원하여 근본 개선"이다. ▷ **설계변경 요청 대상** ① 높이 31미터 이상인 비계 ② 작업발판 일체형 거푸집 또는 높이 5미터 이상인 거푸집 동바리 ③ 터널의 지보공 또는 높이 2미터 이상인 흙막이 지보공 ④ 동력을 이용하여 움직이는 가설구조물 ▷ **전문가(검토자)의 범위** ① 건축구조기술사(토목공사 제외) ② 토목구조기술사(토목공사로 한정) ③ 토질및기초기술사(3호 한정) ④ 건설기계기술사(4호 한정)
Tip	▶ 설계변경 요청 제도는 현장의 가설구조물이 이론상의 설계와 실제 지반 조건 사이에서 괴리가 발생했을 때 이를 바로잡는 공학적 비상구입니다.
비고	▶ 산업안전보건법상 위험가설구조물의 설계변경이란 시공 중 붕괴 등 산업재해 발생 위험이 있는 경우 설계를 재검토하여 구조적 안전성을 확보하기 위한 제도이다. 대상은 비계, 거푸집·동바리, 흙막이 지보공 등 위험가설구조물 및 구조 붕괴 우려 작업이며, 건설공사도급인은 전문가의 의견을 들어 발주자에게 설계변경을 요청할 수 있다. 발주자는 정당한 사유가 없으면 설계를 변경하여야 한다.

<table>
<tr><td>질문 42.</td><td>◆ 건설업 산업안전보건관리비 계상의무 및 기준에 대해 설명하세요.(14회 기출문제)
◆ 산업안전보건관리비에 대하여 설명하고, 사용기준에 따른 사용항목에 대해 설명하세요. (8.11회 기출문제)
◆ 산업안전보건관리비 중 안전교육비 사용기준에 대해 설명하세요.(14.15회 기출문제)</td></tr>
<tr><td>출처</td><td>산업안전보건법 제72조, 시행규칙 제89조
고용노동부고시 제2025-11호 건설업 산업안전보건관리비 계상 및 사용기준</td></tr>
<tr><td>답</td><td>▷ 산업안전보건관리비 계상 의무
1. 의무 주체 : 건설공사 발주자, 자기공사자
2. 대상 공사 : 총 공사금액 2,000만 원 이상인 모든 건설공사

▷ 산업안전보건관리비 계상 기준
– 안전관리비는 기본적으로 직접노무비와 재료비의 합계에 요율을 곱하여 산출
: 안전관리비 = 대상액(직접노무비 + 재료비) x 요율(%)
– 발주자가 재료를 제공할 경우(①,② 중 작은 값 적용)
① (직접노무비 + 재료비 + 관급자재비) x 요율
② (직접노무비 + 재료비) x 요율 x 1.2

▷ 사용기준에 따른 사용항목
<table>
<tr><th>사용항목</th><th>사용 내용</th></tr>
<tr><td>인건비</td><td>안전/보건관리자, 작업지휘자, 유도자, 신호자 등의 임금</td></tr>
<tr><td>안전시설비</td><td>안전시설/스마트 안전장비/소화기 구입・임대비</td></tr>
<tr><td>보호구</td><td>① 보호구의 구입・수리・관리비
② 안전보건 점검 시 사용 차량 유지비</td></tr>
<tr><td>안전보건진단비</td><td>① 유해위험방지계획서의 작성비
② 안전보건진단, 작업환경 측정 등 진단, 검사, 지도비</td></tr>
<tr><td>안전보건교육비</td><td>① 현장교육 장소 설치・운영비
② 다른 법령상의 산업재해 예방 목적의 의무교육비
③ 산업재해 예방/구조 및 응급처치에 관한 교육비
④ 안전정보 취득의 도서, 정기간행물 구입비
⑤ 안전기원제 등 행사비 / 안전보건 제안 포상비</td></tr>
<tr><td>근로자
건강장해예방비</td><td>① 건강장해 예방비/ 정신질환을 치료비 / 감염병의 확산 방지비
② 휴게시설 유지비 / 자동심장충격기 구입비
③ 임시 휴게시설 설치・해체, 냉・난방기 임대비</td></tr>
<tr><td colspan="2">재해예방기술 지도비</td></tr>
<tr><td colspan="2">본사 안전전담부서 운영비</td></tr>
<tr><td colspan="2">위험성평가비/ 유해・위험요인 개선비(산업안전보건위원회/노사협의체에서 결정)</td></tr>
</table>
</td></tr>
<tr><td>비고</td><td>▶ 건설업 산업안전보건관리비는 건설공사 중 산업재해 예방을 위하여 안전시설 설치 및 안전관리 활동 등에 사용하도록 법에서 정한 안전경비로서, 발주자는 공사도급금액 산정 시 고용노동부 고시에 따른 요율을 적용하여 이를 별도로 계상하여야 한다. 도급인은 계상된 금액을 재해예방 목적에 한하여 사용하여야 하며, 목적 외 사용은 금지된다.</td></tr>
</table>

질문 43.

◆ **산업안전보건관리비와 안전관리비의 계상 기준과 사용항목을 각각에 대해 설명하세요. (13회 기출문제)**

출처

산업안전보건법 제72조 / 고시 제2025-11호 건설업 산업안전보건관리비 계상 및 사용기준
건설기술진흥법 제63조, 시행규칙 제60조 / 국토교통부고시 제2022-791호 건설공사 안전관리 업무 수행 지침

답

▷ **산업안전보건관리비와 안전관리비의 의의**

1. 산업안전보건관리비
- 근로자의 산업재해 예방을 위하여 안전시설, 보호구, 안전관리 활동 등에 사용하는 법정 안전경비

2. 안전관리비
- 건설공사의 구조적 안전 및 시공 안전 확보를 위하여 안전관리계획 수립, 점검, 계측 등에 사용하는 공사관리비

▷ **계상 기준**

1. 산업안전보건관리비 : 안전관리비는 기본적으로 직접노무비와 재료비의 합계에 요율을 곱하여 산출
2. 안전관리비 : 공사 특성・위험도 고려하여 실제 소요비용 산정(실비)

▷ **계상기준에 따른 사용항목**

1. 산업안전보건관리비(질문 42. 내용 참고)
2. 안전관리비

항 목	내역
1. 안전관리계획 작성 및 검토 비용	① 안전관리계획 작성 비용 ② 안전관리계획 검토 비용
2. 안전점검 비용	① 정기안전점검 비용 ② 초기점검 비용
3. 발파・굴착공사 주변건축물등의 피해방지대책 비용	① 지하매설물 보호조치 비용 ② 발파・진동・소음으로 인한 주변지역 피해방지 대책 비용 ③ 지하수 차단 등으로 인한 주변지역 피해방지 대책 비용 ④ 기타 발주자가 안전관리에 필요하다고 판단되는 비용
4. 공사장 주변통행 안전관리대책 비용, 신호수 배치 비용	① 공사 중 통행 안전 및 교통 소통 안전시설의 설치 및 유지 비용 ② 공사장 내부의 주요 지점별 건설기계.장비의 전담유도원 배치비용 ③ 기타 발주자가 안전관리에 필요하다고 판단되는 비용
5. 공사 중 구조적 안전성 확보 비용	① 계측장비의 설치 및 운영 비용 ② CCTV 설치 및 운영 비용 ③ 가설구조물 안전성 확보를 위해 관계전문가에게 확인받는 비용 ④ 무선설비, 무선통신 이용한 현장 안전관리체계 구축・운용 비용

비고

▶ 산업안전보건관리비는 산업안전보건법에 따라 공사금액에 일정 요율을 적용하여 계상하는 근로자 재해예방 중심의 비용으로서 안전시설, 보호구 및 안전교육 등에 사용한다. 반면 안전관리비는 건설기술진흥법에 따라 안전관리계획에 근거하여 실비로 계상하는 비용으로 구조적 안전 확보를 위한 점검・계측・기술검토 등에 사용한다.

질문 44.	◆ 건설공사 지도분야 건설재해예방전문지도기관의 지도대상 공사에 대해 설명하세요. (11.12회 기출문제) ◆ 전문재해예방기관에 기술지도를 받아야할 대상 사업장 범위에 대해 설명하세요.(8회 기출문제) ◆ 재해예방기술지도 대상공사와 제외대상공사에 대하여 설명하세요.(8.9.10회 기출문제)
출처	산업안전보건법 제73조, 시행령 제59조, 제60조, [별표 18]
답	산업안전보건법 제73조에 따른 건설재해예방전문지도기관의 기술지도는 중소규모 건설현장의 안전관리를 위해 발주자가 전문기관의 컨설팅을 받도록 의무화한 제도입니다. 산업안전보건법 제73조에 따라 중소규모 건설공사 발주자는 재해예방 전문지도기관과 기술지도 계약을 체결해야 합니다. ▷ **건설재해예방전문지도기관의 지도대상 공사(기술지도를 받아야 할 대상 사업장 범위)** ① 건축공사 – 공사금액 1억원 이상 120억원 미만 ② 토목공사 – 공사금액 1억원 이상 150억원 미만 ▷ **기술지도 제외대상 공사** 1. 공사기간이 1개월 미만인 공사 2. 도서지역 : 육지와 연결되지 않은 섬 지역(제주특별자치도는 제외)에서 이루어지는 공사 3. 안전관리자의 자격을 가진 사람을 선임하여 안전관리자의 업무만을 전담하도록 하는 공사 4. 유해위험방지계획서를 제출해야 하는 공사
Tip	▶ 재해예방 전문지도는 전담 안전관리자 선임 의무가 없는 안전관리의 사각지대(중소규모 현장)를 보호하는 핵심 제도입니다.
비고	▶ 산업안전보건법상 발주자는 건설현장의 산업재해 예방을 위하여 전문재해예방기관과 기술지도 계약을 체결하여야 하며, 대상은 공사금액 1억원 이상 120억원 미만의 건축공사와 150억원 미만의 토목공사이다. 다만 1억원 미만의 소규모 공사와 대규모 공사 등 자체 안전관리체계를 갖춘 공사는 제외된다.

질문 45.	◆ **건설재해예방전문지도기관의 지도 기준에 대해 설명하세요.(9.10.11회 기출문제)** ◆ **건설재해예방전문지도기관의 기술지도 수행방법에 대해 설명하세요.(9.13회 기출문제)** ◆ **기술지도후 보고해야할 사항, 방법, 시기 등에 대해 설명하세요.(9회 기출문제)**
출처	산업안전보건법 제73조, 시행령 제60조, [별표 18]
답	건설재해예방전문지도기관이란 건설현장의 산업재해 예방을 위하여 사업주에게 위험성평가, 안전관리, 작업방법 개선 등에 대해 기술지도・조언을 수행하는 외부 전문기관을 말한다. 즉, 중・소규모 현장의 안전관리 기술지원 제도이다. ▷ **기술지도 업무의 내용** ① 건설업 최근 사망사고 사례, 사망사고의 유형과 예방 대책 등에 대하여 교육 실시 ② 관계 법령에 따라 산업재해 예방을 위해 준수사항 기술지도 ③ 건설공사도급인이 기술지도에 따라 적절한 조치여부 확인 ▷ **기술지도의 수행방법** 1. 기술지도 횟수 ① 공사시작 후 15일 이내마다 1회 실시 ② 공사금액 40억 이상 : 기술사 또는 지도사 8회 마다 1회 이상 방문 2. 기술지도 한계 ① 요원 1명당 : 일4회, 월 최대 80회 제한 ② 지역 : 지방고용노동관서 관할 지역 ▷ **기술지도 후 보고해야 할 사항, 방법, 시기** 1. 기술지도 후 보고해야 할 사항(기술지도 결과보고서 주요 포함 사항) ① 공사 및 지도 개요: 공사명, 시공사, 공정률, 지도 일시, 지도 인력 정보. ② 이전 지도사항 이행 확인: 지난 회차에 지적된 위험 요인이 개선되었는지 여부. ③ 현장 점검 결과: 현재 공종에서 발견된 유해・위험요인 및 사진 정보. ④ 기술적 지도 사항: 위험 요인별 구체적인 개선 대책 및 권고 사항. ⑤ 산업안전보건관리비 사용 지도: 안전관리비 집행의 적정성 확인 결과. ⑥ 종합 의견: 현장의 안전보건관리 상태에 대한 총평. 2. 보고 방법 – 기술지도 결과보고서 작성 3. 보고 시기 – 기술지도 후 지체없이
비고	▶ 재해예방 지도업무는 단순한 지적이 아니라 솔루션 제공이 목적입니다. 31m 이상의 비계나 10m 이상의 흙막이와 같은 위험 가설물에 대해서는 기술사적 관점에서 구조적 안전성을 중점 검토하고, 동시에 관리적 관점에서는 시공사의 자기규율 예방체계(위험성평가)가 현장에서 작동하도록 지도함으로써 중소규모 현장의 안전 격차를 해소하겠습니다.

<table>
<tr><td>질문 46.</td><td>◆ 건설재해예방기술지도 계약서에 포함되어야 하는 사항에 대해 설명하세요.
(9.10.12회 기출문제)</td></tr>
<tr><td>출처</td><td>산업안전보건법 제73조, 시행규칙 제89조의2 [별지 제104호서식]</td></tr>
<tr><td>답</td><td>건설재해예방전문지도기관의 기술지도 계약은 2022년 법 개정 이후 시공사가 아닌 발주자가 직접 체결하도록 의무화되었습니다. 이는 지도기관의 독립성을 확보하여 중소규모 현장의 안전관리를 실효성 있게 만들기 위함입니다.

산업안전보건법 제73조에 따라 공사금액 1억 원 이상 120억 원(토목공사 150억 원) 미만인 중소규모 건설공사 발주자는 재해예방 전문지도기관과 기술지도 계약을 체결해야 합니다.

▷ 건설재해예방기술지도 계약서에 포함되어야 하는 사항
① 계약 당사자 정보: 발주자 명칭, 지도기관 명칭
② 대상공사 개요 : 공사명, 소재지
③ 기술지도 횟수 및 주기
④ 기술지도 대가: 계약 금액(수수료) 및 지급 시기·방법
⑤ 지도기간 : 계약기간</td></tr>
<tr><td>Tip</td><td>▶ 발주자의 계약 체결 시 주의사항
① 계약 시기: 건설공사 착공 전까지 계약을 체결해야 합니다.
② 직접 계약 의무: 시공사에게 계약 체결을 전가하거나 시공사가 비용을 지불하게 해서는 안 됩니다.
③ 서류 보관: 발주자와 지도기관은 계약서를 공사 종료 후 3년간 보관해야 합니다.</td></tr>
<tr><td>비고</td><td>▶ 건설재해예방기술지도 계약서에는 계약당사자, 대상공사의 개요, 지도내용, 지도방법 및 횟수, 지도기간, 지도비용 및 지급방법, 지도결과 보고 및 기록 등 기술지도의 범위와 책임을 명확히 하는 사항을 포함하여야 한다.</td></tr>
</table>

질문 47.	◆ **재해예방전문지도기관 인력 및 장비 기준 에 대해 설명하세요.(15회 기출문제)**
출처	산업안전보건법 제74조, 시행령 제61조 [별표 19]
답	건설재해예방전문지도기관이란 건설현장의 산업재해 예방을 위하여 사업주에게 위험성평가, 안전점검, 작업방법 개선 등 기술적·전문적 지도를 수행하는 외부 전문기관을 말한다. 이는 자체 안전관리 역량이 부족한 중·소규모 건설공사를 지원하기 위한 제도이다. ▷ **재해예방전문지도기관 인력기준**(건설지도분야) ① 산업안전지도사(건설 분야) 또는 건설안전기술사 1명 이상 ② 일정 경력이상의 건설안전기사 등 관련 자격자 ③ 일정 경력이상의 안전관리자 ▷ **재해예방전문지도기관 장비기준**(건설지도분야) ① 가스농도측정기 ② 산소농도측정기 ③ 접지저항측정기 ④ 절연저항측정기 ⑤ 조도계
Tip	▶ 취지 ① 지도기관의 전문성 확보 ② 형식적 지도 방지 ③ 기술지도 품질 보장 ④ 재해예방 실효성 확보
비고	▶ 재해예방전문지도기관은 산업안전보건법에 따라 기술지도 업무를 수행하기 위하여 일정 수 이상의 상시 근무 전문기술인력을 확보하여야 하며, 산업안전지도사, 기술사, 관련 기사 등 일정 자격과 경력을 갖춘 인력을 두어야 한다. 또한 소음·가스농도 측정기 등 안전점검에 필요한 장비를 갖추어 전문적 기술지도가 가능하도록 하여야 한다.

질문 48.

- **노사협의체 설치대상 및 구성에 대해 설명하세요.(12회 기출문제)**
- **노사협의체 근로자위원과 사용자위원 구성에 대해 설명하세요.(14회 기출문제)**

출처

산업안전보건법 제75조, 시행령 제63조, 시행규칙 제93조

답

노사협의체란 사업장에서 안전 및 보건에 관한 사항을 사용자와 근로자가 협의하기 위하여 구성하는 협의기구를 말한다. 이는 산업안전보건위원회의 기능을 대신하여 운영할 수 있는 제도이다.

▷ **노사협의체 설치 대상**

– 공사금액 120억 원 이상 (토목 150억 이상) 건설현장

① 개최 주기: 2개월마다 1회

▷ **노사협의체 구성요건**

근로자 위원	사용자 위원
① 도급 또는 하도급 사업을 포함한 전체 사업의 근로자대표 ② 근로자대표가 지명하는 명예산업안전감독관 1명 ③ 공사금액이 20억원 이상인 공사의 관계수급인의 각 근로자대표	① 도급 또는 하도급 사업을 포함한 전체 사업의 대표자 ② 안전관리자 1명 ③ 보건관리자 1명(선임대상 건설업) ④ 공사금액이 20억원 이상인 공사의 관계수급인의 각 대표자

Tip

▶ **노사협의체의 협의사항**

1. 산업재해 예방방법 및 산업재해가 발생한 경우의 대피방법
2. 작업의 시작시간, 작업 및 작업장 간의 연락방법
3. 그 밖의 산업재해 예방과 관련된 사항

▶ **산업안전보건위원회 vs 노사협의체 vs 안전보건협의체**

구분	산업안전보건위원회	노사협의체	안전보건협의체
설치대상	건설업120억(토목150억)	건설업120억(토목150억)	모든 도급 사업
성격	노사 심의・의결	건설업 노사 협의	원・하청 사업주 간 협의
개최 주기	분기(3개월)	2개월	매월

비고

▶ 노사협의체의 의의

– 노사협의체는 건설업의 특수성을 고려하여 중복되는 협의기구 설치로 인한 행정・운영상 부담을 완화하기 위해 노사 자율(위원회)과 원・하청 공조(협의체)를 하나로 묶은 실무형 기구입니다. 이를 통해 현장 내 의사결정의 속도를 높이고 중복 행정을 방지하는 효과가 있습니다.(산업안전보건위원회 및 안전보건협의체를 별도로 설치하지 않아도 법적 요건 충족)

MEMO

분류	질문번호	회차	질문내용
6. 유해. 위험 기계 등에 대한 조치	49	9	산업안전보건법령상 개인보호구에 대하여 설명
		11	산업안전보건기준에 관한 규칙에서의 공정별 안전보호구 종류에 대하여 설명
		12	사업주가 지급해야 할 개인용 보호구 종류에 대해 설명
		15	보호구 종류 및 착용작업에 대해 설명
	50	8	성능평가대상 개인보호구 종류
	51	8	안전모의 성능시험 5가지에 대하여 설명
		9	안전모의 성능평가방법에 대해 설명
	52	8	안전대의 등급에 대하여 설명
	53	14.15	안전대 폐기기준 (로우프, 벨트, 재봉부분, D링, 후크 및 버클 구분하여 설명)

7. 유해. 위험물질에 대한 조치	54	15	기관석면조사 대상에 대해 설명
	55	9	석면 해체, 제거 대상작업에 대하여 설명

8. 근로자 보건관리	56	8.12	유해ㆍ위험작업의 취업제한에 관한 규칙상 자격 및 작업내용에 대하여 설명

9. 산업안전지도사 및 산업보건지도사	57	8.9.10.15	산업안전지도사의 업무영역에 대해 설명
		14	건설안전분야 산업안전지도사 업무범위, 건설안전분야 평가.확인 건설공사 범위와 지도사요건

질문 49.	◆ **산업안전보건법령상 개인보호구에 대하여 설명하세요.(9회 기출문제)** ◆ **사업주가 지급해야 할 개인용 보호구 종류에 대해 설명하세요.(12회 기출문제)** ◆ **보호구 종류 및 착용작업에 대해 설명하세요.(15회 기출문제)** ◆ **산업안전보건기준에 관한 규칙에서의 공정별 안전보호구 종류에 대하여 설명하세요. (11회 기출문제)**
출처	산업안전보건기준에 관한 규칙 제32조
답	개인보호구란 근로자가 작업 중 발생할 수 있는 추락・비래・협착・감전・유해물질 흡입 등 위험으로부터 신체를 보호하기 위하여 착용하는 보호장비를 말한다. 이는 공학적・관리적 대책으로 위험을 제거하기 곤란한 경우 최후수단으로 사용된다. ▷ **사업주가 지급해야 할 보호구 종류(보호구 종류 및 착용작업)** ① 물체가 떨어지거나 날아올 위험 또는 근로자가 추락할 위험이 있는 작업: 안전모 ② 높이 또는 깊이 2미터 이상의 추락할 위험이 있는 장소에서 하는 작업: 안전대 ③ 물체의 낙하・충격, 물체에의 끼임, 감전 또는 정전기의 대전에 의한 위험이 있는 작업: 안전화 ④ 물체가 흩날릴 위험이 있는 작업: 보안경 ⑤ 용접 시 불꽃이나 물체가 흩날릴 위험이 있는 작업: 보안면 ⑥ 감전의 위험이 있는 작업: 절연용 보호구 ⑦ 고열에 의한 화상 등의 위험이 있는 작업: 방열복 ⑧ 선창 등에서 분진이 심하게 발생하는 하역작업: 방진마스크 ⑨ 섭씨 영하 18도 이하인 급냉동어창에서 하는 하역작업: 방한모・방한복・방한화・방한장갑 ▷ **공정별 안전보호구** ① 고소작업(높이 2m 이상) : 안전모 + 안전대 ② 용접・용단작업 : 보안면 + 방열장갑 + 안전화 ③ 굴착・토공 : 안전모 + 안전화 ④ 도장・유기용제 작업 : 방독마스크 + 보호장갑 ⑤ 분진작업(석재절단 등) : 방진마스크 ⑥ 소음작업(85dB 이상의 강렬한 소음) : 귀마개・귀덮개 ⑦ 전기작업(충전전로 인근 작업 등) : 절연장갑 + 절연화
Tip	▶ 사업주의 의무 ① 적격품(KCs 인증)지급 ② 착용 지도 및 교육 ③ 보호구의 관리(점검.수리.교체)
비고	▶ 개인보호구는 재해 예방을 위한 최후의 수단으로 지급에 앞서 공학적 대책을 우선 검토하고 현장의 위험성평가 결과와 매칭되는 적정 등급(예: 방진마스크 특급/1급/2급 구분)의 보호구가 적재적소에 지급되고 있는지 철저히 점검

질문 50.	◆ 성능평가대상 개인보호구 종류에 대해 설명하세요.(8회 기출문제)
출처	산업안전보건법 제84조

답

성능평가대상 개인보호구란 근로자의 생명·신체 보호에 중대한 영향을 미치는 보호구로서, 사용 전에 성능시험 및 안전인증(성능평가)을 받아야 하는 보호구를 말한다.
이는 불량 보호구의 유통을 방지하고 최소 안전성 확보를 위한 제도이다.

▷ 성능평가(안전인증 KCs)

보호구 종류		성능평가 항목
① 추락 및 감전 위험방지용 안전모		내관통성, 충격흡수성, 내전압성(AE/ABE형)
② 안전화		내충격성, 내압박성, 박리저항, 내답판성
③ 안전장갑	내전압용	절연 성능 (사용전압별 등급 구분)
	화학물질용	투과 저항, 침투 저항, 인장 강도
④ 방진마스크		여과 효율, 안면부 흡기저항, 누설률
⑤ 방독마스크		
⑥ 송기마스크		공기 공급량, 시야 확보, 강도
⑦ 전동식 호흡보호구		여과 효율, 안면부 흡기저항, 누설률
⑧ 보호복		화학물질 투과 저항, 봉합 부위 강도
⑨ 안전대		인장 강도, 충격 흡수성 (추락 방지용)
⑩ 차광 및 비산물 위험방지용 보안경		내충격성, 차광번호(용접용), 투과율
⑪ 용접용 보안면		
⑫ 방음용 귀마개 또는 귀덮개		차음 성능 (주파수별 감쇄량)

Tip

▶ 제도의 취지
① 불량 보호구 유통 방지
② 최소 안전성 확보
③ 제품 신뢰성 확보
④ 산업재해 예방 강화

▶ 송기마스크와 전동식 호흡보호구의 차이점

구분	송기마스크 (SAR)	전동식 호흡보호구 (PAPR)
공기 공급원	외부 압축공기 또는 송풍기 (호스 연결)	배터리 구동 전동팬 + 필터
장점	오염 농도 매우 높은 곳에서 사용 가능	이동이 자유롭고 호스 걸림 없음
핵심 시험	호스 강도 및 기밀성	배터리 지속 시간 및 필터 효율

비고

▶ 성능평가대상 개인보호구란 산업안전보건법에 따라 성능시험 및 안전인증을 받아야 하는 보호구로서, 안전모, 안전화, 안전대, 방진·방독·송기마스크, 절연장갑 및 절연보호구 등이 이에 해당한다. 이는 근로자의 생명과 직결되는 보호구의 안전성을 확보하기 위한 제도이다.

질문 51.

- **안전모의 성능시험 5가지에 대하여 설명하세요.(8회 기출문제)**
- **안전모의 성능평가방법에 대해 설명하세요.(9회 기출문제)**

출처

산업안전보건법 제84조 /고용노동부고시 제2023-64호 보호구 안전인증 고시

답

안전모는 두부 손상을 방지하기 위한 보호구로서, 안전모의 성능시험에는 충격흡수시험, 관통저항시험, 내전압시험, 내수시험 및 난연시험이 있으며, 이는 낙하 충격 흡수, 관통 방지, 절연 성능 및 내구성을 확인하기 위한 시험으로 성능 기준을 충족해야 한다.

▷ **안전모의 종류**

종 류(기호)	사 용 구 분	비 고
AB	낙하·비래 + 추락 보호용	
AE	낙하·비래 + 전기(절연) 보호용	내전압성(7,000V 이하의 전압에 견디는 것)
ABE	낙하·비래 + 추락 + 전기 보호용	

▷ **안전모의 성능평가방법**

항 목	성 능 평 가 방 법
① 내관통성	약 450g의 강철제 추를 일정 높이에서 자유 낙하시켜 안전모 본체를 뚫고 머리에 도달하는지 확인
② 충격흡수성	약 5kg의 추를 낙하시켜 낙하물에 의한 충격력을 안전모가 얼마나 효과적으로 완화하는지 측정
③ 내전압성	안전모를 시험 용액에 담그고 20,000V의 전압을 1분간 가하여 절연 성능 확인
④ 내 수 성	24시간 동안 침수처리하여 절연 성능 신뢰성 확보
⑤ 난 연 성	버너의 불꽃으로 안전모를 가열한 후 불꽃을 제거했을 때, 안전모가 계속해서 타지 않고 스스로 꺼지는(자가소화성) 능력을 평가

Tip

▶ **안전모의 성능기준**

항 목	시 험 성 능 기 준
내관통성	AE, ABE종 안전모는 관통거리가 9.5㎜ 이하이고, AB종안전모는 관통거리가 11.1㎜ 이하이어야 한다
충격흡수성	최고전달충격력이 4,450N을 초과해서는 안되며, 모체와 착장체의 기능이 상실되지 않아야 한다.
내전압성	AE, ABE종 안전모는 교류 20㎸ 에서 1분간 절연파괴 없이 견뎌야 하고, 이때 누설되는 충전전류는 10㎃ 이하이어야 한다.
내 수 성	AE, ABE종 안전모는 질량증가율이 1% 미만이어야 한다.
난 연 성	모체가 불꽃을 내며 5초 이상 연소되지 않아야 한다
턱끈풀림	150N 이상 250N 이하에서 턱끈이 풀려야 한다.

비고

▶ KCs 인증 제품이라 하더라도, 건설현장의 강한 자외선이나 반복적인 충격에 노출되면 수지 재질의 노화로 인해 충격흡수성이 급격히 저하될 수 있습니다. 외관상 균열이 없더라도 제조 후 1~2년이 경과한 안전모나 한 번이라도 큰 충격을 받은 안전모는 즉시 교체하도록 기술 지도하겠습니다.

질문 52. ◆ **안전대의 등급에 대하여 설명하세요.(8회 기출문제)**

출처 산업안전보건법 제84조 /고용노동부고시 제2023-64호 보호구 안전인증 고시

답

안전대란 고소작업 시 근로자의 추락을 방지하기 위하여 신체에 착용하는 추락방지용 개인보호구로서, 추락 시 발생하는 충격하중을 흡수하여 인체 손상을 최소화하는 장비이다.
안전대의 등급은 사용 목적과 추락 시 신체를 지지하는 방식에 따라 구분됩니다.
벨트식 1종·3종, 그네식 2종으로 구분되며, 특수등급으로 4종 안전블록과 5종 추락방지대가 있다.

▷ **안전대의 등급**

등급	명칭	신체지지 방식	주요용도 및 특징
1종	U자걸이 전용	벨트식	전주 위 작업처럼 몸을 지지할 때 사용
2종	1개걸이 전용	그네식	구조물에 죔줄을 걸어 추락을 직접 방지
3종	U자/1개걸이 공용	벨트식	지지 작업과 추락 방지를 병행 (현재는 사용 감소 추세)
4종	안전블록	그네식에 연결	추락 시 즉시 잠기는 자동 감김 장치 부착형
5종	추락방지대	그네식에 연결	수직 구명줄에 체결하여 이동 시 추락방지 장치

Tip

▶ **안전대의 성능평가 기준**

① 충격흡수장치 성능: 추락 시 신체에 전달 최대 충격력을 6kN 이하로 유지

② 동적 성능 시험: 100kg의 더미를 낙하시켰을 때 안전대가 파손되지 않고 신체를 유지

③ 인장 강도: 죔줄이나 D링 등 주요 부품은 규정된 하중(보통 15kN 이상)에서 파단되지 않아야 합니다.

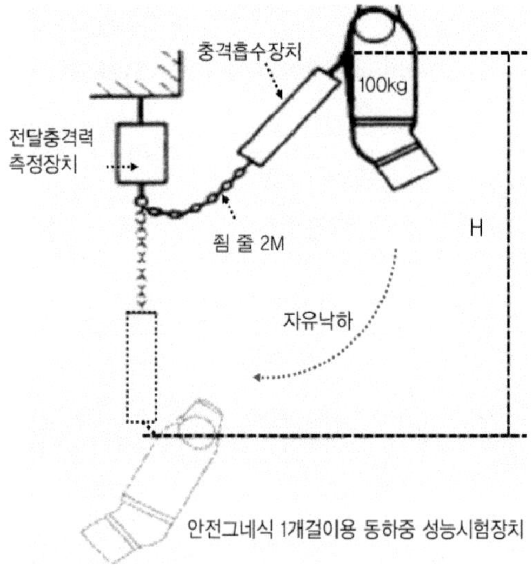

안전그네식 1개걸이용 동하중 성능시험장치

비고

▶ 자유낙하 거리와 충격력: 낙하 거리가 길어질수록 에너지가 커지므로, 충격흡수장치는 이 에너지를 감쇄시켜 6kN이라는 법적 기준을 만족시켜야 합니다.
- 인간의 신체가 치명적인 손상(장기 파열 등) 없이 견딜 수 있는 한계 가속도를 공학적으로 환산하면 약 6kN

▶ 최하사점: 추락 시 지면 충돌을 방지하기 위해 확보해야 하는 최소 높이로 약 4.8m입니다. 따라서 낙하 높이가 4m인 현장에서 2종을 사용하면 지면 충돌 위험이 있으므로, 즉시 잠금 기능이 있는 4종 안전블록 사용을 권장해야 합니다.

질문 53.	◆ 안전대 폐기기준 (로우프, 벨트, 재봉부분, D링, 후크 및 버클 구분하여) 설명하세요. (14.15회 기출문제)
출처	산업안전보건법 제84조 /고용노동부고시 제2020-8호 추락재해방지표준안전작업지침
답	안전대는 추락 시 근로자의 생명을 보호하는 최후 보호구로서, 손상 또는 성능저하가 확인된 경우 즉시 폐기하여야 하며 재사용을 금지한다. ▷ 구성요소별 폐기기준 1. 로우프 - 소선에 손상/ 페인트, 기름, 약품 등에 의해 변화/ 비틀림/ 횡마로 된 부분이 헐거워진 것 2. 벨트 - 끝 또는 폭에 1mm 이상의 손상,변형/ 양끝의 헤짐이 심한 것 3. 재봉부분 - 재봉 부분 이완/ 재봉실 1개소 이상 절단/ 재봉실의 마모가 심한 것 4. D링 - 깊이 1mm 이상 손상/ 변형/ 전체적 녹 있는 것 5. 후크, 버클 - 후크와 갈고리 부분의 안쪽에 손상/ 후크 외측에 깊이 1mm 이상의 손상 - 이탈 방지장치 작동불량/ 전체적 녹 있는 것/ 변형/ 버클의 체결상태 불량
Tip	▶ 안전대 공통 폐기기준 - 추락 충격을 받은 것/ 성능 저하 의심 시/사용기간 과도 경과 - 식별표시 훼손/ 심한 오염·열화 발생 ▶ 안전대 점검 ① 벨트의 마모, 흠, 비틀림, 약품류에 의한 변색 ② 재봉실의 마모, 절단, 풀림 ③ 철물류의 마모, 균열, 변형, 전기단락에 의한 용융, 리벳이나 스프링의 상태 ④ 로우프의 마모, 소선의 절단, 흠, 열에 의한 변형, 풀림 등의 변형, 약품류에 의한 변색 ⑤ 각 부품의 손상정도에 의한 사용한계는 사용조건을 고려하고 로우프의 인장강도 기준 준수 ▶ 안전대 보관 - 직사광선을 피해 통풍이 잘되며 습기와 부식성 물질이 없는 곳/ 화기 등이 근처에 없는 곳 ▶ 안전대 보수 ① 더러운 곳은 미지근한 물 또는 중성세제로 씻은 후 직사광선은 피해 자연 건조 ② 도료가 묻은 경우에는 용제 사용금지하고 헝겊으로 닦아 내어야 한다. ③ 철물류가 젖은 경우는 잘 닦아내고 녹방지 기름 엷게 도포/ 회전부는 정기적으로 주유
비고	▶ 한 번이라도 추락 충격을 받은 안전대는 외관상 멀쩡해도 반드시 폐기해야 합니다. 또한, 별다른 이상이 없더라도 제조사가 권장하는 사용 수명(보통 2~3년)이 지났다면 교체를 검토하는 것이 안전합니다.

질문 54.	◆ 기관석면조사 대상에 대해 설명하세요.(15회 기출문제)
출처	산업안전보건법 제119조 /시행령 제89조
답	기관석면조사란 건축물이나 설비를 철거·해체하려는 경우 석면함유 여부를 확인하기 위하여 석면조사기관이 실시하는 전문조사를 말한다. 이는 석면비산에 따른 건강장해를 예방하기 위한 사전조치이다. 건축물이나 설비를 철거하거나 해체하기 전에 반드시 실시해야 하는 기관석면조사는 일반적인 간이조사와 달리, 고용노동부 장관이 지정한 석면조사기관을 통해 공식적으로 수행되어야 하는 절차입니다. ▷ **기관석면조사 대상** ① 건축물(주택 제외)의 연면적 합계가 50제곱미터 이상이면서, 철거·해체하려는 부분의 면적 합계가 50제곱미터 이상인 경우 ② 주택(부속건축물 포함)의 연면적 합계가 200제곱미터 이상이면서, 철거·해체하려는 부분의 면적 합계가 200제곱미터 이상인 경우 ③ 설비의 철거·해체하려는 부분에 단열재/보온재/분무재/내화피복재/개스킷/패킹재/실링재 등 자재(물질)를 사용한 면적의 합이 15제곱미터 이상 또는 그 부피의 합이 1세제곱미터 이상인 경우 ④ 파이프 길이의 합이 80미터 이상이면서, 그 파이프의 철거·해체하려는 부분의 보온재로 사용된 길이의 합이 80미터 이상인 경우
Tip	▶ **기관석면조사의 특징** ① 등록된 석면조사기관이 실시 ② 시료 채취 후 분석 ③ 철거·해체 전 실시 ④ 결과 기록·보존 ⑤ 해체·제거 계획 수립에 활용
비고	▶ **일반석면조사 vs 기관석면조사 비교** (아래 표)

구분	일반석면조사	기관석면조사
의의	건축물 등에 석면함유 여부를 확인하기 위한 조사	일정 규모 이상 철거·해체 전 등록된 조사기관이 실시하는 전문조사
조사주체	건축물·설비소유주 등	고용노동부 지정 석면조사기관
조사방법	설계도서, 육안 검사, 자재 이력 확인 등	시료채취 및 분석 의무
조사결과 활용	석면조사 결과서 작성 및 보관	석면 해체·제거 계획 수립 및 신고

질문 55.	◆ 석면 해체, 제거 대상작업에 대하여 설명하세요.(9회 기출문제)
출처	산업안전보건법 제122조 /시행령 제94조
답	석면 해체・제거 대상작업이란 석면이 중량비 1%를 초과하여 함유된 건축자재 또는 설비를 해체・제거하는 작업으로서, 석면 분진의 비산으로 근로자의 건강장해를 유발할 우려가 있는 작업을 말한다. ▷ **석면해체・제거업자를 통한 석면해체・제거 대상** ① 철거・해체하려는 벽체재료, 바닥재, 천장재 및 지붕재 등의 자재에 석면이 중량비율 1퍼센트가 넘게 포함되어 있고 그 자재의 면적의 합이 50제곱미터 이상인 경우 ② 석면이 중량비율 1퍼센트가 넘게 포함된 분무재 또는 내화피복재를 사용한 경우 ③ 석면이 중량비율 1퍼센트가 넘게 포함된 단열재/보온재/개스킷/패킹재/실링재 등 자재의 면적의 합이 15제곱미터 이상 또는 그 부피의 합이 1세제곱미터 이상인 경우 ④ 파이프에 사용된 보온재에서 석면이 중량비율 1퍼센트가 넘게 포함되어 있고 그 보온재 길이의 합이 80미터 이상인 경우
Tip	▶ **주요 작업 절차 및 준수사항** ① 사전 조사: 작업 전 건축물 내 석면 함유 여부, 위치, 함유량 등을 전문 조사기관을 통해 확인 ② 석면해체・제거작업 계획 수립 ③ 경고표지의 설치 ④ 위생설비 설치 ⑤ 밀폐 및 음압 유지: 석면 분진이 외부로 유출되지 않도록 작업 구역을 비닐로 밀폐하고, 음압기를 가동하여 내부 공기를 정화 배출 ⑥ 습식 작업: 석면 입자가 날리지 않도록 습윤제를 살포하여 습윤 상태에서 해체 ⑦ 보호구 착용: 작업자는 특급 방진마스크(또는 송기마스크), 신체 밀폐형 보호복, 장갑, 장화를 반드시 착용 ⑧ 석면 농도 측정: 작업 완료 후 공기 중 석면 농도가 기준(0.01개/$㎤$) 이하인지 확인
비고	▶ 산업안전보건법 및 관련 법령에 따른 석면 해체・제거 대상 작업은 건축물이나 설비에 함유된 석면으로부터 작업자의 건강을 보호하기 위해 엄격히 규정되어 있습니다.

질문 56.	◆ 유해 · 위험작업의 취업제한에 관한 규칙상 자격 및 작업내용에 대하여 설명하세요. (8.12회 기출문제)
출처	산업안전보건법 제140조 /유해 · 위험작업의 취업 제한에 관한 규칙 [별표 1]

답

유해 · 위험작업의 취업제한에 관한 규칙은 산업안전보건법 제140조에 근거하여, 사고 발생 위험이 높거나 고도의 숙련도가 필요한 작업에 대해 일정한 자격, 면허, 경험 또는 기능을 가진 사람만이 해당 작업에 종사할 수 있도록 제한하는 규정입니다.
자격 없는 근로자의 투입으로 인한 대형 사고를 방지하는 것이 주된 목적입니다.

▷ 유해 · 위험작업의 취업제한에 관한 규칙상 자격요건 인정 유형

① 국가기술자격 · 면허
② 직업능력개발훈련 이수자
③ 인정 교육기관 교육이수자
④ 관계 법령상 허용자
⑤ 일정 경력자(일부 작업)

▷ 유해 · 위험작업의 취업제한에 관한 규칙상 자격 및 작업내용

– 자격 · 면허 · 경험 또는 기능이 있는 자가 작업(총 22개의 작업)

자격구분	작업유형
① 관계 법령 자격요구 (법정자격형)	고압가스/전기설비/보일러/방사선 등 취급작업 건설기계 운전
② 기능사 · 면허 필수	양중 · 하역 및 건설기계 운전작업
③ 기능 · 경험 인정	철골 설치 · 해체/ 비계 조립 · 해체/ 거푸집 조립 · 해체/ 흙막이 지보공
④ 관계 법령상 허용자(화기 · 폭발 위험)	터널발파/ 폭발성 물질 취급/ 용접 · 용단 작업

비고

▶ [별표 1] 개정안(2025.01.31.)
– 타워크레인 설치 · 해체 작업의 자격 기준이 강화
: 과거에는 타워크레인 설치 · 해체 전용 자격증이 없어서 비계기능사 등이 그 역할을 대신해 오면서 사고가 빈번해지자 정부가 타워크레인 설치 · 해체기능사 전문 자격증 신설.
2026년 1월 1일 이후에 새로 따는 비계기능사 자격증으로는 타워크레인 설치 작업불가
즉, 전문성을 높이기 위해 신규 진입자는 반드시 전용 자격증을 따도록 강제하는 것입니다.

구분	2025년 12월 31일 이전 취득자	2026년 1월 1일 이후 취득자
비계 / 판금제관기능사	타워크레인 설치 · 해체 작업 가능	타워 작업 불가
T/C 설치 · 해체기능사	작업 가능	작업 가능

<table>
<tr><td>질문 57.</td><td>◆ 산업안전보건법령상 산업안전지도사의 업무영역에 대해 설명하세요.(8.9.10회 기출문제)
◆ 건설안전분야 산업안전지도사 업무 범위, 건설안전분야 평가.확인 건설공사 범위와 지도사 요건에 대해 설명하세요.(14회 기출문제)</td></tr>
<tr><td>출처</td><td>산업안전보건법 제142조 /시행령 [별표 31]지도사의 업무 영역별 업무 범위
고용노동부고시 제2020-1호</td></tr>
<tr><td>답</td><td>

산업안전지도사는 산업안전보건법에 따라 사업장의 산업재해 예방을 위하여 안전에 관한 지도・평가・확인・자문 등을 수행하는 전문자격자로서, 고용노동부에 등록하여 활동하는 안전전문가이다.

▷ **산업안전지도사의 업무 영역별 업무 범위**

구분	기계.전기.화공안전 분야	건설안전 분야
업무 범위	① 유해위험방지계획서,안전보건개선계획서,공정안전보고서,기계.기구.설비작업계획서 및 물질안전보건자료 작성지도 ② 분야별 설비 등 설계.시공.배치.보수.유지 안전성평가 및 기술지도 ③ 정전기.전자파로 인한 재해예방, 자동화설비,자동제어,방폭전기설비 및 전력시스템 등 기술지도 ④ 인화성가스,인화성액체, 폭발성 물질, 급성독성물질 및 방폭설비에 안전성평가 및 기술지도 ⑤ 크레인 등 기계.기구, 전기작업의 안전성 평가	① 유해위험방지계획서, 안전보건개선계획서, 건축.토목작업계획서 작성 지도 ② 가설구조물, 시공중인 구축물, 해체공사, 건설공사 현장의 붕괴우려장소 등 안전성평가 ③ 가설시설,가설도로 등 안전성평가 ④ 굴착공사의 안전시설, 지반붕괴, 매설물 파손예방의 기술지도 ⑤ 토목,건축에 관한 교육

▷ **건설안전분야 평가.확인 건설공사 범위와 지도사 요건**

1. 건설안전분야 평가.확인 건설공사 범위
   ① 지상높이가 31미터 이상인 건축물 중 지상높이가 50미터 이하인 아파트 건설공사
   ② 깊이 10미터 이상인 굴착공사 중 깊이가 15미터 이하인 굴착공사
2. 지도사의 요건
   ① 한국산업안전보건공단이 실시하는 유해・위험방지계획서 관련 교육과정을 20시간 이상 이수한 사람
   ② 한국산업안전보건공단의 유해・위험방지계획서 심사에 참여한 경험이 있는 사람

</td></tr>
<tr><td>비고</td><td>▶ 산업안전지도사는 산업안전보건법에 따라 사업장의 안전관리체계 구축, 위험성평가 지도, 유해・위험방지계획서 평가・확인, 안전보건진단 및 재해예방 자문 등을 수행하는 전문자격자이다. 건설안전분야 지도사는 건설공사에서 추락・붕괴 등 중대재해 예방을 위한 기술지도 및 일정 규모 이상의 건설공사에 대한 유해・위험방지계획서 평가・확인 업무를 수행한다.</td></tr>
</table>

02 건설기술진흥법

분류	질문번호	회차	질문내용
1. 건설공사의 관리	1	8.10	공사관리 4요소
	2	8	BIM을 설명하고 안전과 관련하여 활용 사항에 대하여 설명
	3	7.8.9.10	PTW(permit to work)에 대하여 설명
	4	8	안전관리계획서의 통합제출에 대해 설명
	5	12	안전관리계획서 작성 시 공종별 세부 안전관리계획에 대해 설명
	6	10	안전관리계획서에서 설계자와 시공자가 하는 일에 대하여 설명
	7	8	건설기술진흥법상 점검종류와 점검실시시기에 대해 설명
	8	8	건설기술진흥법령상 가설구조물의 구조적 안전성 확인사항 5가지에 대해 설명
	9	8.9	설계안전검토보고서(DFS : Design For Safety)에서 설계자와 시공자의 업무 사항에 대하여 설명
	10	9	설계안전검토보고서(DFS : Design For Safety)의 제출처 및 대상건설공사 중 굴착공사의 기준에 대하여 설명
		10	DFS에서 굴착깊이의 기준에 대하여 설명
	11	11	안전관리비에 대해 설명
		8	안전관리비 사용기준에 대해 설명
	12	15	토목, 건축 관련 기술인 교육 제한일자
	13	8	건설기술진흥법령상 안전교육에 대하여 설명
	14	8.9	건설기술진흥법령상 건설사고에 대하여 설명
		12	건설기술진흥법의 건설사고와 중대한 건설사고에 대해 설명
	15	8	중대재해 발생 시 사고조사위원회의 운영방법에 대하여 설명
		9	건설공사 사고 시 위원회를 구성하는데 위원회 구성인원과 운영방법

분류	질문번호	회차	질문내용
2. 건설공사 참여자 안전관리	16	9	감리원의 안전관리 역할에 대하여 설명
		10	감리업무지침의 안전전담감리업무에 대하여 설명
	17	12	발주자 및 건설공사 참여자 안전관리 수준평가 내용

질문 1.	◆ 공사관리 4요소에 대하여 설명하세요.(8.10회 기출문제)
출처	건설관리 이론
답	공사관리의 4요소는 공정관리, 원가관리, 품질관리, 안전관리로서 공기・공사비・품질・안전을 종합적으로 관리하여 공사를 효율적으로 수행하기 위한 것이다. ▷ **공사관리 4요소** 구 분 / 정 의 ① 공정관리 (Schedule Control): 공사 착공부터 준공까지의 전 과정을 계획하고, 예정된 기간 내에 마칠 수 있도록 관리하는 것. ② 원가관리 (Cost Control): 실행예산 범위 내에서 공사를 완료하기 위해 인건비, 자재비, 장비비 등 투입 비용을 최적화하는 것. ③ 품질관리 (Quality Control): 설계도서 및 시방서에서 요구하는 성능과 규격을 충족시키기 위한 관리 활동 ④ 안전관리 (Safety Control): 작업 중 근로자의 신체적 상해나 재산상의 손실을 예방하기 위한 모든 활동
Tip	▶ **공사관리 요소 간의 상관관계** – 이 4요소는 서로 유기적으로 연결되어 있습니다. 예를 들어, 공기를 무리하게 단축하면 품질 저하나 안전사고의 위험이 급격히 높아지고, 결과적으로 재시공이나 사고 수습 비용이 발생하여 원가가 상승하게 됩니다.
비고	▶ 공사관리의 4요소인 공정・원가・품질・안전관리는 건설기술진흥법을 중심으로 공정관리 및 품질관리 규정이 마련되어 있으며, 원가관리는 국가계약법 및 건설기술진흥법, 안전관리는 산업안전보건법 및 건설기술진흥법에서 각각 규정되어 있다. ▶ 공사관리 5요소는 (공정・원가・품질・안전) + 환경 관리(Environment) – 소음, 진동, 비산먼지 및 폐기물 관리 – 건설기술 진흥법 제66조, 대기환경보전법(비산먼지), 소음・진동관리법

질문 2.	◆ BIM을 설명하고 안전과 관련하여 활용 사항에 대하여 설명하세요.(8회 기출문제)
출처	건설기술진흥법 제62조, 국토교통부 '2030 건설전환 로드맵'
답	▷ BIM 1. 개념 – BIM(Building Information Modeling)이란 건설공사의 기획 · 설계 · 시공 · 유지관리 전 단계에서 건축물의 형상, 구조, 공정, 비용, 안전 등 모든 정보를 3차원 기반의 디지털 모델로 통합하여 관리하는 정보모델링 기법을 말한다. 이는 기존 2D 도면 중심 관리에서 벗어나 공정 · 품질 · 안전 등을 통합적으로 관리하기 위한 스마트 건설관리 기법이다. 2. 특징 ① 3차원 가시화 ② 공정 · 원가 · 품질 통합관리 ③ 협업기반 설계 · 시공 ④ 생애주기(Life–cycle) 관리 ⑤ 시뮬레이션 기반 의사결정 ▷ **안전과 관련한 BIM 활용사항** ① 설계단계 안전성 검토 (DfS) : 위험요소 사전 제거 설계 ② 3D 기반 위험요인 사전파악 : 사고위험 사전 제거 ③ 공정연계 위험분석 : 작업간섭 · 충돌 예방 ④ 가설 및 장비 안전계획 : 타워크레인 위치검토 및 양중 동선 분석 등 ⑤ 추락 · 붕괴 예방 시뮬레이션 ⑥ 안전교육 및 훈련 활용 : VR 연동(가상 안전교육)
Tip	▶ **BIM 안전활용 효과** ① 위험요인 사전 제거 ② 설계단계 재해예방 ③ 공정 · 안전 통합관리 ④ 시공 오류 감소 ⑤ 중대재해 예방
비고	▶ BIM은 건설공사의 전 생애주기 정보를 3차원 모델로 통합 관리하는 기법으로서 설계단계 위험요소 제거, 공정연계 위험분석, 가설구조물 안전검토, 추락 · 붕괴 예방 시뮬레이션 및 안전교육 등에 활용되어 건설현장의 중대재해 예방과 안전관리 수준 향상에 기여한다. ▶ BIM은 건설현장의 고질적인 위험 요인을 시공 전 단계에서 가상으로 확인(Pre–con)할 수 있게 함으로써 선제적 안전관리를 가능하게 합니다.

질문 3.	◆ PTW(permit to work)에 대하여 설명하세요.(7.8.9.10회 기출문제)
출처	KOSHA GUIDE C-C-49-2026 안전작업허가에 관한 기술지원규정 건설공사 사업관리 방식 검토기준 및 업무수행지침
답	▷ **산업안전보건법상 PTW(Permit To Work, 작업허가제)** 1. 의의 – PTW(Permit To Work)란 일반적인 작업보다 위험도가 높은 특정 작업을 수행할 때, 관리감독자가 사전에 안전 조치 상태를 확인하고 승인한 후에만 작업을 진행하도록 하는 작업허가 및 통제 관리 제도를 말한다. 즉, 허가된 조건에서만 작업을 수행하도록 하는 사전 안전관리 시스템이다. 2. 적용 대상 작업 ① 화기작업 ② 밀폐공간출입작업 ③ 정전작업 ④ 굴착작업 ⑤ 방사선사용 작업 ⑥ 고소작업 ⑦ 중장비사용작업 ▷ **건설기술진흥법상 PTW(Permit To Work, 작업허가제)** 1. 개요 – 시공자는 위험공종을 작업하기 전에 공사감독자 또는 건설사업관리기술인에게 작업계획을 제출하고 공사감독자 또는 건설사업관리기술인의 승인을 받은 후 위험공종 작업에 착수하여야 한다. 2. 작업허가 대상 공종 ① 2m 이상의 고소작업 ② 1.5m 이상의 굴착・가설공사 ③ 철골 구조물공사 ④ 2m 이상의 외부 도장공사 ⑤ 승강기 설치공사
비고	▶ 산업안전보건법과 산업안전보건기준에 관한 규칙에서 고위험 작업 시 사전허가・작업통제 의무를 규정하고 있어 이를 체계화한 관리제도가 PTW이다. ▶ 건설기술진흥법에서의 PTW는 위험공종 작업계획 검토・확인 제도에 근거하며, 특히 2m 이상 고소작업, 굴착・가설공사, 철골공사 등은 작업계획을 제출받아 검토・확인 후 작업을 착수하도록 규정하고 있다.

질문 4.	◆ 안전관리계획서의 통합 작성 · 제출에 대해 설명하세요.(8회 기출문제)
출처	건설기술진흥법 제62조, 시행령 제98조

답

▷ 안전관리계획서의 통합 작성 · 제출

1. 의의

– 건설공사 수행 시 법령에 따라 각각 작성하여야 하는 안전 관련 계획서를 하나의 안전관리계획서로 통합하여 작성하는 제도를 말한다.
  이는 행정 절차 간소화와 건설현장 안전관리의 효율성을 확보하기 위한 것이다.

– 안전관리계획서는 통합하여 작성할 수 있으나 산업안전보건법에 따른 사항은 근로자 재해예방 중심으로 안전보건공단에서 심사하며, 건설기술진흥법에 따른 사항은 시설물 및 시공안전 중심으로 발주청 또는 건설사업관리기술인이 심사하는 이원적 관리체계를 가진다.

2. 유해위험방지계획서 vs 안전관리계획서 구분

구분	유해 · 위험방지 계획서	안전관리계획서
근거 법령	산업안전보건법 제42조	건설기술진흥법 제62조
주요 목적	근로자 보호 중심	건설공사의 안전 및 품질 확보
작성 주체	사업주(시공자)	시공자
제출처	산업안전보건공단	발주청 또는 인허가기관
심사 주체	안전보건공단 전문가	국토안전관리원 (또는 발주청 자체)
사후 관리	확인점검 (공단)	안전점검

– 법 체계가 달라 각각 별도 승인 · 확인 받는 구조

Tip

▶ 통합 작성 · 제출 심사기준

구분	유해 · 위험방지 계획서	안전관리계획서
심사 관점	근로자의 재해예방	건설공사의 안전 및 품질 확보
주요내용	① 산업안전보건관리비 사용 ① 근로자 건강진단/ 관리 ② 개인별 보호구 지급 계획 ③ 유해 · 위험방지 조치	① 안전관리비 및 점검 ② 가설구조물 구조검토 ③ 인접구조물/ 지하매설물 보호 ④ 통행안전 및 환경관리

비고

▶ 산안전관련 계획서는 통합하여 작성할 수 있으나 산업안전보건법에 따른 서류는 고용노동부 · 안전보건공단에, 건설기술진흥법에 따른 안전관리계획서는 발주청에 각각 제출하며 심사기준과 사후관리 주체가 상이한 이원적 관리체계를 가진다.

질문 5.	◆ 안전관리계획서 작성 시 공종별 세부 안전관리계획에 대해 설명하세요.(12회 기출문제)
출처	건설기술진흥법 제62조, 시행규칙 [별표 7] 안전관리계획의 수립기준

답

– 안전관리계획서는 건설공사 수행 시 공종별로 발생 가능한 위험요인을 사전에 분석하고 이에 대한 안전대책을 수립하기 위하여 작성하는 계획서로서 주요 공종별 세부 안전대책을 포함하여야 한다.

▷ 공종별 세부 안전관리계획

1. 주요 대상 공종

① 가설공사: 높이 5m 이상 동바리, 비계, 터널 지보공 등 (구조검토서 포함 필수)
② 굴착공사: 굴착 및 발파공사
③ 구조물공사: 콘크리트공사, 강구조물공사
④ 기타: 성토 및 절토공사, 해체공사, 건축설비공사
타워크레인 사용공사(타워크레인의 기초 및 브레이싱에 대한 계산서)

2. 공종별 세부 주요 내용

항목	주요 내용
① 작업 개요	시공 방법, 투입 장비, 작업 인원, 예정 공정표 및 현장 배치도
② 안전점검 계획	자체안전점검 및 정기안전점검의 시기·내용, 점검자 편성 및 체크리스트
③ 안전관리 조직	해당 공종의 관리감독자 지정, 직무 범위 및 비상연락망 구축
④ 공종별 안전대책	추락·붕괴·낙하 등 사고유형별 방지대책, 보호구 착용 및 안전시설 설치 계획

Tip

▶ 주요 공종별 구체적 작성 예시

① 가설공사: 설계도서와 실제 시공의 일치 여부 확인을 위한 구조계산서 및 조립도 첨부
② 굴착공사: 지하매설물(가스, 수도) 파손 방지를 위한 조사 결과 및 계측기 설치/관리 계획
③ 철골공사: 추락 방지를 위한 안전대 부착설비(구명줄) 설치 상세도 및 용접 시 화기작업 허가 절차

비고

▶ 안전관리계획서는 건설공사의 주요 공종별로 발생 가능한 위험요인을 사전에 분석하고, 이에 대한 기술적·관리적 안전대책을 구체적으로 수립한 계획을 말한다.
특히 위험공종에 대해서는 구조검토, 작업순서, 안전조치 사항을 포함하여야 한다.

질문 6.	◆ **안전관리계획서에서 설계자와 시공자가 하는 일에 대하여 설명하세요.(10회 기출문제)**
출처	건설기술진흥법 제62조, 시행령 제75조의2

답

안전관리계획서는 건설공사 수행 중 발생할 수 있는 위험요인을 사전에 파악하고 구조적·시공적 안전대책을 수립하기 위한 계획으로, 설계단계와 시공단계에서 각각 역할이 구분된다.

▷ **설계자의 역할**

– 설계자는 공사의 안전성을 확보하기 위하여 설계단계에서 위험요인을 반영한 안전설계를 수행하여야 한다.

① 설계자는 건설공사의 안전을 확보하기 위하여 설계의 안전성 검토(DFS)를 실시

② 발주자에게 설계안전검토보고서를 작성하여 제출

③ 시공 중 발생할 수 있는 위험요소를 파악하여 설계도서에 반영하고, 시공자가 참고할 수 있는 안전 정보를 제공

▷ **시공자의 역할**

– 시공자는 설계도서를 기준으로 안전관리계획서를 작성하고 현장에서 안전조치를 실행한다.

① 계획 수립: 착공 전 안전관리계획을 수립하고, 발주자나 인허가기관의 장에게 제출하여 승인을 받아야 합니다.

② 시공상세도면 작성: 가설구조물 등 위험 공종에 대해 기술사 등 전문가의 확인을 받은 시공상세도면을 작성해야 합니다.

③ 안전교육 실시

④ 안전점검 및 기록: 자체/정기 안전점검을 실시하고 그 결과를 기록·유지해야 합니다.

Tip

▶ **설계자와 시공자의 핵심 업무 비교**

구분	설계자	시공자
법적목적	원천적 안전 (위험 요소 제거)	실행적 안전 (위험 요소 관리)
제출문서	설계안전검토보고서 (DFS)	안전관리계획서 (SMP)
핵심업무	공법 선정, 위험 저감 설계	시공상세도 작성, 안전점검, 교육
상호작용	DFS의 위험요소를 시공자에게 전달	전달받은 위험요소를 계획서에 반영

비고

▶ 안전관리계획서에서 설계자는 설계단계에서 위험요인을 검토하고 안전시공을 고려한 설계를 수행하여 구조적 안전을 확보하며, 시공자는 설계도서를 바탕으로 안전관리계획서를 작성하고 공종별 안전대책 수립 및 안전관리 활동을 통해 공사 중 안전을 확보한다.

질문 7.	◆ **건설기술 진흥법상 점검 종류와 점검 실시 시기에 대해 설명하세요.(8회 기출문제)**
출처	건설기술진흥법 제62조, 시행령 제100조

답

- 건설공사의 품질 및 안전 확보를 위해 건설기술진흥법에서는 공사 수행 전·중·후 단계별로 각종 점검을 실시하도록 규정하고 있다.
- 안전점검은 건설공사의 물리적·기능적 결함을 사전에 발견하여 구조적 안전성과 시공 품질을 확보하는 데 목적이 있습니다.

▷ **건설기술 진흥법상 점검 종류와 점검 실시 시기**

점검 종류	실시 주체	실시 시기 및 빈도	점검의 목적 및 주요 내용
자체안전점검	시공자	매일 (작업 착수 전)	공종별로 매일 안전 상태를 확인
정기안전점검	전문기관	안전관리계획에서 정한 시기 (공종별 1~3회 이상)	물리적·기능적 결함 발견 및 안전관리계획 이행 확인
정밀안전점검	전문기관	정기점검 결과 결함이 발견되어 보수·보강이 필요한 경우	결함의 원인 분석 및 구조적 안전성 판단
긴급안전점검	전문기관	지진, 태풍, 화재 등 재해 발생 시 또는 발주청 요구 시	시설물의 급격한 상태 변화에 따른 위험 여부 판단
초기점검	전문기관	건설공사를 준공하기 전 (시설물 완료 단계)	시설물의 유지관리를 위한 기초 자료(상태 평가 기준점) 확보

Tip

▶ **산업안전보건법 vs 건설기술 진흥법 안전점검 비교표**

구분	산업안전보건법	건설기술 진흥법
주요 목적	근로자의 재해 예방 및 건강 증진	시설물의 안전 및 시공 품질 확보
점검 중심	근로자 행동, 작업환경, 기계·기구	구조물의 물리적 결함, 가설물 안전
점검 종류	순회점검, 합동점검, 자율안전점검, 유해방지점검	자체점검, 정기점검, 정밀점검, 긴급점검, 초기점검
실시 주체	사업주, 관리감독자, 안전보건협의체	시공자, 안전점검 전문기관
비용 근거	산업안전보건관리비	안전관리비 (안전점검비용)

비고

▶ 산업안전보건법에서는 근로자의 행동과 유해인자를 건설기술진흥법에서는 구조물의 물리적 안전성을 중심으로 점검합니다.

질문 8.

◆ **건설기술 진흥법령상 가설구조물의 구조적 안전성 확인사항 5가지에 대해 설명하세요.**
(8회 기출문제)

출처

건설기술진흥법 제62조, 시행령 제101조의2

답

– 건설기술 진흥법 시행령 제101조의2에 따라, 시공자는 가설구조물을 설치하기 전 관계전문가로부터 구조적 안전성을 확인받아야 합니다.

▷ **가설구조물의 구조적 안전성 확인대상**

① 높이가 31미터 이상인 비계
② 브라켓(bracket) 비계
③ 작업발판 일체형 거푸집 또는 높이가 5미터 이상인 거푸집 및 동바리
④ 터널의 지보공(支保工) 또는 높이가 2미터 이상인 흙막이 지보공
⑤ 동력을 이용하여 움직이는 가설구조물
⑥ 높이 10미터 이상에서 외부작업을 하기 위하여 작업발판 및 안전시설물을 일체화하여 설치하는 가설구조물
⑦ 공사현장에서 제작하여 조립·설치하는 복합형 가설구조물
⑧ 그 밖에 발주자 또는 인·허가기관의 장이 필요하다고 인정하는 가설구조물

▷ **가설구조물의 구조적 안전성 확인사항**

① 구조계산
② 하중검토
③ 지반안정
④ 접합부
⑤ 설치상태

Tip

▶ **산업안전보건법 vs 건설기술 진흥법 가설구조물 안전관리 비교**

구분	산업안전보건법	건설기술 진흥법
조문	제71조(설계변경의 요청)	시행령 제101조의2(가설구조물의 구조적 안전성 확인)
작동시점	시공 중 위험 인지 시	시공 전 (설치 계획 단계)
주체	관계수급인 → 도급인	시공자 → 관계전문가(기술사)
대상	붕괴·낙하 위험이 있는 가설구조물	5m 동바리, 31m 이상 비계 등
목적	시공 중 구조적 결함에 대한 설계 수정	설치 전 공학적 안전성 검증

비고

▶ 건설기술진흥법령상 가설구조물의 구조적 안전성은 구조계산의 적정성, 하중조건 검토, 지지기반 안정성, 연결부 안전성, 설치상태 및 변형 여부 등을 확인하여야 하며 이를 통해 붕괴·전도 등 중대재해를 예방하여야 한다.

질문 9.

◆ **설계안전검토보고서(DFS : Design For Safety)에서 설계자와 시공자의 업무 사항에 대하여 설명하세요.(8.9회 기출문제)**

출처

건설기술진흥법 시행령 제75조의2, 건설공사 안전관리 업무수행 지침

답

– 설계안전검토(DFS)는 건설공사 설계단계에서 시공 중 발생 가능한 위험요인을 사전에 제거하거나 저감하기 위하여 설계도서에 안전요소를 반영하는 제도이다.
이는 사후적 안전관리에서 사전적 위험제거로 전환하기 위한 설계단계 안전관리 기법이다.

▷ **DFS에서 설계자의 업무 사항**

– 설계자는 설계 단계에서 시공 중의 위험 요소를 도출하고 이를 제거하거나 저감대책 수립

① 위험요소(Hazard) 도출: 설계도면 및 시방서를 검토하여 시공 중 발생 가능한 추락, 붕괴, 낙하 등의 위험요소를 파악

② 저감대책 수립: 도출된 위험요소를 설계 변경(공법 변경, 부재 규격 변경 등)이나 안전시설물 설치 계획을 통해 관리 가능한 수준으로 저감

③ 설계안전검토보고서 작성: 발주자에게 보고서를 제출하고, 발주자는 이를 국토안전관리원에 제출하여 승인

④ HOC(Hazard Over Control) 리스트 작성: 시공 단계에서 반드시 지켜야 할 핵심 안전 준수 사항을 목록화하여 시공자에게 전달

▷ **DFS에서 시공자의 업무 사항**

– 시공자는 설계자가 작성한 DFS 보고서의 내용을 실제 현장에서 구현하고 보완하는 역할

① 보고서 내용 반영: 설계자가 제안한 안전 공법과 저감대책을 안전관리계획서에 반영

② 현장 적합성 검토: 설계 단계에서 예측하지 못한 현장의 돌발 위험요소가 있는지 확인하고, 필요시 설계 변경을 요청

③ 이행 확인 및 기록: DFS에서 강조한 위험 작업 시 보고서에 명시된 안전 조치가 준수되었는지 확인하고 그 결과를 기록

④ 피드백 제공: 실제 시공 과정에서 나타난 위험 요소나 설계상의 미비점을 발주자와 설계자에게 전달하여 향후 유사 공사의 기초 자료로 활용

Tip

▶ **설계자 vs 시공자 업무 비교**

구분	설계자 (Design Stage)	시공자 (Construction Stage)
역할	위험의 원천적 제거 (Prevention)	위험의 현장 제어 (Control)
중점사항	구조적 · 공법적 개선	작업방법 · 현장관리
법적의무	건설기술 진흥법 제75조의2	건설기술 진흥법 제62조

비고

▶ 설계안전검토보고서(DFS)는 설계자가 설계단계에서 발생 가능한 위험요인을 도출하고 이를 제거·저감하는 설계를 수행하며, 시공자는 설계자가 제시한 위험요인과 저감대책을 시공계획에 반영하고 시공 중 추가 위험요인을 관리하는 제도이다.

질문 10.	◆ 설계안전검토보고서(DFS : Design For Safety)의 제출처 및 대상 건설공사 중 굴착공사의 기준에 대하여 설명하세요.(9회 기출문제) ◆ DFS에서 굴착깊이의 기준에 대하여 설명하세요.(10회 기출문제)
출처	건설기술진흥법 시행령 제75조의2
답	▷ 설계안전검토보고서의 제출처 – DFS의 제출은 발주자가 책임을 지며, 전문기관의 검토를 받는 체계 ① 최종 제출처: 국토안전관리원 (발주자가 직접 또는 시스템을 통해 제출) ② 보고서 작성자: 설계자 (설계를 수행하는 주체) ③ 승인권자: 발주자 (또는 인허가기관의 장) ④ 제출 시기: 건설공사 실시설계를 완료하기 전 (착공 전 단계) ▷ DFS 대상 건설공사 중 굴착공사의 기준(굴착깊이의 기준) <table><tr><th>대상 구분</th><th>세부 기준 및 산정 방법</th></tr><tr><td>굴착기준</td><td>지하 10m 이상</td></tr><tr><td>굴착 깊이 제외 항목</td><td>집수정 · 피트 · 정화조 등 굴착부분 제외</td></tr><tr><td>고저차 산정 방법</td><td>가중평균 지표면 적용</td></tr><tr><td>고저차 3m 초과시</td><td>3m 이내 구간별 산정</td></tr></table>
Tip	▶ 설계안전검토보고서 제출 FLOW 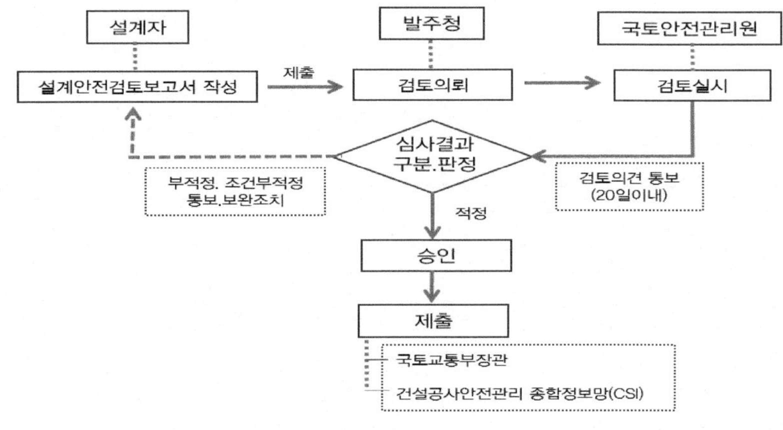 ▶ 설계안전성검토 대상 건설공사 – 안전관리계획을 수립해야 하는 건설공사(건설기계가 사용되는 건설공사는 제외)
비고	▶ 설계안전검토보고서는 설계자가 작성하여 발주청에 제출하며, 대상 건설공사 중 굴착공사의 경우 지하 10m 이상을 굴착하는 공사에 적용된다. 이때 집수정, 엘리베이터 피트 및 정화조 등 국부적 굴착은 제외하고, 토지에 고저차가 있는 경우에는 가중평균 지표면을 기준으로 산정하며, 고저차가 3m를 초과하면 3m 이내 구간마다 지표면을 산정한다.

질문 11.

- **안전관리비에 대해 설명하세요.(11회 기출문제)**
- **안전관리비 사용기준에 대해 설명하세요.(8회 기출문제)**

출처

건설기술진흥법 제63조, 시행규칙 제60조

답

▷ 안전관리비

1. 의의

– 건설공사의 구조적 안전 및 시공 안전 확보를 위하여 안전관리계획 수립, 점검, 계측 등에 사용하는 공사관리비

2. 계상 주체 및 시기

① 계상 주체 : 발주자

② 계상 시기 : 설계단계(예정가격 작성 시)

3. 계상기준

– 공사 특성·위험도 고려하여 실제 소요비용 산정(실비)

▷ 안전관리비 사용기준

항 목	내역
1. 안전관리계획 작성 및 검토 비용	① 안전관리계획 작성 비용 ② 안전관리계획 검토 비용
2. 안전점검 비용	① 정기안전점검 비용 ② 초기점검 비용
3. 발파·굴착공사 주변건축물등의 피해방지대책 비용	① 지하매설물 보호조치 비용 ② 발파·진동·소음으로 인한 주변지역 피해방지 대책 비용 ③ 지하수 차단 등으로 인한 주변지역 피해방지 대책 비용 ④ 기타 발주자가 안전관리에 필요하다고 판단되는 비용
4. 공사장 주변통행 안전관리대책 비용, 신호수 배치 비용	① 공사 중 통행 안전 및 교통 소통 안전시설의 설치 및 유지 비용 ② 공사장 내부의 주요 지점별 건설기계.장비의 전담유도원 배치비용 ③ 기타 발주자가 안전관리에 필요하다고 판단되는 비용
5. 공사 중 구조적 안전성 확보 비용	① 계측장비의 설치 및 운영 비용 ② CCTV 설치 및 운영 비용 ③ 가설구조물 안전성 확보를 위해 관계전문가에게 확인받는 비용 ④ 무선설비, 무선통신 이용한 현장 안전관리체계 구축·운용 비용

Tip

▶ 안전관리비 vs 산업안전보건관리비

구분	안전관리비	산업안전보건관리비
관리주체	국토교통부	고용노동부
목적	구조·시공 안전	근로자 재해 예방
산정 방법	실비 정산 방식	요율(%) 방식(대상액 x 요율)
주요사용	점검·계측·검토	안전관리자 인건비·보호구·시설·교육

비고

▶ 안전관리비는 건설기술진흥법에 따라 계상된 비용으로서 안전관리계획의 이행, 가설구조물 구조검토, 안전점검 및 계측 등에 사용하여야 하며, 시설물의 구조적 안전 확보 목적 외에는 사용할 수 없다.

질문 12.	◆ 토목, 건축 관련 기술인 교육 제한일자에 대해 설명하세요.(15회 기출문제)
출처	건설기술진흥법 시행령 제42조, [별표 3] 건설기술인 교육·훈련의 종류·시간 및 내용 등
답	▷ 토목, 건축 관련 기술인 교육 제한일자(건설기술인 교육 종류별 이수 기한) 1. 의의 – 건설기술인의 교육 이수 기한은 기술인이 적법하게 현장에 배치되어 업무를 수행할 수 있는 자격 유지의 척도입니다. 2. 건설기술인 교육의 제한일자 <table><tr><th>구분</th><th>대상 및 직무</th><th>이수 제한일자 (기한)</th></tr><tr><td>최초교육</td><td>설계·시공 등 업무를 처음 수행할 때</td><td>해당 업무를 수행하기 전까지</td></tr><tr><td>계속교육</td><td>업무 수행 중인 기술인</td><td>최초(직전) 교육 이수 후 매 3년이 되는 날까지</td></tr><tr><td>승급교육</td><td>기술 등급이 상향될 때</td><td>상위 등급의 업무를 수행하기 전까지</td></tr></table>
Tip	▶ 직무 분야별 세부 제한 기준 1. 설계·시공 등 일반 분야 ① 최초교육: 기본교육(35시간)과 전문교육(35시간)을 업무 착수 전에 이수 ② 계속교육: 이후 3년 주기로 전문교육(35시간)을 이수하여 자격을 유지 2. 건설사업관리(감리) 및 품질관리 분야 – 배치 전 이수 원칙: 이 분야는 안전 및 품질과 직결되므로, 최초교육(70시간)을 완료하지 않으면 현장 배치 승인(KISCON 신고 등) 자체가 불가능합니다. 즉, 제한일자가 '배치일 전날'까지로 매우 엄격하게 적용됩니다.
비고	▶ 건설기술진흥법령상 전문교육은 설계·시공, 건설사업관리 및 품질관리 등 건설기술 업무 수행능력 향상을 위한 교육으로서, 직무를 처음 수행하는 경우의 최초교육, 업무를 계속 수행하기 위한 계속교육, 상위 등급으로 승급하기 위한 승급교육으로 구분된다.

질문 13.	◆ 건설기술진흥법령상 안전교육에 대하여 설명하세요.(8회 기출문제)
출처	건설기술진흥법 제65조, 시행령 제103조
답	▷ **안전교육** 1. 의의 – 안전교육이란 영 제103조에 따라 시공 중인 공사 목적물의 안전과 작업자의 안전을 위해 공법의 이해, 세부 시공순서 및 안전시공절차 이해 등을 목적으로 실시하는 교육을 말한다. 2. 교육의 주체 및 대상 ① 교육 주체: 분야별 안전관리책임자 또는 안전관리담당자 ② 교육 대상: 당일 공사에 참여하는 공사작업자 전체 3. 교육 시기 및 방법 ① 시기: 매일 공사 착수 전 실시 (일일 작업 지시와 병행) ② 장소: 주로 해당 작업이 이루어지는 현장 내(TBM 장소 등) 4. 교육 내용 ① 당일 작업 공법의 이해: 해당 작업에 적용되는 특수 공법의 원리와 위험 요인 설명 ② 시공상세도면에 따른 세부 시공순서: 도면을 바탕으로 한 단계별 조립·설치 절차 ③ 시공기술상의 주의사항: 붕괴, 낙하 등을 방지하기 위한 기술적 안전 조치 5. 기록 및 관리 – 교육 내용 기록 및 준공 시 발주청 제출
Tip	▶ **건설기술진흥법 안전교육 vs 산업안전보건법의 TBM** (see table below)
비고	▶ 산업안전보건법에서의 안전교육은 근로자의 행동과 환경에 집중한다면, 건설기술진흥법상 안전교육은 단순한 안전 수칙 전달이 아니라, 설계도서 및 공법에 따른 목적물의 안전성 확보를 목적으로 합니다. ▶ 건설기술진흥법 제65조는 안전관리계획 수립 대상 건설사업자에게 공사작업자 등에 대한 안전교육 실시 의무를 규정하고 있으며, 동법 시행령 제103조는 이를 구체화하여 분야별 안전관리책임자 또는 안전관리담당자가 매일 공사 착수 전에 당일 작업자를 대상으로 공법 이해, 시공순서 및 기술상 주의사항 등을 포함한 안전교육을 실시하고 그 내용을 기록·관리하도록 규정하고 있다.

Tip table:

구분	안전교육 (기술 중심)	TBM (행동 중심)
문서	시공상세도면, 안전관리계획서	유해위험방지계획서, 작업계획서
주요내용	공법순서, 기술적 주의사항	위험요소 파악, 보호구 착용
기록관리	발주청 제출 및 승인	현장 비치 및 자체 보존
목적	공사목적물의 구조적 안전	근로자의 신체적 안전

질문 14.	◆ 건설기술진흥법령상 건설사고에 대하여 설명하세요.(8.9회 기출문제) ◆ 건설기술진흥법의 건설사고와 중대한 건설사고에 대해 설명하세요.(12회 기출문제)
출처	건설기술진흥법 제2조, 시행령 제4조의2, 제105조
답	▷ 건설사고 1. 의의 – 건설공사 중 대통령령으로 정하는 규모 이상의 인명피해나 재산피해가 발생한 사고 2. 건설사고의 범위 ① 사망 또는 3일 이상의 휴업이 필요한 부상의 인명피해 ② 1천만원 이상의 재산피해 3. 건설사고 발생 시 보고 체계 ① 보고 주체: 사고가 발생한 것을 알게 된 건설사업자 또는 주택건설등록업자 ② 보고 시기: 지체 없이 ③ 보고 절차: 발주청 및 인허가기관의 장에게 보고 → 국토교통부 장관에게 통보 (CSI 활용) ▷ 중대한 건설사고 1. 의의 – 건설사고 중에서 인명 피해가 큰 대형사고로서 대통령령으로 정하는 사고 2. 중대한 건설사고의 범위 ① 사망자가 3명 이상 발생한 경우 ② 부상자가 10명 이상 발생한 경우 ③ 건설 중이거나 완공된 시설물이 붕괴 또는 전도되어 재시공이 필요한 경우 3. 사고 조사 및 후속조치 ① 사고조사위원회 구성 ② 재발방지 대책 ③ 데이터 활용(향후 유사 사고 예방을 위한 빅데이터로 활용)
Tip	▶ 건설사고와 중대한 건설사고 비교 (see table below)
비고	▶ 건설기술진흥법령상 건설사고란 건설공사 중 시설물의 붕괴·전도 등 구조적 결함으로 인하여 인명 또는 재산상 피해가 발생하거나 발생할 우려가 있는 사고를 말하며, 사고 발생 시 건설사업자는 발주청에 즉시 보고하고 원인조사 및 재발방지대책을 수립하여야 한다.

▶ 건설사고와 중대한 건설사고 비교

구분	건설사고	중대한 건설사고
개념	건설공사 중 발생하는 사고	인명피해가 큰 대형 사고
기준	사망 1명 이상/ 3일이상 휴업 필요한 부상	사망 3명 이상 또는 부상 10명 이상
보고	발주청 보고	국토부 보고 및 조사
조사	일반 사고조사	사고조사위원회 구성 가능

질문 15.	◆ 중대한 건설사고 발생 시 사고조사위원회의 운영방법에 대하여 설명하세요.(8회 기출문제) ◆ 건설공사 사고 시 위원회를 구성하는데 위원회 구성인원과 운영방법에 대해 설명하세요. (9회 기출문제)
출처	건설기술진흥법 제67조, 시행령 제106조, 건설사고조사위원회 운영규정
답	– 건설사고조사위원회란 건설사고 발생 시 사고 원인을 조사하고 재발방지 대책을 마련하기 위하여 국토교통부장관, 발주청 또는 인・허가기관의 장이 설치・운영하는 조사기구를 말한다. ▷ **건설사고조사위원회의 구성** 1. 인원구성 – 위원장 1명을 포함하여 12명 이내의 위원으로 구성 2. 위원 자격(임명 및 위촉) ① 건설공사 업무 관련 공무원 ② 건설 관련 단체 및 연구기관 임직원 ③ 건설공사 분야 학식과 경험이 풍부한 전문가 ▷ **건설사고조사위원회의 운영방법** ① 독립성: 제척・기피・회피를 통한 조사위원의 중립성 ② 공학적 근거: 도면과 공법을 바탕으로 한 기술적 원인 분석 ③ 환류(Feedback): 권고에 대한 조치 결과를 다시 보고받는 상호 확인 체계
Tip	▶ **건설사고조사위원회의 구성 및 운영** ① 설치 대상: 중대한 건설사고 발생 ② 구성 규모: 위원장 포함 12명 이내 ③ 위원 자격: 공무원, 연구원, 관련 전문가 (임기 2년) ④ 운영 원칙: 제척・기피・회피를 통한 조사의 객관성 유지 ⑤ 사후 관리: 조사 결과 권고에 따른 조치 결과 통보 의무
비고	▶ 중대한 건설사고는 이 중 사망자가 3명 이상 발생하거나 부상자가 10명 이상 발생한 대형 건설사고를 말하며 국토교통부장관, 발주청 또는 인・허가기관의 장은 사고조사위원회를 구성하여 그 조사결과는 향후 유사 사고 예방을 위한 통계 자료 및 교육 자료로 활용되는 운영 목적을 가집니다.

질문 16.

- **감리원의 안전관리 역할에 대하여 설명하세요.(9회 기출문제)**
- **감리업무지침의 안전전담감리업무에 대하여 설명하세요.(10회 기출문제)**

출처

건설기술진흥법 제62조, 건설공사 사업관리방식 검토기준 및 운용지침

답

감리원(건설사업관리기술인)은 건설공사의 품질 및 안전을 확보하기 위하여 시공자가 수행하는 공사과정과 안전관리 활동을 확인 · 지도 · 감독하는 역할을 수행한다.

▷ 감리원의 안전관리 역할(안전전담감리업무)

1. 안전관리 조직의 편성 및 검토
– 감리원은 시공자가 법적 기준에 맞는 안전 보건 조직을 갖추었는지 확인

2. 안전관리계획서 및 유해위험방지계획서 검토
– 안전관리비 및 산업안전보건관리비의 편성 및 타 용도 사용 여부를 엄격히 확인

3. 현장 입회 및 지도 · 감독
– 안전통로 확보, 정리정돈, 안전표지 부착, 근로자 기초안전교육 이수 여부 등 현장에서 확인

4. 안전점검 및 사고 보고
① 시공자의 일일 자체점검 여부 확인, 전문기관의 정기 · 정밀안전점검 시에는 반드시 입회
② 사고 발생 즉시 응급조치를 지시하고 공사감독자에게 보고

5. 건설기계 및 교육 관리
– 검사 유무 및 등록 여부를 확인하여 부적격 기계의 반입 차단

Tip

▶ 감리원의 안전관리 역할

구분	주요내용
검토	안전관리계획서, 유해위험방지계획서, 안전관리비 적정성
현장 안전관리	고위험 공종수시 입회, 안전조치 선행 후 시공 지시
점거 시 입회	매일 자체점검 확인, 정기 · 정밀안전점검 입회 및 결과 보고
기계 관리	주요 건설기계 검사유무 확인 및 사용 지도 감독

▶ 안전전담감리 vs 일반감리 업무 비교

구분	안전전담 건설사업관리 (안전)	일반 건설사업관리 (공정/품질)
목표	안전관리계획 이행 및 사고 예방	설계도서 준수 및 품질 확보
주요문서	안전관리계획서, 시공상세도면, 점검일지	시공계획서, 검측서, 자재승인원
현장관리	위험 공종 수시 입회 및 지도	공종별 단계별 검측 업무
권한	위험 시 즉시 공사중지 명령	부실시공 시 재시공 명령

비고

▶ 안전전담 감리업무란 건설공사의 재해를 예방하고 안전을 확보하기 위하여 감리원이 수행하는 안전관리 중심의 감리업무를 말한다. 이는 건설공사의 위험요인을 사전에 제거하고 시공자의 안전관리 활동을 확인 · 지도하여 건설재해를 예방하는 데 목적이 있다.

<table>
<tr><td>질문 17.</td><td>◆ 발주자 및 건설공사 참여자 안전관리 수준 평가 내용에 대해 설명하세요.(9회 기출문제)</td></tr>
<tr><td>출처</td><td>건설기술진흥법 제62조, 시행령 제101조의3, 건설공사 안전관리 업무수행 지침</td></tr>
<tr><td>답</td><td>
– 국토교통부장관은 건설공사의 안전을 확보하기 위하여 건설공사 참여자의 안전관리 수준을 수준을 평가할 수 있다.
또한 평가 결과를 공개하거나 건설공사의 안전관리 개선에 활용할 수 있도록 규정하고 있다.

▷ 발주자 및 건설공사 참여자 안전관리 수준 평가
1. 평가 대상 및 시기
① 평가 대상 : 총공사비 200억 원 이상인 건설공사
② 평가 시기
– 발주청 : 공정 20% / 연 1회
– 시공자 · CM : 공정 20% 현장평가 + 본사평가 연 1회

2. 평가내용
<table>
<tr><th>구분</th><th>평가내용</th></tr>
<tr><td>발주자</td><td>가. 안전한 공사조건의 확보 및 지원
나. 안전경영 체계의 구축 및 운영
다. 건설현장의 법적 요건 준수 및 안전관리 체계 운영 실태
라. 수급자의 안전관리 수준
마. 건설사고 발생 현황</td></tr>
<tr><td>건설공사 참여자</td><td>가. 안전경영 체계의 구축 및 운영
나. 관련 법에 따른 안전관리 활동 실적
다. 자발적 안전관리 활동 실적
라. 건설사고 위험요소 확인 및 제거 활동
마. 사후관리 실태</td></tr>
</table>
</td></tr>
<tr><td>Tip</td><td>
▶ 평가 결과의 활용
① 우수 건설업체 선정(국토부의 현장점검 면제)
② 건설공사 안전관리 개선
③ 건설안전 정책 수립 자료 활용
④ 건설사 안전관리 능력 평가
</td></tr>
<tr><td>비고</td><td>▶ 건설공사 참여자의 안전관리 수준평가란 건설공사의 안전관리 역량을 제고하기 위하여 발주자 및 건설공사 참여자의 안전관리 체계, 안전관리 활동 및 안전성과 등을 평가하는 제도를 말한다. 이는 자율적인 안전문화 정착을 하기 위함이다.</td></tr>
</table>

03 기타 관련법

분류	질문번호	회차	질문내용
1. 산업재해보상법	1	10	업무상 산업재해에 대하여 설명
		9	산재성립기준에 대하여 설명

2. 건설산업기본법	2	8.9	건설공사 클레임의 유형에 대하여 설명

3. 대기환경보전법	3	11	비산먼지 발생원인 및 방진대책, 방진막 설치기준에 대하여 설명

4. 중대재해처벌법	4	11	산업안전보건경영시스템에 대해 설명
		9	산업안전보건경영시스템의 혜택에 대해 설명

질문 1.	◆ 업무상 산업재해에 대하여 설명하세요.(10회 기출문제) ◆ 산업재해 성립 기준에 대하여 설명하세요.(9회 기출문제)
출처	산업재해보상보험법 제5조, 제37조
답	– 업무상 산업재해란 업무상의 사유에 따른 근로자의 부상・질병・장해 또는 사망을 말한다. ▷ **업무상 산업재해의 성립 기준** ① 업무수행성 – 근로자가 사용자의 지휘・감독 하에 업무를 수행하는 과정에서 발생한 재해일 것 ② 업무기인성 – 재해 발생의 원인이 업무 또는 작업환경과 상당한 인과관계가 있을 것 ▷ **업무상 산업재해의 인정 기준(법적 사고의 유형)** 1. 업무상 사고 ① 업무수행 중 사고 ② 시설물 결함 사고 ③ 행사 및 휴게시간 중 사고 2. 업무상 질병 ① 유해요인 노출: 분진(진폐증), 화학물질(중독), 소음(난청), 근골격계 부담 작업 등. ② 업무상 부상이 원인이 된 합병증 ③ 정신적 스트레스 3. 출퇴근 재해 ① 지배관리하의 출퇴근: 회사 통근버스 ② 통상적 출퇴근
Tip	▶ **업무상 산업재해 판정 기준(인과관계)** ① 업무와 재해 발생 간 상당인과관계 존재 – 재해 발생의 원인이 업무 또는 작업환경과 사회통념상 인정될 수 있는 인과관계를 가질 것 ② 업무상 유해・위험요인의 존재 – 작업과정 또는 작업환경에 재해를 발생시킬 수 있는 위험요인이 존재할 것 (기계・설비 위험, 유해물질, 작업환경 등) ③ 업무환경 또는 작업조건의 영향 – 작업강도, 작업시간, 작업방법 등 업무조건이 재해 발생에 영향을 미쳤을 것
비고	▶ 업무상 재해란 근로자가 업무와 관련하여 발생한 사고 또는 질병으로서 산업재해보상보험의 적용 대상이 되는 재해를 말하며, 산재는 법적 인정기준(범주) 내에 있어야 하며, 동시에 실질적 판정기준(인과관계)을 통과해야 최종 승인된다.

질문 2.	◆ 건설공사 클레임의 유형에 대하여 설명하세요.(8.9회 기출문제)
출처	국가계약법/ 건설산업기본법 제69조
답	– 건설공사 클레임(Claim)이란 공사 수행 과정에서 계약조건의 변경, 공사 지연, 설계변경 등으로 인해 계약당사자가 추가 공사비, 공기 연장 또는 손해배상 등을 요구하는 행위를 말한다. ▷ **건설공사 클레임의 유형** ① 공기연장 클레임 : 공사기간 연장 요구 ② 추가비용 클레임 : 공사비 증가 요구 ③ 공기지연 클레임 : 공사 지연 손해 보상 요구 ④ 설계변경 클레임 : 설계 변경에 따른 비용·공기 조정 ⑤ 계약해석 클레임 : 계약조건 해석 차이 ▷ **클레임 해결 절차 (Flow)** ① 협상 : 당사자 간 직접 해결 ② 조정 : 제3자가 개입 합의 유도(건설분쟁조정위원회) ③ 중재 : 중재기관이 판정(대한상사중재원) ④ 소송 : 법원 판결
Tip	
비고	▶ 클레임은 협의, 조정, 중재 및 소송의 단계적 절차를 통해 해결하며, 일반적으로 신속성과 비용 절감을 위해 협의 및 조정을 우선적으로 활용한다.

질문 3.	◆ **비산먼지 발생원인 및 방진대책, 방진막 설치기준에 대하여 설명하세요.(11회 기출문제)**
출처	대기환경보전법 제43조, 시행규칙 별표14, 별표15
답	– 비산먼지란 건설공사, 토목공사, 자재운반 등 작업과정에서 발생하여 대기 중으로 확산되는 미세한 먼지를 말한다. 건설현장에서 발생하는 비산먼지는 주변 환경오염과 주민 피해를 유발하므로 적절한 방진대책이 필요하다. ▷ **비산먼지 발생원인** ① 토공 및 굴착작업 ② 건설자재 취급 및 운반 ③ 건축물 해체 및 철거 ④ 야적 및 적치 작업 ⑤ 건설장비 운행 ▷ **비산먼지 방진대책** ① 살수 대책 : 공사장 및 작업면 주기적 살수 ② 방진막 설치 : 공사장 주변 방진막 또는 가설울타리 설치 ③ 야적물 덮개 설치: 토사 및 골재 덮개(방진포) 설치 ④ 차량 관리 : 세륜시설 설치, 차량 적재함 덮개 설치 ⑤ 작업관리 : 강풍 시 작업 중지, 공사장 청소 및 정리 ▷ **방진막 설치기준** ① 공사장 경계에 방진막 또는 방진벽 설치 ② 높이 1.8m 이상 설치 ③ 강풍에 대비한 견고한 구조 설치 ④ 먼지 확산 방지를 위한 틈새 최소화
Tip	
비고	▶ 비산먼지는 건설공사에서 발생하는 대표적인 환경오염 요소로서, 발생원인을 사전에 파악하고 살수, 방진막 설치, 세륜시설 설치 등 체계적인 방진대책을 통해 환경오염을 예방해야 한다.

<table>
<tr><td>질문 4.</td><td>◆ 산업안전보건경영시스템(OSHMS : Occupational Safety and Health Management System) 에 대해 설명하세요.(11회 기출문제)
◆ 산업안전보건경영시스템의 혜택에 대해 설명하세요.(9회 기출문제)</td></tr>
<tr><td>출처</td><td>산업안전보건법 제4조, 안전보건경영시스템(KOSHA-MS) 인증업무 처리규칙</td></tr>
<tr><td>답</td><td>산업안전보건경영시스템(OSHMS)이란 사업장에서 발생할 수 있는 산업재해를 예방하기 위하여 사업주가 안전보건 방침을 정하고 조직·계획·절차 등을 체계적으로 구축하여 지속적으로 관리하는 경영관리 체계를 말한다. 즉, 경영시스템을 활용하여 위험요인을 체계적으로 관리하고 산업재해를 예방하는 관리기법이다.

▷ 산업안전보건경영시스템
1. 구성요소 (PDCA Cycle)
<table>
<tr><th>구분</th><th>주요내용</th></tr>
<tr><td>Plan (계획)</td><td>안전보건 방침 설정, 위험요인 파악 및 위험성평가, 목표 수립</td></tr>
<tr><td>Do (실행)</td><td>조직 구성, 자원 할당, 교육 훈련, 비상대응체계 가동</td></tr>
<tr><td>Check (점검)</td><td>성과 측정, 모니터링, 내부 심사, 법규 준수 평가</td></tr>
<tr><td>Act (개선)</td><td>불일치 사항 시정, 경영자 검토를 통한 시스템 지속적 개선</td></tr>
</table>
2. 주요 구성요소
① 안전보건방침 : 경영자의 안전보건 의지와 방향 설정
② 위험성평가 : 유해·위험요인을 파악하고 위험도를 평가하여 개선
③ 안전보건 조직 및 책임 : 안전보건관리 조직 구성 및 역할 부여
④ 교육 및 의사소통 : 근로자 교육 및 참여
⑤ 운영관리 : 작업절차 관리, 설비관리, 비상대응체계 구축
⑥ 성과평가 및 개선 : 안전점검, 내부심사, 지속적 개선

▷ 산업안전보건경영시스템의 혜택
1. 법적혜택 : 중대재해처벌법 및 산안법 대응력 강화
① 안전보건관리체계 구축 인정
- 중대재해처벌법에서 요구하는 안전보건관리체계의 구축 및 운영 의무 이행
② 법적 면책 근거 : 기업이 예방 조치 입증하여 경영책임자의 형사 처벌 리스크를 경감
③ 법규 준수 모니터링 : 최신 개정 법령 이행 상태를 상시 점검 가능
2. 경제적 혜택 : 손실 비용 절감 및 공공입찰 우대
3. 기술적·운영적 혜택 : 자율 안전보건 체계 확립
4. 사회적·문화적 혜택 : 대외 신뢰도 및 노사 관계 개선</td></tr>
<tr><td>Tip</td><td>▶ OSHMS vs KOSHA-MS vs ISO 45001
OSHMS는 산업안전보건경영시스템의 일반적 개념이며, KOSHA-MS는 한국산업안전보건공단이 운영하는 국내 인증제도이고 ISO 45001은 국제표준화기구에서 제정한 국제 안전보건경영시스템 규격이다.</td></tr>
<tr><td>비고</td><td>▶ 산업안전보건경영시스템은 특정 조문에서 직접적으로 “경영시스템”이라는 명칭으로 규정되어 있지는 않지만, 산업안전보건법의 안전보건관리체계 구축 의무를 근거로 운영되는 제도</td></tr>
</table>

MEMO

산업안전지도사 3차 면접

유형별 기출문제

제 2 편

안전관리이론

01 안전관리이론

분류	질문번호	회차	질문내용
1. 총칙	1	8	안전에 대해 설명
	2	7	안전보건관리조직 체제에 대해 설명
		7	라인형, 스태프형, 라인스태프형의 장점과 단점

분류	질문번호	회차	질문내용
2. 재해발생 및 예방이론	3	9	재해요인에 대하여 설명

분류	질문번호	회차	질문내용
3. 재해조사 및 원인분석	4	8	4M에 대하여 설명

분류	질문번호	회차	질문내용
4. 안전활동기법	5	9.11	무재해운동 3원칙에 대하여 설명
	6	8	위험예지훈련에 대하여 설명

분류	질문번호	회차	질문내용
5. 안전심리	7	9	재해빈발자에 대하여 설명
		13.15	재해빈발자의 유형과 안전대책에 대해 설명
	8	8	감성안전에 대해 설명

분류	질문번호	회차	질문내용
6. 인간공학	9	8	휴먼에러의 분류와 방지대책에 대해 설명
	10	8	휴먼에러의 종류의 예를 설명
		8	Slip와 Lapse 및 Mistake와 Violation(위반)의 각각의 차이점

분류	질문번호	회차	질문내용
7. 시스템공학	11	7.10	페일 세이프(Fail safe)에 대하여 설명
		9	Fail safe를 적용한 사례가 9가지 정도 있는데, 아는 대로 설명
	12	8	Fail safe와 Fool Proof에 대해 설명
		8	현장에서 Fail safe와 Fool Proof의 구체적인 예를 설명
	13	8	Risk와 Hazard 및 Danger와 Peril의 각각 차이점에 대해 설명
		8	Risk Assessment와 Risk Management에 대해 설명
	14	8	Event tree와 Fault tree에 대해 설명

질문 1.	◆ 안전에 대해 설명하세요.(8회 기출문제)
출처	안전관리론

답

– 안전이란 산업활동 또는 작업 과정에서 발생할 수 있는 사고, 재해, 위험요인을 사전에 제거하거나 통제하여 인명과 재산의 손실을 방지하고 안정된 상태를 유지하는 것을 말한다.
즉, 위험요인이 통제되어 사고가 발생하지 않는 상태를 의미한다.

▷ 안전의 핵심 개념

① 하인리히(Heinrich)의 관점: 사고의 직접적 원인인 불안전한 상태(Physical)와 불안전한 행동(Human)을 제거하는 것

② 시스템적 관점: 인간, 기계, 환경의 상호작용 속에서 발생할 수 있는 잠재적 위험을 시스템적으로 관리하는 것

▷ 안전의 3E 이론

구분	요소	주요내용
Engineering	기술(설계)	안전 장치 설치, 자동화, 본질적 안전 설계 (Fail–Safe, Fool–Proof)
Education	교육	안전 지식 전달, 위험 인지 능력 향상, 정기 교육 및 훈련
Enforcement	관리(독려)	안전 수칙 준수 점검, 위반 시 제재, 보상 제도 운영

Tip

▶ 안전・위험・사고・재해・아차사고 비교

구분	개념	성격	특징	예
안전(Safety)	위험요인이 제거 또는 통제된 안정 상태	예방 상태	위험요인 통제	안전한 작업환경
위험 (Hazard / Risk)	사고 또는 재해가 발생할 잠재적 가능성	잠재 상태	위험요인 존재	추락위험, 감전위험
사고(Accident)	예상치 못한 사건 발생	사건 발생	비의도적 사건	발판 미끄러짐
재해 (Injury / Loss)	사고로 인해 인명・재산 피해가 발생한 상태	결과 상태	피해 발생	골절, 설비 파손
아차사고 (Near Miss)	사고로 이어질 수 있었으나 피해 없이 끝난 사건	사고 직전 상태	재해의 전조	발판 미끄러졌으나 넘어지지 않음

비고

▶ 국제노동기구 (International Labour Organization, ILO)의 안전 정의
– 안전이란 상해 또는 손실을 유발할 수 있는 위험요인으로부터 보호된 상태를 의미한다.

<table>
<tr><td>질문 2.</td><td>◆ 안전보건관리조직 체제에 대해 설명하세요.(7회 기출문제)
◆ 라인형, 스태프형, 라인스태프형의 장점과 단점에 대해 설명하세요.(7회 기출문제)</td></tr>
<tr><td>출처</td><td>안전관리론</td></tr>
<tr><td>답</td><td>안전보건관리조직 체제는 사업장 내 안전보건 문제를 체계적으로 관리하기 위해 구축하는 인적·직무적 조직 구조를 의미합니다. 이는 경영책임자의 의지를 현장 실무까지 전달하고, 사고 발생 시 책임 소재를 명확히 하는 핵심 장치입니다.

▷ 안전보건관리조직의 3유형
<table>
<tr><th>유형</th><th>특징</th><th>장점</th><th>단점</th></tr>
<tr><td>라인(Line)형</td><td>생산 직계 라인이 안전을 직접 담당 (100인 미만 소규모)</td><td>명령과 보고가 빠르고 실효성이 높음</td><td>안전에 대한 전문 지식 및 기술 부족</td></tr>
<tr><td>스태프(Staff)형</td><td>안전 전담 부서가 조언과 권고 수행 (100~500인 중규모)</td><td>전문적인 기술 검토와 정보 수집 가능</td><td>생산 부서와의 마찰, 책임 전가 발생 위험</td></tr>
<tr><td>라인-스태프형</td><td>라인의 실행력과 스태프의 전문성 결합 (500인 이상 대규모)</td><td>전문성과 실행력을 동시에 확보 (가장 이상적)</td><td>명령 계통이 복잡해질 수 있음 (월권 행위 주의)</td></tr>
</table>
</td></tr>
<tr><td>Tip</td><td>▶ 라인-스태프 혼합형(Line-Staff Organization)의 효율성
① 전문성(Staff): 안전관리자/보건관리자가 최신 법규와 기술적 전문성을 바탕으로 지도·조언을 수행
② 실행력(Line): 현장 소장, 팀장 등 생산 라인 관리자가 직접 지휘·명령권을 행사하여 안전 수칙을 즉각 이행
③ 시너지: 스태프의 브레인 역할과 라인의 손발 역할이 결합되어 안전과 생산의 조화를 이룸</td></tr>
<tr><td>비고</td><td>▶ 최근 안전보건관리조직의 변화
- 최근 산업현장에서는 경영책임자의 안전 책임 강화에 따라 조직체계가 확대
- 중대재해 예방을 위하여 CSO 중심의 안전경영 체계가 강화

1. 주요역할
① 안전보건 정책 수립
② 안전보건관리체계 구축
③ 중대재해 예방 전략 수립
④ 안전문화 확산

2. 특징
① 라인-스태프 혼합형 조직 구조
② 전문 안전관리 기능 강화
③ 경영책임자의 안전 책임 확대
④ 중대재해 예방 중심 조직 운영</td></tr>
</table>

질문 3.	◆ 재해요인에 대하여 설명하세요.(9회 기출문제)
출처	안전관리론

답

– 재해요인이란 작업 과정에서 사고나 산업재해를 유발할 수 있는 직접적 또는 간접적 원인요소를 말한다.

▷ **재해요인의 분류**

1. 직접원인(사고가 일어나기 직전에 나타나는 현상으로, 하인리히(Heinrich)가 강조한 단계)

① 불안전한 상태 (Physical/Mechanical Condition): 물적 요인 (약 10%)

– 결함이 있는 기계・장비, 부적절한 안전장치

– 조명, 소음, 환기 등 열악한 작업 환경

– 정리정돈 불량 및 위험한 배치

② 불안전한 행동 (Unsafe Act): 인적 요인 (약 88%)

– 보호구 미착용, 안전장치 기능 제거

– 정해진 수칙 무시, 무리한 동작

– 운전 중인 기계의 정비 및 청소

2. 간접원인(직접 원인을 유발하는 배후의 근본적인 요인)

① 관리적 원인: 안전관리 조직의 결함, 안전수칙 미비, 계획 불량

② 교육적 원인: 안전 지식 부족, 교육 훈련 미흡, 경험 부족

③ 기술적 원인: 설계 오류, 구조적 결함, 공법의 부적정

④ 신체적/정신적 원인: 피로, 질병, 집중력 저하, 태만

Tip

▶ **하인리히 vs 버드의 재해 연쇄 이론**

구분	하인리히(고전)	버드(현대)
핵심관점	인적 결함(불안전한 행동) 중시	관리의 결함(시스템) 중시
제1단계	유전적 소인 및 사회적 환경	제어의 부족 (관리)
제2단계	개인적 결함	기본 원인 (기원)
제3단계	불안전한 상태 및 행동 (직접 원인)	직접 원인 (징후)
예방 핵심	3단계 제거 시 사고 방지	1단계(관리)부터 철저히 통제

비고

▶ 과거에는 불안전한 행동(인적 요인)에 집중했으나, 현대 안전관리에서는 이를 유발하는 **'관리적 결함(Management)'**을 근본 원인으로 파악합니다. 따라서 안전보건경영시스템을 통한 시스템적 접근이 재해 요인을 제거하는 근본 대책입니다.

질문 4.	◆ 4M에 대하여 설명하세요.(8회 기출문제)
출처	안전관리론
답	– 4M이란 산업재해의 원인을 체계적으로 분석하기 위해 사용하는 개념 이는 작업장에서 발생하는 재해요인을 인적·물적·환경적·관리적 요인으로 구분하여 재해원인을 파악하고 예방대책을 수립하기 위한 분석 방법이다. **▷ 4M의 구성요소(재해요인 분석 도구)** ① Man (인적): 근로자의 실수, 지식 부족, 심리적 요인 ② Machine (설비): 기계의 결함, 안전장치 부재, 노후화 ③ Media (작업/환경): 작업 방법의 오류, 온습도, 작업 공간 협소 ④ Management (관리): 교육 부족, 지휘 계통 혼선, 규정 미비 **▷ 4M 분석의 필요성 및 장점** ① 누락 방지: 재해 원인을 한쪽에 치우치지 않고 다각도(인간, 설비, 환경, 시스템)에서 골고루 검토할 수 있습니다. ② 근본 원인 도출: 단순히 "작업자의 실수"로 치부하기 쉬운 사고를 "관리 부실"이나 "기계 결함"이라는 근본 원인과 연결해 줍니다. ③ 효과적인 대책 수립: 원인별로 구체적인 대책(교육, 설비 보강, 환경 개선, 규정 개정)을 수립하기 용이합니다.
Tip	**▶ 4M과 3E의 통합 연계 프로세스** – 실제 재해 발생 시 대책을 수립하는 논리적인 흐름입니다. ① 재해 발생: 유해·위험요인 노출 ② 원인 분석 (4M): 인적, 설비적, 작업적, 관리적 원인 도출 ③ 대책 수립 (3E): 기술 보강, 교육 강화, 관리 체계 재정립 ④ 피드백 (PDCA): 대책의 유효성 평가 및 지속적 개선
비고	▶ 분석된 Machine(기계) 요인에 대해서는 Engineering(기술) 대책인 '풀 프루프(Fool Proof)' 설계를 적용하고, Man(인적) 요인에 대해서는 Education(교육) 대책인 'TBM(Tool Box Meeting)'을 강화하여 재해 재발을 방지한다.

질문 5.	◆ 무재해운동 3원칙에 대하여 설명하세요.(9.11회 기출문제)
출처	안전관리론

답

– 무재해운동의 3원칙은 작업자 전원이 참여하여 재해를 근절하고 안전한 작업환경을 조성하기 위한 기본 원칙을 말하며, 모든 구성원이 참여하여 잠재 위험을 제로(Zero)화하는 활동의 핵심입니다.

▷ 무재해운동의 3원칙

구분	내용	실천방향
무의 원칙	재해는 반드시 예방 가능	사고, 질병, 공해 등 모든 잠재적 위험 요인을 사전에 발견・파악・해결하여 근본적으로 재해를 없애는 것을 목표로 합니다.
선취의 원칙	재해예방을 위한 사전대책	재해가 발생한 후 대책을 세우는 것이 아니라, 위험 요인을 작업 시작 전에 미리 발견하고 조치하여 사고를 예방하는 원칙입니다.
참여의 원칙	전원참여 안전활동	관리자뿐만 아니라 현장의 모든 근로자가 합심하여 위험성평가나 위험예지훈련에 적극적으로 동참하는 자율 안전 관리 원칙입니다.

Tip

▶ **무재해 인증제도 (2019년 폐지)**

1. 훈령 : – 사업장 무재해운동 시행규정 (2019년 1월 1일 이후) 공식 폐지
2. 폐지 이유 : – 무재해 기록을 깨지 않기 위해 산재가 발생해도 숨기는 산재 은폐 부작용이 심각했기 때문

▶ **2019년 폐지 후 바뀐 점 비교**

구분	폐지 전	폐지 후(현재)
운영 주체	고용노동부/공단 (강제성)	사업장 자율 (자체 선포 및 기록)
목표	인증 취득 및 산재 보험료 감면	실질적 위험 제거 및 안전 문화 조성
평가	사고 발생 시 기록 즉시 파기	사고 발생 시 원인 분석 및 재발 방지 중심
핵심 도구	무재해 기록판	위험성평가, TBM, 위험예지훈련

비고

▶ 과거 「사업장 무재해운동 추진 및 운영에 관한 규칙」에 따른 공인 인증제도는 산재 은폐 방지을 위해 2019년 폐지되었다. 안전보건공단은 자율적 무재해 운동 추진 지침을 제공하여 사업장이 자율적으로 운영하도록 권고하고 있습니다.

▶ 자기규율 예방체계와 결합: 정부가 2026년 현재 강조하는 '위험성평가 중심의 자기규율 예방체계'의 정신이 바로 무재해 운동의 참가와 선취 원칙에서 온 것입니다.

▶ 그 핵심 기법인 위험예지훈련, 지적확인(Point and Call) 등은 현재 중대재해처벌법상 근로자 참여를 실현하는 강력한 자율 안전 도구로 계승되고 있다.

질문 6.	◆ **위험예지훈련에 대하여 설명하세요.(9.11회 기출문제)**
출처	안전관리론
답	– 위험예지훈련(Kiken Yochi Training, KYT)은 작업 전 짧은 시간 동안 팀원들이 모여 해당 작업에 잠재된 위험 요인을 스스로 찾아내고, 그에 대한 안전 대책을 세워 실천을 다짐하는 참여형 안전 훈련입니다. KYT는 근로자의 위험 예지 능력을 키워 실질적인 사고를 예방하는 데 목적이 있습니다. ▷ **위험예지훈련 4단계 (4라운드법)** 단계 / 명칭 / 주요내용 1R / 현상 파악 / 작업 상황을 관찰하여 작업 중 발생할 수 있는 위험요인을 찾아낸다. 2R / 본질 추구 / 작업 상황을 관찰하여 작업 중 발생할 수 있는 위험요인을 찾아낸다. 3R / 대책 수립 / 발견된 위험요인 중 가장 위험성이 높은 핵심 위험요인을 선정한다. 4R / 목표 설정 / 선정된 위험요인에 대해 구체적인 안전대책을 수립한다. ▷ **위험예지훈련의 핵심 기법** ① 라운드법 : 토론을 통해 위험요인 도출 ② 브레인스토밍 : 자유로운 의견 제시 ③ 지적확인법 : 지적·호칭으로 안전 확인 ④ 포인트 지적확인법 : 핵심 위험요인 집중관리
Tip	▶ **목적** ① 작업 전 잠재 위험요인 사전 발견 ② 작업자의 위험 감수성 향상 ③ 안전의식 고취 및 참여형 안전활동 정착 ④ 산업재해 예방 ▶ **특징** ① 작업자 중심의 참여형 안전활동 ② 작업 전 실시하는 사전 예방활동 ③ 소집단 활동 중심 운영 ④ 지적확인 및 행동목표 설정
비고	▶ 위험예지훈련(KYT)이란 작업 전에 작업현장에서 발생할 수 있는 잠재적 위험요인을 미리 발견하고 그에 대한 대책을 수립하여 산업재해를 예방하기 위한 참여형 안전활동을 말한다.

질문 7.	◆ **재해빈발자에 대하여 설명하세요.(9회 기출문제)** ◆ **재해빈발자의 유형과 안전대책에 대해 설명하세요.(13.15회 기출문제)**
출처	안전심리학 이론

답

동일한 작업 환경과 조건 하에서 다른 작업자들에 비해 재해를 훨씬 더 자주 일으키는 사람을 말합니다. 안전관리론에서는 재해의 원인을 단순히 운에 맡기지 않고, 개인의 소질이나 심리적・신체적 특성에서 그 원인을 분석합니다

▷ **재해빈발자의 3가지 유형 (원인론적 분류)**

유형	주요원인	상세특성	대책
상황성 빈발자	작업환경	작업환경 불량	환경개선
소질성 빈발자	개인 특성	성격, 신체능력, 건강상태	적성배치
습관성 빈발자	행동 습관	안전수칙 미준수, 불안전 행동	교육・감독

▷ **재해빈발자의 상세 유형별 특성 (개인적 특성 분류)**
① 미숙련자
② 지능 결핍자
③ 성격 결함자
④ 도덕적 결함자
⑤ 신체 결함자

▷ **재해빈발지를 위한 안전대책**
1. 교육적 대책 (Education)
   ① 적성 검사 및 배치 : 개인의 소질에 맞는 작업장에 배치
   ② 반복 교육 : 미숙련자의 경우
   ③ 심리 상담 : 전문적인 상담을 통해 심리적 안정을 도모
2. 기술적 대책 (Engineering)
   ① 본질적 안전화 (Fail-Safe) : 실수로 인해 사고 방지를 위해 기계 안전장치 설치
   ② 작업 환경 개선
3. 관리적 대책 (Enforcement)
   ① 빈발 가능성이 높은 인원을 특별 관리 대상으로 선정
   ② 동료 간 상호 감시 및 격려 체계 구축
   ③ 건강 관리

Tip

▶ 하인리히(Heinrich)는 개인적 결함 제거, 버드(Bird)는 관리결함 제거로 재해빈발자를 방지할 수 있다고 주장함.

비고

▶ 재해빈발자란 동일 근로자가 일정 기간 동안 반복적으로 산업재해를 발생시키는 근로자를 말하며, 개인의 성격・행동습관・작업태도・작업환경 등에 의해 재해 발생 가능성이 높은 근로자를 의미한다. 재해 예방을 위해 특별한 관리와 교육이 필요한 대상자이다.

질문 8.	◆ 감성안전에 대하여 설명하세요.(8회 기출문제)
출처	안전심리학 이론
답	감성안전이란 작업자의 감정, 심리 상태, 동기 등을 고려하여 자발적인 안전행동을 유도하는 안전관리 방식을 말한다. 즉, 규정이나 통제 중심의 안전관리에서 벗어나 근로자의 감성·공감·동기부여를 통해 안전문화를 형성하는 안전관리 접근방법이다. ▷ **감성안전의 필요성** ① 산업재해의 대부분이 불안전 행동에 의해 발생 ② 기존의 규정 중심 안전관리의 한계 ③ 근로자의 자발적 참여 유도 필요 ▷ **감성안전의 주요 요소** ① 공감과 소통 : 유대감 형성 ② 존중과 배려 : 자존감 고취 및 자율 안전 참여 유도 ③ 동기부여: 근로자의 자발적 안전참여를 유도 ④ 신뢰: 안전관리 활동에 대한 상호 신뢰 형성 ▷ **감성안전의 실천 기법 (무재해 운동과의 연계)** ① 터치 앤 콜 (Touch and Call): 서로 손을 맞잡거나 어깨를 두드리며 동료애를 확인 ② 칭찬 캠페인 : 안전 수칙을 잘 지킨 근로자를 공개적으로 칭찬 ③ 아침 감성 TBM : 가벼운 스트레칭과 서로의 안부를 묻는 대화로 하루를 시작
Tip	▶ 감성안전은 매슬로의 5단계 욕구 중 존중의 욕구와 자아실현의 욕구를 자극하는 고차원적 관리 기법이다. 이는 단순히 사고를 막는 것을 넘어, 구성원 모두가 안전을 하나의 가치로 공유하는 선진적 안전 문화를 정착시키는 핵심 동력이 된다. ▶ 선진적 안전 문화 정착 ① 기술적 안전(Hard): 사고를 물리적으로 차단하는 방어막 ② 감성적 안전(Soft): 근로자가 스스로 규칙을 지키게 하는 동기부여 ③ 시너지: 두 요소가 결합될 때, 규제가 없어도 안전이 지켜지는 자율 예방 체계가 완성
비고	▶ 감성안전 (아래 표 참조)

구분	내용
개념	감정·심리를 고려한 안전관리
핵심	공감·소통·신뢰
목적	자발적 안전행동 유도

질문 9.	◆ 휴먼에러의 분류와 방지대책에 대해 설명하세요.(8회 기출문제)
출처	인간공학 이론
답	휴먼에러란 작업자가 주의력 부족, 판단 착오, 작업 미숙 등 인간의 심리적·생리적 요인으로 인해 발생하는 오류나 실수를 말한다. 산업 재해의 약 80% 이상이 휴먼에러에서 기인한다는 점에서, 이를 체계적으로 분류하고 방지하는 것은 안전 관리의 핵심입니다. ▷ **휴먼에러의 분류** 1. 스웨인(Swain)의 실행적 분류 ① 생략 에러(Omission) : 정해진 단계를 빠뜨림 ② 작위 에러(Commission) : 단계 잘못 수행 ③ 순서 에러(Sequential) : 작업 순서를 뒤바꿈 ④ 시간 에러(Time) : 빠르거나 늦게 수행 ⑤ 과잉 에러(Extraneous) : 불필요한 동작을 추가 2. 라스무센(Rasmussen)의 인지적 분류(정보처리 수준) ① 숙련 기반(Skill-based) : 자동적 행동 오류 ② 규칙 기반(Rule-based) : 규칙 적용 오류 ③ 지식 기반(Knowledge-based) : 판단 오류 3. 리즌(Reason)의 심리적/인지적 분류 ① Slip : 실행단계 오류 ② Lapse : 실행단계 오류(기억누락) ③ Mistake : 계획단계 오류(판단 오류) ④ Violation : 의도적 규정 위반 ▷ **휴먼에러의 방지대책** 1. 기술적 대책 (Engineering) – 하드웨어적 접근 ① 풀 프루프 (Fool-Proof) ② 페일 세이프 (Fail-Safe) ③ 인간공학적 설계 2. 교육적 대책 (Education) – 소프트웨어적 접근 ① 위험예지훈련 (KYT) ② 지적 확인 (Pointing and Calling) ③ 반복 숙달 교육 3. 관리적 대책 (Enforcement) – 시스템적 접근 ① 표준 작업 지침서 (SOP) 마련 ② 적성 배치 ③ 감성안전 관리
비고	▶ 휴먼에러는 인간의 본성이므로 완전히 없애기보다는 시스템적으로 실수를 방지(Fool-Proof)하거나 실수해도 안전(Fail-Safe)하게 만드는 것이 중요합니다.

질문 10.	◆ 휴먼에러의 종류의 예를 설명하세요.(8회 기출문제) ◆ Slip와 Lapse 및 Mistake와 Violation(위반)의 각각의 차이점에 대해 설명하세요.(8회 기출문제)
출처	인간공학 이론

답

휴먼에러란 작업자가 주의력 부족, 판단 착오, 작업 미숙 등 인간의 심리적・생리적 요인으로 인해 발생하는 오류나 실수를 말한다. 산업 재해의 약 80% 이상이 휴먼에러에서 기인한다는 점에서, 이를 체계적으로 분류하고 방지하는 것은 안전 관리의 핵심입니다.

▷ 휴먼에러의 분류

1. 스웨인(Swain)의 실행적 분류

종류	정의	구체적 예
생략 에러 (Omission)	정해진 단계를 빠뜨림	고소 작업 전 안전고리를 체결하지 않고 올라감
작위 에러 (Commission)	단계 잘못 수행	A 밸브를 잠가야 하는데 B 밸브를 잠금
순서 에러 (Sequential)	작업 순서를 뒤바꿈	전원을 차단한 후 점검해야 하는데, 점검 중에 전원을 차단함
시간 에러 (Time)	빠르거나 늦게 수행	콘크리트 타설 후 양생 시간을 지키지 않고 거푸집을 제거함
과잉 에러 (Extraneous)	불필요한 동작을 추가	기계 가동 중에 장난을 치거나 불필요한 부위를 만짐

2. 라스무센(Rasmussen)의 인지적 분류(정보처리 수준)

종류	정의	구체적 예
숙련 기반 (Skill–based)	자동적 행동 오류	잘못된 스위치 조작
규칙 기반 (Rule–based)	규칙 적용 오류	잘못된 작업절차 적용
지식 기반 (Knowledge–based)	판단 오류	새로운 상황에서 오판

3. 리즌(Reason)의 심리적/인지적 분류

▷ Slip와 Lapse 및 Mistake와 Violation(위반)의 각각의 차이점

구분	오류발생 단계	구체적 예	대책
Slip	실행단계 오류	다른 스위치 조작	풀 프루프(Fool–Proof)
Lapse	실행단계 오류(기억누락)	점검 작업 누락	
Mistake	계획단계 오류(판단 오류)	잘못된 작업방법 선택	교육 및 매뉴얼(SOP)로 해결
Violation	의도적 규정 위반	보호구 미착용	안전 문화 및 감성안전으로 해결

질문 11.	◆ **페일 세이프(Fail safe)에 대하여 설명하세요.(7.10회 기출문제)** ◆ **Fail safe와 Fool Proof에 대해 설명하세요.(8회 기출문제)**
출처	시스템 안전공학 이론

답

▷ Fail safe와 Fool Proof의 정의

1. 페일 세이프(Fail Safe)란 기계·설비 또는 시스템에 고장이나 이상이 발생하더라도 자동적으로 안전한 상태로 전환되도록 설계하는 안전설계 방식을 말한다.
   즉, 시스템의 일부 기능이 고장나더라도 인명과 설비에 위험이 발생하지 않도록 안전측으로 작동하도록 하는 설계 개념이다.

2. Fool Proof란 작업자가 실수하더라도 사고가 발생하지 않도록 설계하거나 작업방법을 개선하는 안전기법을 말한다.
   즉, 인간의 부주의나 착오가 발생해도 위험행위 자체가 발생하지 않도록 사전에 차단하는 안전설계 방법이다

▷ 페일 세이프의 3단계

Fail-Passive	리프트 추락방지, 누전차단기	고장 시 정지
Fail-Active	화재 경보 설비, 과부하방지 경보	고장 시 경보
Fail-Operational	타워크레인 이중 브레이크 시스템	고장 시 계속 가동

▷ Fail safe와 Fool Proof 비교

구분	Fail Safe	Fool Proof
개념	고장 시 안전측으로 작동하도록 안전설계	인간 실수 방지 설계
목적	설비 고장 대비	작업자 실수 예방
작동원리	위험 발생 시 자동 안전작동	위험 발생 시 자동 안전작동

비고

▶ 건설기계의 대형화 및 복잡화에 따라 Fail-Passive 위주의 설계에서, 최근에는 작업의 연속성과 안전을 동시에 확보하는 Fail-Operational 설계(다중화 구조)로 진화하고 있다. 이는 고장 상황에서도 작업자의 패닉을 방지하고 본질적인 안전을 확보하는 핵심 기술이다

<table>
<tr><td>질문 12.</td><td>◆ Fail safe를 적용한 사례가 9가지 정도 있는데, 아는 대로 설명하세요.(9회 기출문제)
◆ 현장에서 Fail safe와 Fool Proof의 구체적인 예를 설명하세요.(8회 기출문제)</td></tr>
<tr><td>출처</td><td>시스템 안전공학 이론</td></tr>
<tr><td>답</td><td>
페일 세이프(Fail Safe)란 기계・설비 또는 시스템에 고장이나 이상이 발생하더라도 자동적으로 안전한 상태로 전환되도록 설계하는 안전설계 방식을 말한다.
▷ Fail safe를 적용한 사례가 9가지
1. 타워크레인 권과방지장치
– 과권양(줄을 너무 감음) 시 모터 전원을 차단하여 추락 방지
2. 건설용 리프트 추락방지장치
– 전력 차단이나 와이어 단선 시 기계적으로 레일을 잡아 추락 방지
3. 유압 시스템의 체크밸브
– 실린더 내부의 기름이 한꺼번에 빠지지 않게 잠가 항타기가 갑자기 주저앉아 하부 근로자를 덮치는 사고를 예방
4. 전기용접기 자동전격방지기
– 용접 대기상태에서 전압을 안전 전압(25V 이하)으로 낮춰 접촉 시 감전 사망 사고 방지
5. 고소작업대(렌탈) 비상하강장치
– 수동 밸브를 열어 자중에 의해 하강
6. 지게차 OPS
– 지게차 운전자가 시트에서 엉덩이를 떼면(이탈하면) 주행과 유압 조작이 강제로 중단
7. 이동식 크레인 아웃트리거 인터록
– 아웃트리거가 설치되지 않으면 기동이 불가능하도록 제어하여 전도사고 방지
8. 분전함 누전차단기 (ELB)
– 누전이 발생하면 0.03초 이내에 회로를 차단 감전 사고 방지
9. 석유난로 및 가열기 전도소화장치
– 넘어지면 자동으로 연료 공급을 차단하여 양생 현장에서의 화재 방지
▷ 현장의 Fail safe와 Fool Proof의 구체적 예시
<table>
<tr><th>Fail Safe</th><th>Fool Proof</th></tr>
<tr><td>① 타워크레인 권과방지장치
② 리프트 추락방지장치
③ 누전 차단기
④ 전기용접기 자동전격방지기</td><td>① 타워크레인 과부하 방지장치
② 차량 후진 경보 장치
③ 콘센트 접지 구조
④ 절단기 등 양손 조작 장치</td></tr>
</table>
</td></tr>
<tr><td>비고</td><td>▶ 건설현장은 중량물 취급, 고소 작업, 복잡한 기계 설비 사용이 빈번하여 기계의 고장이 곧 대형 참사로 이어질 가능성이 매우 높습니다. 따라서 시스템 결함 시 안전한 상태로 유도하는 페일 세이프(Fail–Safe)의 적용은 필수적입니다.</td></tr>
</table>

질문 13.	◆ Risk와 Hazard 및 Danger와 Peril의 각각 차이점에 대해 설명하세요.(8회 기출문제) ◆ Risk Assessment와 Risk Management에 대해 설명하세요.(8회 기출문제)
출처	시스템 안전공학 이론

답

안전관리의 목적은 Hazard(위험원)를 발굴하여, 그것이 Danger(위험)한 상태로 노출되지 않도록 제어하고, 통계적인 Risk(위험성)를 허용 범위 내로 낮추어 최종적으로 Peril(사고)이 발생하지 않도록 하는 데 있다. Hazard → Danger → Risk → Peril

▷ Risk와 Hazard 및 Danger와 Peril의 각각 차이점

구분	의미	특징	예
Hazard	잠재적 위험요인(위험원)	재해의 원인	회전기계
Risk	위험 발생 가능성(위험성)	가능성 × 심각성	추락 위험
Danger	위험이 현실화된 상태(위험상황)	즉시 사고 가능	난간 없는 작업대
Peril	실제 재해 사건(사고)	손해 발생 사건	화재, 붕괴

▷ Risk Assessment와 Risk Management

1. Risk Assessment

① 사업주가 스스로 유해·위험요인을 파악하고 해당 유해·위험요인의 위험성 수준을 결정하여, 위험성을 낮추기 위한 적절한 조치를 마련하고 실행하는 과정을 말한다.

② 절차

– 사전준비 → 유해·위험요인 파악 → 위험성 결정 → 위험성 감소대책 수립 및 실행 → 위험성평가 실시내용 및 결과에 관한 기록 및 보존

2. Risk Management

① 위험성평가 결과를 바탕으로 위험을 제거하거나 감소시키기 위한 조직적이고 지속적인 관리 활동을 말한다. 즉, 위험을 체계적으로 통제하고 관리하는 전반적인 과정이다.

② 주요 활동

– 위험 식별 및 평가: 위험성평가 수행
– 위험 제어 (Risk Control): 공학적 개선, 교육, 관리적 대책 수립
– 실행 및 모니터링: 대책 적용 후 효과 감시
– 피드백 및 검토: 지속적 개선 (PDCA 사이클)

Tip

▶ Risk Assessment와 Risk Management 비교

구분	Risk Assessment	Risk Management
개념	위험요인을 파악하고 위험도를 평가하는 과정	평가된 위험을 통제·관리하는 활동
목적	위험 수준 파악	위험 제거 및 감소
성격	분석·평가 활동	관리·통제 활동
범위	위험성 평가 단계	위험관리 전체 과정

비고

▶ 위험성평가(Risk Assessment)가 유해·위험요인에 대한 과학적·정량적 분석이라면, 위험관리(Risk Management)는 이를 바탕으로 안전 목표를 달성하기 위한 정책적·실행적 의사결정이다. 따라서 실질적인 재해 예방은 평가 결과가 관리 시스템으로 연동될 때 완성된다.

질문 14.	◆ Event tree와 Fault tree에 대해 설명하세요.(8회 기출문제)
출처	시스템 안전공학 이론

답

• 사고 분석하는 기법
사고를 거꾸로 추적할 것인가, 앞으로 예측할 것인가의 차이입니다.

▷ Event tree와 Fault tree

구분	ETA (Event Tree)	FTA (Fault Tree)
분석방향	원인 → 결과	결과 → 원인
분석방법	귀납적	연역적
목적	사고 결과 분석	사고 원인 분석
적용	사고 시나리오 분석	사고 원인 규명
표현	사건 흐름도(성공/실패 가지치기)	AND/OR 게이트

Tip

▶ 안전관리의 실무는 Hazard를 발굴하여 Risk Assessment를 통해 정량화하고, FTA/ETA와 같은 과학적 기법으로 방어벽을 구축하여 Management 시스템 내에서 지속적으로 통제하는 과정이다.

비고

▶ FTA는 복잡한 시스템의 원인 규명에 탁월하며, ETA는 초기 사건 이후의 사고 시나리오 예측에 효과적이다. 따라서 대형 플랜트나 건설 현장의 위험성 평가 시에는 두 기법을 병행하여 '원인–경로–결과'를 아우르는 통합적 안전 대책을 수립해야 한다.

MEMO

산업안전지도사 3차 면접

유형별 기출문제

제 3 편

건설공사 안전기술

01 건설시공(공법 및 시공방법)

1. 가설

분류	질문번호	회차	질문내용
1. 총칙	1	8	안전인증 가설기자재에 대해 설명
	2	8	방호장치 안전인증 고시와 방호장치 자율안전기준 고시의 추락, 낙하 및 붕괴 등의 위험방호에 필요한 가설기자재 분류에 대해 설명
	3	15	가시설 성능기준을 받지않아도 되는 사항에 대해 설명
	4	14	가설기자재의 생산, 유통, 사용 측면(3가지)에서의 안전대책에 대하여 설명
	5	10.11	가설재 제작 임대업체 사용자별 준수사항에 대하여 설명
	6	10	가설기자재(9종) 시험에서 종류와 성능기준, 시험방법에 대하여 설명
	7	8	가설구조물에 작용하는 하중의 종류에 대하여 설명
		9	비계, 거푸집동바리 등 가설구조물 설계시 작용하는 하중의 종류에 대해 설명
	8	13	가설재 설계시 하중에 대하여 거푸집 동바리를 중심으로 설명
2. 가설통로	9	8.13.14.15	산업안전보건기준에 관한 규칙상 가설통로 설치시 준수사항과 설치각도에 따른 가설통로의 종류
		10.11	가설통로의 종류 및 각도에 따른 설치방법에 대하여 설명
		14	산업안전보건기준에 관한 규칙상 통로조명, 통로의 설치 및 유지기준, 가설통로 설치 준수사항
	10	15	가설공사 표준안전작업지침상 가설경사로 설치기준에 대해 설명
	11	15	산업안전보건기준에 관한 규칙상 계단, 계단참 설치 시 기준
	12	14.15	사다리식 통로 설치 시 준수사항
	13	15	산업안전보건기준에 관한 규칙상 이동식 사다리 설치기준
		14	이동식사다리 사용하여 작업 시 준수사항

분류	질문번호	회차	질문내용
3. 비계	14	14	비계의 재료, 작업발판 최대적재하중, 작업발판구조에 대해 설명
		8.9.10.11	높이 2미터 이상 작업 시 작업발판 설치기준에 대하여 설명
	15	8	가설비계 조립 시 준수사항에 대하여 설명
		13	5m 이상 비계조립, 해체하거나 변경하는 작업을 하는 경우 준수사항에 대해 설명
	16	13	기상악화로 작업 중지 후 비계의 점검사항에 대해 설명
		8.9	가설비계 조립 중 폭풍우로 인해 작업을 중지 한 후 작업재개 시 점검해야 할 사항에 대해 설명
	17	12	강관비계 구조에 대해 설명
		13	강관비계 조립 시 준수사항과 강관비계 구조에 대해 설명
	18	14	강관틀 비계 조립·사용 준수사항에 대해 설명
	19	9	달비계 와이어로프의 매듭방식에 대하여 설명
	20	15	달비계 최대적재하중의 산출근거 및 와이어로프의 안전계수 설명
	21	12.13.15	시스템비계의 조립 작업 시 준수사항에 대해 설명
		11	고층건물 외부의 시스템비계 설치 시 안전조치 사항에 대하여 설명

분류	질문번호	회차	질문내용
4. 가설도로	22	14	이용시 준수사항에 대해 설명
		15	가설공사 표준안전작업지침상 가설도로를 설치하여 사용 시 준수사항에 대하여 설명

분류	질문번호	회차	질문내용
5. 가설전기	23	8	건설공사 가설전기에 대하여 설명
	24	14.15	전기배선 및 이동전선 위험방지 조치에 대해 설명

질문 1.	◆ 안전인증 가설기자재에 대해 설명하세요.(8회 기출문제)
출처	산업안전보건법 제84조 안전인증・자율안전확인신고의 절차에 관한 고시 제2022-69호 방호장치 안전인증 고시 제2021-22호
답	▷ 안전인증 가설기자재 1. 정의 안전인증 가설기자재란 추락・붕괴 등 중대재해 예방을 위해 국가가 정한 성능기준에 적합한지 시험・검사하여 안전인증(KCs)을 부여한 가설기자재를 말한다. 2. 인증절차 – 서면심사 → 기술능력 및 생산체계 심사 → 제품심사(성능시험) • 서류심사: 제품의 설계도면, 기술서 등이 안전기준에 적합한지 검토 • 현장심사: 제조소의 품질관리 시스템(생산 설비, 검사 장비 등)이 기준을 충족하는지 확인 • 제품심사: 실제 시편을 채취하여 성능기준(압축, 인장, 충격 등) 시험을 실시 3. 안전인증 가설기자재 종류 ① 파이프서포트 및 동바리용 부재 ② 조립식 비계용 부재 ③ 이동식 비계용 부재 ④ 작업발판 ⑤ 조임철물 ⑥ 받침철물 ⑦ 조립식 안전난간
Tip	▶ 가설기자재의 중점 안전관리 ① 미인증품 반입 금지: 현장 대리인과 안전관리자는 반입 전 반드시 KCs 마크와 안전인증번호를 확인해야 합니다. ② 임의 개조 금지: 인증받은 규격품을 임의로 용접하거나 절단하여 사용하는 행위는 엄격히 금지됩니다. ③ 재사용 가설재: 신규 제품뿐만 아니라 재사용되는 자재도 변형이나 부식이 심할 경우 성능 검사를 통해 안전성을 재입증하거나 즉시 폐기해야 합니다.
비고	▶ 안전인증기준을 만족하는 제품에 KCs마크를 부착・판매토록 하여 근원적인 안전성과 신뢰성이 확보된 제품이 제조, 유통 및 사용 되도록 함으로써 산업재해를 예방하고자 추진하는 제도입니다.

질문 2.	◆ **방호장치 안전인증 고시와 방호장치 자율안전기준 고시의 추락, 낙하 및 붕괴 등의 위험방호에 필요한 가설기자재 분류에 대해 설명하세요.(8회 기출문제)**
출처	산업안전보건법 제84조, 제89조 안전인증・자율안전확인신고의 절차에 관한 고시 제2022-69호 방호장치 안전인증 고시 제2021-22호
답	두 제도는 위험의 정도와 관리 방식에 따라 구분됩니다. ▷ **안전인증 가설기자재** 〈안전인증 가설기자재 종류〉 ① 파이프서포트 및 동바리용 부재 ② 조립식 비계용 부재 ③ 이동식 비계용 부재 ④ 작업발판 ⑤ 조임철물 ⑥ 받침철물 ⑦ 조립식 안전난간 ▷ **자율안전확인 가설기자재** 〈자율안전확인 가설기자재 종류〉 ① 선반지주 ② 단관비계용 강관 ③ 고정형 받침철물 ④ 달기체인 ⑤ 달기틀 ⑥ 방호선반 ⑦ 엘리베이터 개구부용 난간틀 ⑧ 측벽용 브래킷
Tip	▶ **의무 안전인증 vs 자율안전확인 비교** (see table below)
비고	

구분	의무 안전인증 (KCs)	자율안전확인 (KCs)
관련고시	방호장치 안전인증 고시	방호장치 자율안전기준 고시
위험도	붕괴, 추락 등 직접적인 중대재해 유발	상대적으로 낮은 위험 혹은 보조적 방호
절차	서면심사 + 기술능력/생산체계 + 제품심사	제조사 자율 성능확인 후 공단 신고
사후관리	정기적인 확인심사 실시	신고 내용과의 일치 여부 확인

질문 3.	◆ 가시설 성능기준을 받지않아도 되는 사항에 대해 설명하세요.(15회 기출문제)
출처	산업안전보건법 제84조 안전인증・자율안전확인신고의 절차에 관한 고시 제2022-69호 방호장치 안전인증 고시 제2021-22호
답	현행『산업안전보건법』및『방호장치 안전인증 고시』에 따르면, 가설기자재는 원칙적으로 안전인증(KCs)을 받아야 유통 및 사용이 가능합니다. 하지만 특정 조건에 해당할 경우 안전인증(성능기준) 대상에서 제외되거나 별도의 절차를 따르게 됩니다. ▷ **가시설 성능기준을 받지않아도 되는 사항** 1. 법령상 ① 연구・개발을 목적으로 제조・수입하거나 수출을 목적으로 제조하는 경우 ② 외국의 안전인증기관에서 인증을 받은 경우 ③ 다른 법령에 따라 안전성에 관한 검사나 인증을 받은 경우 2. 실무적 관점에서의 제외 ① 일회성 제작 가시설 - 이 경우 기술사의 구조검토로 성능을 갈음 ② 단순 소모성 부속품 ③ 비내력 부재 - 하중을 지지하지 않고 단순히 차단이나 미관 목적으로 사용되는 가설 울타리(휀스) 등의 일부 부속품
Tip	▶ 인증을 받지 않아도 되는 '예외' 상황이라 하더라도, 현장에 반입될 때는 구조기술사의 계산서나 자체 시험성적서를 통해 안전성을 입증해야 할 의무는 여전히 남습니다.
비고	

<table>
<tr><td>질문 4.</td><td>◆ 가설기자재의 생산, 유통, 사용 측면(3가지)에서의 안전대책에 대하여 설명하세요.
(14회 기출문제)</td></tr>
<tr><td>출처</td><td>산업안전보건법 제84조
안전인증・자율안전확인신고의 절차에 관한 고시 제2022-69호</td></tr>
<tr><td>답</td><td>가설기자재는 여러 현장에서 반복 사용되므로, 각 단계별로 엄격한 품질 및 안전관리가 이루어져야 대형 붕괴 사고를 예방할 수 있습니다.

▷ 가설기자재 생산・유통・사용 단계별 안전대책(생애주기별 관리 방안)
1. 1단계: 생산(제조) 단계 – “원천적 안전 확보”
– 제조업체가 제품을 시장에 내놓기 전 거쳐야 하는 법적 절차입니다.
① 재료의 표준화: KS 규격(SS, SM 등)에 적합한 강재를 사용하여 신뢰성 있는 원재료 확보
② 안전인증(KCs) 취득
③ 표시 의무 준수: 제품에 KCs 마크, 제조사명, 제조년월, 인증번호 등을 각인하거나 부착하여 이력 관리의 기초 마련

2. 2단계: 유통(임대 및 구매) 단계 – “불량재 차단”
– 공사 현장으로 반입되기 전, 적정 품질의 자재만 선별하는 단계
① 반입 전 검수 : 임대업체는 재사용 가설재의 부식, 변형, 균열 상태를 확인하고 성능 미달 제품은 즉시 폐기
② 인증 제품 확인
③ 재사용 가설재 관리: 고용노동부 지침에 따라 재사용재도 일정 주기마다 성능 시험을 실시하여 안전싱 재입증

3. 3단계: 사용(시공) 단계 – “구조적 안전 시공”
– 현장에 반입된 자재를 조립하고 사용하는 실무 단계
① 구조검토 및 조립도 작성: 조립 전 전문기술사의 구조계산을 거쳐 하중을 견딜 수 있는 설치 간격 등을 명시한 조립도 작성
② 설치 전 점검 및 부적격품 반출설치 전 점검 및 부적격품 반출
③ 시공 상세 준수: 작성된 조립도에 따라 수직도 유지, 벽연결 철물 설치, 잭베이스 수평 조절 등 철저히 이행
④ 안전 점검 생활화: 콘크리트 타설 전/후, 강풍/강우 후에는 연결 부위의 풀림이나 지반 침하 여부를 반드시 재점검</td></tr>
<tr><td>Tip</td><td>▶ 가설기자재의 중점 안전관리
<table><tr><th>단계</th><th>핵심 관리</th><th>안전 대책</th></tr><tr><td>생산</td><td>원천 안전</td><td>KCs 인증 준수 및 품질시험 철저</td></tr><tr><td>유통</td><td>성능 유지</td><td>재사용 가설재의 엄격한 선별 및 폐기 기준</td></tr><tr><td>사용</td><td>절차 준수</td><td>구조검토에 따른 시공 및 관리감독 강화</td></tr></table></td></tr>
<tr><td>비고</td><td>▶ Hazard 제거는 생산단계/ Risk 통제는 유통단계 / Accident 예방은 사용단계</td></tr>
</table>

질문 5.	◆ 가설재 제작 임대업체 사용자별 준수사항에 대하여 설명하세요.(10.11회 기출문제)
출처	산업안전보건법 제84조 안전인증・자율안전확인신고의 절차에 관한 고시 제2022-69호
답	가설재는 제작 → 임대(유통) → 사용 전 과정에서 관리가 이루어져야 하며, 각 주체별 역할 준수가 이루어질 때 붕괴・추락재해를 예방할 수 있다. ▷ **가설재 제작 임대업체 사용자별 준수사항** 1. 제작자(제조업체) 준수사항 ① 안전인증 및 규격 준수 – 안전인증(KCs) 대상은 인증 취득 후 생산/ KS 및 설계기준에 적합하게 제작 ② 품질관리 및 시험 – 원자재 검사 및 공정 품질관리 실시/ 하중・압축・휨시험 등 성능시험 수행 ③ 표시사항 부착 – 제조자명, 규격, 제조연월, 인증표시 명확히 표시/ 추적 가능한 제품 이력관리 ④ 결함방지 및 출하검사 – 용접불량, 변형, 균열 등 결함 제거/ 출하 전 검사 실시 2. 임대업자(유통업체) 준수사항 ① 적합품 확보 및 관리 – 인증품 및 성능 적합품만 보유・임대/ 불량품, 기준 초과품 폐기 ② 입・출고 점검 : 반입 시 상태 확인/ 반출 전 변형, 균열, 부식 등 점검 ③ 보관 및 정비 : 필요 시 수리・정비 실시 ④ 이력관리 : 사용횟수, 사용기간 등 관리/ 반복 사용에 따른 성능 저하 관리 3. 사용자(시공자 및 근로자) 준수사항 ① 반입 시 검수 철저 – KCs 인증 마크 확인 및 외관상 변형이 있는 자재는 수령을 거부하고 즉시 반출 조치 ② 설치기준 준수 : 설계도서 및 시방서에 따라 설치 ③ 하중 및 작업관리 : 허용하중 준수 ④ 작업 중 점검 및 유지관리 – 정기점검 실시 / 이상 시 즉시 보강 또는 교체 ⑤ 해체 및 재사용 관리 – 해체 시 손상 방지/ 재사용 전 성능 확인
Tip	▶ 가설재 사용자별 중점관리 <table><tr><td>단계</td><td>핵심 관리</td><td>관리 목적</td></tr><tr><td>제작</td><td>KCs 인증</td><td>원천적 안전 성능 확보</td></tr><tr><td>임대</td><td>선별 및 폐기</td><td>재사용 시 성능 저하 방지</td></tr><tr><td>사용</td><td>조립도 준수</td><td>설계준수 및 사전점검</td></tr></table>
비고	▶ 가설재 안전관리는 제작(품질확보)-임대(불량차단)-사용(적정설치 및 관리)의 단계별 책임 이행을 통해 붕괴・추락재해를 예방하는 것이다.

질문 6.	◆ 가설기자재 9종의 종류와 성능기준, 시험방법에 대하여 설명하세요.(10회 기출문제)
출처	산업안전보건법 제84조 방호장치 안전인증 고시 제2021-22호 KOSHA 안전인증 공고

답

▷ **가설기자재 9종별 성능기준 및 시험방법**

1. 가설기자재 종류 및 성능기준

품목	성능기준
① 파이프 서포트	압축하중
② 강관비계용 부재	인장 및 결속력
③ 틀형 비계용 부재	비계 전도 방지
④ 시스템 비계용 부재	추락 및 붕괴 방지
⑤ 이동식 비계용 부재	제동 및 전도 방지
⑥ 작업발판	휨 및 처짐 강도
⑦ 조임철물 (클램프)	미끄럼 저항
⑧ 받침철물 (베이스)	하부 지지 내력
⑨ 조립식 안전난간	수평하중 저항

2. 시험방법

① 압축시험(서포트, 받침철물 등) : 부재 좌굴 확인

② 휨시험(작업발판) : 발판 처짐 확인

③ 인장시험(비계 부재, 클램프 등) : 연결부 강도 확인

④ 반복 충격시험(이동식 바퀴) : 부품이탈, 브레이크 마모 확인

Tip

▶ 가설기자재 안전인증 대상품목 (KOSHA 안전인증 공고)

1. 안전인증(11종)

– 파이프서포트, 틀형 동바리용부재, 시스템 동바리용 부재, 강관비계용 부재, 틀형 비계용 부재, 시스템 비계용 부재, 이동식 비계용 부재, 작업발판, 조임철물, 받침철물, 조립식 안전난간

2. 자율안전확인신고(8종 8품목)

– 선반지주, 단관비계용 강관, 고정형 받침철물, 달기체인, 달기틀, 방호선반, 엘리베이터 개구부용 난간틀, 측벽용 브래킷

비고

질문 7.	◆ 가설구조물에 작용하는 하중의 종류에 대하여 설명하세요.(8회 기출문제) ◆ 비계, 거푸집동바리 등 가설구조물 설계시 작용하는 하중의 종류에 대해 설명하세요. (9회 기출문제)
출처	KDS 21 60 00 비계 및 안전시설물 설계기준 KDS 21 50 00 거푸집 및 동바리 설계기준

답

가설구조물 설계 시 고려해야 하는 하중은 크게 수직하중, 수평하중, 특수하중으로 나뉩니다.

▷ **가설구조물에 작용하는 하중의 종류**

분류	세부	비고
연직하중	고정하중(D.L), 작업하중(L.L)	구조물 자체 무게 및 작업자/장비 무게
수평하중	풍하중, 콘크리트 측압	바람, 타설 시 압력, 장비 이동 등
특수하중	편심하중, 진동하중, 지진/설하중, 양압력	지역적 특성이나 특수 공법 적용 시

▷ **비계 설계 시 작용하는 하중**

– 수평하중 + 풍하중 지배

① 연직하중 : 고정하중 + 작업하중

② 수평하중

③ 풍하중

④ 특수하중

▷ **거푸집 동바리 설계 시 작용하는 하중**

– 수직하중 + 집중하중 지배

① 연직하중 : 고정하중 + 작업하중(장비하중,충격하중 포함)

② 콘크리트 측압 : 타설속도와 온도가 핵심 변수

③ 수평하중 및 풍하중

④ 특수하중 : 편심하중

Tip

▶ 비계 vs 동바리 비교

구분	비계	동바리
지배하중	작업하중 + 풍하중	콘크리트 장중
수평하중	5% 적용	최소수평하중 별도
특수하중	부착물 관련(브래킷, 양중기, 방지망)	타설 관련(편심타설, 역타설 주입압)
위험	전도	좌굴
특징	충실률 영향 큼	타설하중 영향 큼

비고

▶ 설계 시 유의사항 및 안전대책

① 하중조합(Load Combination): 각 하중을 따로 보는 것이 아니라, '고정+작업+풍하중'처럼 동시에 작용할 때의 최악의 상황을 검토해야 합니다.

② 부등침하 예방: 동바리 하부 지반의 지지력이 부족할 경우 하중이 한쪽으로 쏠려 붕괴할 수 있으므로 지반 보강이나 밑받침 철물 사용이 필수적입니다.

③ 구조검토 대상 : 높이 31m이상인 비계, 높이 5m 이상인 동바리 등은 반드시 관계 전문기술사(건축구조 또는 토목구조)의 확인을 받아야 합니다.

질문 8.	◆ 가설재 설계시 하중에 대하여 거푸집 동바리를 중심으로 설명하세요.(10회 기출문제)
출처	KDS 21 50 00 거푸집 및 동바리 설계기준
답	거푸집 동바리는 굳지 않은 콘크리트의 엄청난 하중과 타설 시 발생하는 동적 충격을 버텨야 하므로, 다음 5가지 하중 조합에 대한 구조 검토가 필수입니다. ▷ **거푸집 및 동바리 설계 시 검토 하중** 1. 연직하중 (Vertical Load) – 수직 지지력 결정동바리(지주)의 간격과 본수를 결정하는 가장 큰 힘 ① 고정하중 (Dead Load): 철근 콘크리트의 무게 + 거푸집 자체 무게 ② 작업하중 (Live Load): 작업원, 경량 장비, 자재 적치 하중 ③ 충격하중: 콘크리트 낙하 및 타설 시 발생하는 동적 하중 2. 수평하중 (Horizontal Load) – 전도 및 좌굴 방지 – 동바리가 옆으로 밀려 붕괴하는 것을 막기 위해 가새(Bracing)를 설계하는 기준 3. 콘크리트 측압 (Lateral Pressure) – 거푸집 터짐 방지 4. 풍하중 (Wind Load) – 외부 노출 시 검토 – 고층 건축물이나 교량 공사처럼 외부로 노출된 거푸집 동바리에 작용 5. 편심하중 (Eccentric Load) – 불균형 하중 검토 – 콘크리트 타설 시 한쪽부터 채워지거나, 경사진 곳에 설치될 때 발생하는 비대칭 하중 – 타설 순서 준수가 중요한 이유
Tip	
비고	▶ 대부분의 동바리 붕괴는 연직하중 부족보다 측압에 의한 거푸집 터짐이나 편심하중에 의한 지주 좌굴에서 시작된다

질문 9.	◆ 산업안전보건기준에 관한 규칙상 통로의 설치 및 유지기준, 가설통로 설치 시 준수사항에 대하여 설명하세요.(14회 기출문제) ◆ 산업안전보건기준에 관한 규칙상 가설통로 설치 시 준수사항과 설치각도에 따른 가설통로의 종류에 대하여 설명하세요.(8.13.14.15회 기출문제) ◆ 가설통로의 종류 및 각도에 따른 설치방법에 대하여 설명하세요.(10.11회 기출문제)
출처	산업안전보건기준에 관한 규칙 제23조 – 제28조
답	(아래 참조)
Tip	
비고	

답

가설통로는 근로자의 이동 중 추락·전도·낙하재해를 예방하기 위한 임시 통로로서, 구조적 안전성과 이동 안전성을 확보하도록 설치하여야 한다.

▷ **통로의 설치 및 유지기준**

1. 통로 조명 : 75럭스(lux) 이상의 채광 또는 조명 시설을 설치(단, 휴대의 경우에는 예외)
2. 상시 가동성 : 안전한 통로 설치하고 항상 사용할 수 있는 상태 유지
3. 장애물 제거 : 높이 2m 이내에는 통행에 방해되는 장애물이 없도록 할 것

▷ **가설통로의 설치 시 준수사항**

① 견고한 구조로 할 것
② 경사는 30도 이하로 할 것. 다만, 계단을 설치하거나 높이 2m 미만의 가설통로로서 튼튼한 손잡이를 설치한 경우에는 그러하지 아니하다.
③ 경사가 15도를 초과하는 경우에는 미끄러지지 아니하는 구조로 할 것
④ 추락할 위험이 있는 장소에는 안전난간을 설치할 것. 다만, 작업상 부득이한 경우에는 필요한 부분만 임시로 해체할 수 있다.
⑤ 수직갱에 가설된 통로의 길이가 15m 이상인 경우에는 10m 이내마다 계단참을 설치할 것
⑥ 건설공사에 사용하는 높이 8m이상인 비계다리에는 7m 이내마다 계단참을 설치할 것

▷ **설치 각도에 따른 가설통로의 종류 및 설치 방법**

가설통로 종류	설치 각도	설치방법
수평 통로	0°	폭: 90cm 이상
경사 통로	30° 이하	15°>미끄럼막이, 7m 이내마다 계단참
계단식 통로	30°– 60°	폭: 1m 이상, 3m 이내마다 계단참(하중 500kg/㎡ 견딜 것),
사다리식 통로 (이동식)	60° 이상 – 75°	상단 60cm 이상 돌출
고정식 사다리식 통로	75°– 90°이하	높이 7m 이상 시 등받이울

질문 10.	◆ 가설공사 표준안전작업지침상 가설경사로 설치기준에 대해 설명하세요.(15회 기출문제)
출처	가설공사 표준안전 작업지침 제14조
답	▷ **가설경사로 설치기준** ① 안전설계 : 시공하중, 폭풍, 진동 등 외력에 저항 ② 안전통로 확보 : 항상 정비된 상태 유지 ③ 경사각 : 30° 이내 ④ 폭 : 90cm 이상 ⑤ 계단참 : 높이 7m 이내마다 ⑥ 안전난간 설치 ⑦ 지지기둥 : 3m 이내마다 설치 ⑧ 발판 규격: 폭 40cm 이상, 틈은 3cm 이내로 설치 ⑨ 발판 고정 : 장선에 결속 ⑩ 돌출물 방지 : 못. 철선 등 발에 걸리지 않도록 처리 ⑪ 미끄럼막이 : 경사각에 따라 적절한 간격의 미끄럼막이 설치 ⑫ 미송, 육송 그 이상의 재질 사용
Tip	▶ 외력에 대한 구조 안전, 미끄럼 방지, 난간 설치, 발판 고정, 정비 및 유지관리
비고	▶ 가설경사로는 경사 30° 이하, 폭 90cm 이상으로 설치하고, 미끄럼방지・안전난간・지지구조 및 발판 고정을 통해 전도・추락재해를 예방하도록 관리하여야 한다.

질문 11.	◆ 산업안전보건기준에 관한 규칙상 계단, 계단참 설치기준에 대해 설명하세요.(15회 기출문제)
출처	산업안전보건기준에 관한 규칙 제26조 – 제30조
답	▷ **계단 및 계단참 설치기준** 1. 계단의 강도 ① 하중 500kg/㎡견딜 것 ② 안전율 4이상(파괴응력도와 허용응력도의 비율) 2. 계단 폭 ① 1m 이상 ② 예외 : 급유용・보수용・비상용 계단 및 나선형 계단이거나 높이 1m 미만의 이동식 계단 ③ 계단 손잡이 외 물건 설치 및 적치 금지 3. 계단참 – 높이가 3m 초과하는 계단 : 3m 이내마다 진행방향으로 길이 1.2m 이상의 계단참 설치 4. 계단 천장높이 – 바닥면으로부터 높이 2m 이내에 장애물이 없도록 설치 예외 : 급유용・보수용・비상용 계단 및 나선형 계단 5. 난간 – 높이 1m 이상인 계단의 개방된 측면에 설치
Tip	
비고	

질문 12.	◆ 사다리식 통로 설치 시 준수사항에 대해 설명하세요.(14.15회 기출문제)
출처	산업안전보건기준에 관한 규칙 제24조
답	▷ **사다리식 통로 설치 시 준수사항** 1. 일반 사다리식 통로 ① 견고한 구조로 할 것 ② 심한 손상·부식 등이 없는 재료를 사용할 것 ③ 발판의 간격은 일정하게 할 것 ④ 발판과 벽과의 사이는 15센티미터 이상의 간격을 유지할 것 ⑤ 폭은 30센티미터 이상으로 할 것 ⑥ 사다리가 넘어지거나 미끄러지는 것을 방지하기 위한 조치를 할 것 ⑦ 사다리의 상단은 걸쳐놓은 지점으로부터 60센티미터 이상 올라가도록 할 것 ⑧ 사다리식 통로의 길이가 10미터 이상인 경우에는 5미터 이내마다 계단참을 설치할 것 ⑨ 사다리식 통로의 기울기는 75도 이하로 할 것. 다만, 고정식 사다리식 통로의 기울기는 90도 이하로 하고, 그 높이가 7미터 이상인 경우에는 다음 각 목의 구분에 따른 조치를 할 것 가. 등받이울이 있어도 근로자 이동에 지장이 없는 경우: 바닥으로부터 높이가 2.5미터 되는 지점부터 등받이울을 설치할 것 나. 등받이울이 있으면 근로자가 이동이 곤란한 경우: 한국산업표준에서 정하는 기준에 적합한 개인용 추락 방지 시스템을 설치하고 근로자로 하여금 한국산업표준에서 정하는 기준에 적합한 전신안전대를 사용하도록 할 것 ⑩ 접이식 사다리 기둥은 사용 시 접혀지거나 펼쳐지지 않도록 철물 등을 사용하여 견고하게 조치할 것 2. 잠함 내 사다리식 통로와 건조·수리 중인 선박의 구명줄이 설치된 사다리식 통로 ① 견고한 구조로 할 것 ② 심한 손상·부식 등이 없는 재료를 사용할 것 ③ 발판의 간격은 일정하게 할 것 ④ 발판과 벽과의 사이는 15센티미터 이상의 간격을 유지할 것
Tip	
비고	

<table>
<tr><td>질문 13.</td><td>◆ 산업안전보건기준에 관한 규칙상 이동식 사다리 설치기준에 대해 설명하세요.(15회 기출문제)
◆ 이동식사다리 사용하여 작업 시 준수사항에 대해 설명하세요.(14회 기출문제)</td></tr>
<tr><td>출처</td><td>산업안전보건기준에 관한 규칙 제42조</td></tr>
<tr><td>답</td><td>▷ 이동식 사다리 설치기준
① 구조적 조건: 3개 이상의 버팀대를 갖춘 안정적인 구조(A형 사다리 등)일 것.
② 전도 방지 조치 (택 1 이상)
가. 견고한 시설물에 사다리를 고정
나. 아웃트리거(전도방지용 지지대) 설치 또는 부착 제품 사용
다. 하부에서 다른 근로자가 지지 (2인 1조)
③ 바닥 상태: 반드시 평탄하고 견고하며 미끄럽지 않은 바닥에만 설치할 것

▷ 이동식 사다리 사용하여 작업 시 준수사항
작업발판 및 추락방호망을 설치하기 곤란한 경우 3개 이상의 버팀대를 갖춘 이동식 사다리를 사용하여 다음의 기준을 준수해야 합니다.
① 지면조건: 바닥면은 평탄하고 견고하며 미끄럽지 않은 곳에 설치
② 넘어짐 방지 조치(택 1 이상)
가. 견고한 시설물에 고정
나. 아웃트리거(전도방지용 지지대) 설치 또는 부착 제품 사용
다. 다른 근로자가 지지 (2인 1조 작업)
③ 최대사용하중 준수 : 제조사가 정하여 표시한 하중 초과하지 말 것
④ 작업 높이 : 바닥면에서 높이 3.5미터 이하의 장소에서만 작업할 것
⑤ 작업위치 : 사다리 최상부 발판 및 그 하단 디딤대에 올라서서 작업금지(높이 1m 이하 사다리는 제외)
⑥ 안전모 착용
– 작업 높이가 2미터 이상인 경우에는 안전모와 안전대를 함께 착용할 것
⑦ 사전점검 : 사용 전 변형 및 이상 유무 등을 점검, 이상 발견 시 수리 또는 폐기할 것</td></tr>
<tr><td>Tip</td><td></td></tr>
<tr><td>비고</td><td></td></tr>
</table>

<table>
<tr><td>질문 14.</td><td>◆ 비계의 재료, 작업발판 최대적재하중, 작업발판의 구조에 대해 설명하세요.(14회 기출문제)
◆ 높이 2미터 이상 작업 시 작업발판 설치기준에 대하여 설명하세요.(8.9.10.11회 기출문제)</td></tr>
<tr><td>출처</td><td>산업안전보건기준에 관한 규칙 제54조–제56조</td></tr>
<tr><td>답</td><td>비계는 근로자가 고소작업을 수행하기 위한 가설구조물로 높이 2미터 이상인 작업 시에는 작업발판을 설치해야 한다.

▷ 비계의 재료
비계 재료는 변형, 부식 또는 심한 손상이 없는 것을 사용해야 하며, 한국산업표준에서 정하는 기준 이상의 것의 강관을 주로 사용한다.

▷ 작업발판 최대적재하중
– 사업주는 비계의 구조 및 재료에 따라 작업발판의 최대적재하중을 정하고, 이를 초과하여 실어서는 안 된다. 일반적으로 작업발판의 허용 적재하중 : 400kg/㎡ 이하

▷ 작업발판의 구조(높이 2m 이상 작업 시 작업발판 설치기준)
① 작업 하중을 견딜 수 있는 견고한 발판재료 사용
① 폭은 40센티미터 이상, 발판재료 간 틈은 3센티미터 이하로 할 것
② 선박블록 또는 엔진실 등의 좁은 작업공간에 작업발판의 폭은 30센티미터 이상으로 할수 있다. 걸친비계는 발판재료 간 틈새를 5cm 이하로 할수 있다. 그 틈 사이로 물체 등이 떨어질 우려가 있는 곳에는 출입금지 등의 조치를 하여야 한다.
③ 안전난간을 설치할 것
④ 작업발판의 지지물은 하중에 의하여 파괴될 우려가 없는 것을 사용할 것
⑤ 둘 이상의 지지물에 연결하거나 고정시킬 것
⑥ 작업발판을 작업에 따라 이동시킬 경우에는 위험 방지에 필요한 조치를 할 것</td></tr>
<tr><td>Tip</td><td>▶ 작업발판의 폭과 틈새 기준
<table><tr><td>구분</td><td>일반 기준</td><td>예외 기준</td></tr><tr><td>작업발판 폭</td><td>40cm 이상</td><td>30cm 이상</td></tr><tr><td>발판 틈</td><td>3cm 이하</td><td>5cm 이하</td></tr><tr><td>적용</td><td>일반 건설작업</td><td>선박건조, 걸침비계</td></tr></table></td></tr>
<tr><td>비고</td><td>▶ 높이 2m 이상의 고소 작업은 추락 시 치명적인 결과를 초래하기 때문에, 작업발판은 단순 임시구조물이 아니라 작업자의 생명을 지지하는 안전 구조물로 인식하여 산업안전보건기준에 관한 규칙에 따라 엄격한 작업발판 설치 기준을 준수해야 합니다.</td></tr>
</table>

질문 15.	◆ 가설비계 조립 시 준수사항에 대하여 설명하세요.(8회 기출문제) ◆ 5m 이상 비계조립, 해체하거나 변경하는 작업을 하는 경우 준수사항에 대해 설명하세요. (15.13회 기출문제)
출처	산업안전보건기준에 관한 규칙 제57조
답	가설비계의 조립 및 해체 작업은 고소 작업 중에서도 사고 위험이 가장 높은 공정 중 하나입니다. 붕괴 및 근로자 추락재해를 방지하기 위하여 구조적 안정성과 작업안전을 확보하도록 조립하여야 한다. ▷ **비계 등의 조립·해체 및 변경 작업 시 준수사항** ① 관리감독자 지휘 ② 작업내용 사전 주지 ③ 작업구역 출입통제 ④ 악천후 시 작업중지 ⑤ 연결·해체 작업 중에는 폭 20cm 이상 발판 설치, 안전대 착용 등 추락방지조치 병행 ⑥ 달줄·달포대 등 사용하여 자재 인양
Tip	▶ **비계 조립·해체 및 변경 작업 시 현장 점검사항** ① 조립·해체 작업 전 작업계획서와 시공 순서서 존재 여부 확인 ② 관리감독자 배치 및 지휘 체계 작동 여부 ③ 출입 통제조치 현장 부착 여부 및 외부인의 통제 실효성 점검 ④ 폭 20cm 이상 발판 설치 여부 및 안전대 부착설비 확보 ⑤ 자재 인양 시 로프 대신 직접 들고 오르내리는 등 위험행위 차단 ⑥ 강관비계가 외줄인지 쌍줄인지 확인, 외줄 시 별도 작업발판 확인 필요 ▶ **비계 조립·해체 및 변경 후 점검사항** ① 발판 재료의 손상 여부 및 부착 또는 걸림 상태 ② 해당 비계의 연결부 또는 접속부의 풀림 상태 ③ 연결 재료 및 연결 철물의 손상 또는 부식 상태 ④ 손잡이의 탈락 여부 ⑤ 기둥의 침하, 변형, 변위(變位) 또는 흔들림 상태 ⑥ 로프의 부착 상태 및 매단 장치의 흔들림 상태
비고	▶ 비계 해체작업 시 가장 빈번하게 발생하는 사고는 벽이음 임의 해체와 안전대 미착용 때문입니다. 특히 외벽 마감 작업을 위해 벽이음을 제거해야 할 때는 반드시 대체 고정 장치를 마련한 후 관리감독자의 승인 하에 진행해야 한다.

질문 16.	◆ 기상악화로 작업 중지 후 비계의 점검사항에 대해 설명하세요.(13회 기출문제) ◆ 가설비계 조립 중 폭풍우로 인해 작업을 중지 한 후 작업 재개 시 점검해야할 사항에 대해 설명하세요.(8.9회 기출문제)
출처	산업안전보건기준에 관한 규칙 제58조
답	기상악화(폭풍, 폭우, 폭설 등)로 인하여 비계 조립 작업이 중단되었다가 작업을 재개할 때, 구조적 결함으로 인한 붕괴나 추락 사고를 예방하기 위해 반드시 실시해야 하는 점검사항입니다. ▷ **비계의 점검사항** ① 발판 재료의 손상 여부 및 부착 또는 걸림 상태 ② 해당 비계의 연결부 또는 접속부의 풀림 상태 ③ 연결 재료 및 연결 철물의 손상 또는 부식 상태 ④ 손잡이의 탈락 여부 ⑤ 기둥의 침하, 변형, 변위(變位) 또는 흔들림 상태 ⑥ 로프의 부착 상태 및 매단 장치의 흔들림 상태 ▷ **점검 시기** ① 비계를 조립·해체한 후 작업 시작 전 ② 비계를 변경한 후에 작업 시작 전 ③ 기상악화 후 작업 재개 전
Tip	▶ **기상악화 또는 비계 변경 후 점검 필요성** 1. 기상악화 후 작업재개 시 위험 ① 지반 약화에 따른 침하 위험 ② 강풍에 의한 구조부 이완 위험 ③ 작업발판 및 안전시설 이탈 위험 2. 비계 조립·해체 또는 변경 후 위험 ① 구조적 강성 저하 – 비계 부재를 일부 해체하거나 변경하면 전체 구조 강성 및 안정성이 약화 ② 연결부 안전성 저하 – 조립 또는 변경 과정에서 클램프 및 연결철물의 체결 불량이 발생 ③ 구조 불균형 발생 가능성 – 부재 배치 변경으로 인해 하중 전달 체계가 변화
비고	▶ 기상악화 후에는 지반 침하, 연결부 이완, 작업발판 이탈 등의 위험이 발생할 수 있으며, 비계를 조립·해체 또는 변경한 경우에는 구조 강성 저하 및 연결부 체결 불량 등의 위험이 발생할 수 있으므로 작업 재개 전에 비계의 구조적 안전성을 점검하여야 한다.

<table>
<tr><td>질문 17.</td><td>◆ 강관비계 구조에 대해 설명하세요.(12회 기출문제)
◆ 강관비계 조립 시 준수사항과 강관비계 구조에 대해 설명하세요.(13회 기출문제)</td></tr>
<tr><td>출처</td><td>산업안전보건기준에 관한 규칙 제59조, 제60조</td></tr>
<tr><td>답</td><td>강관비계는 강관을 주재료로 하여 기둥, 띠장, 장선, 가새 등으로 구성되는 가설구조물로서 근로자의 작업발판을 지지하고 작업공간을 확보하기 위해 설치하는 구조물이다.

▷ 강관비계 조립 시 준수사항
① 비계기둥 하부 받침조치(밑둥잡이) : 밑받침철물 또는 깔판·받침목 사용
② 강관 접속부 결속
③ 교차 가새 설치
④ 벽이음 및 버팀 설치
– 5m x 5m
– 강관·통나무 등의 재료를 사용
– 인장재와 압축재로 구성된 경우에는 인장재와 압축재의 간격을 1미터 이내로 할 것
⑤ 가공전로 접촉 방지

▷ 강관비계 구조
① 기둥 간격 : 띠장 방향: 1.85m 이하, 장선 방향: 1.5m 이하
② 띠장 간격 : 2.0m 이하
③ 상부로부터 31m 지점 이하 기둥은 강관 2개 묶음 설치
④ 기둥 간 적재하중은 400kg 이하로 제한</td></tr>
<tr><td>Tip</td><td>▶ 2개 강관 묶음 설치 이유
– 하부 기둥에 집중되는 수직 하중(무게)을 견디고 좌굴(Buckling) 현상을 방지하기 위함.

▶ 기둥 하부 받침조치
<table><tr><th>구분</th><th>목적</th><th>방법</th><th>결과</th></tr><tr><td rowspan="2">내용</td><td>미끄럼 방지</td><td>밑받침철물</td><td rowspan="2">밑둥잡이 설치</td></tr><tr><td>침하방지</td><td>깔판, 받침목</td></tr></table></td></tr>
<tr><td>비고</td><td>▶ 비계 높이가 증가할수록 하부 기둥에 상부 하중이 집중되어 축압축력 및 좌굴 위험이 증가하므로, 비계기둥의 제일 윗부분으로부터 31m 지점 이하 기둥을 강관 2개로 묶어 설치하여 구조적 강성과 안정성을 확보한다.</td></tr>
</table>

<table>
<tr><td>질문 18.</td><td>◆ 강관틀 비계 조립 · 사용 준수사항에 대해 설명하세요.(14회 기출문제)</td></tr>
<tr><td>출처</td><td>산업안전보건기준에 관한 규칙 제62조</td></tr>
<tr><td>답</td><td>강관틀 비계는 규격화된 수직 틀을 조립하여 사용하는 비계로, 조립 속도가 빠르고 견고한 것이 장점입니다. 하지만 잘못 조립할 경우 전체 구조가 무너질 위험이 있어 산업안전보건기준에 관한 규칙 제62조에 따른 준수사항을 반드시 지켜야 합니다.

▷ 강관틀 비계 조립 · 사용 준수사항
1. 기초 안정 확보
– 기둥의 밑받침 철물을 사용, 조절형 밑받침철물을 사용하여 수평 · 수직 유지

2. 주틀 간격 제한
– 높이가 20미터를 초과, 중량물 적재 시 주틀 간의 간격을 1.8미터 이하로 할 것

3. 구조 보강
– 주틀 간에 교차 가새 설치, 최상층 및 5층 이내마다 수평재 설치

4. 전도 방지
– 수직 6미터, 수평 8미터 이내마다 벽이음 설치

5. 좁고 높은 비계의 버팀기둥 설치
– 길이가 띠장 방향으로 4미터 이하이고 높이가 10미터를 초과하는 경우에는 10미터 이내마다 띠장 방향으로 버팀기둥을 설치</td></tr>
<tr><td>Tip</td><td>▶ 구조 보강재 설치 목적
<table><tr><td>구분</td><td>버팀기둥</td><td>벽이음</td><td>수평재</td></tr><tr><td>목적</td><td>세장비 증가 비계 보강</td><td>비계 전도 방지</td><td>비계 강성 확보</td></tr></table></td></tr>
<tr><td>비고</td><td>▶ 강관틀비계는 밑받침철물 설치로 기초 안정성을 확보하고, 주틀 간격 제한, 교차가새 및 수평재 설치, 벽이음과 버팀기둥 설치 등을 통해 구조적 안정성을 확보하여야 한다.</td></tr>
</table>

질문 19.	◆ 달비계 와이어로프의 매듭방식에 대하여 설명하세요.(9회 기출문제)
출처	KOSHA GUIDE C – 33 – 2022 작업의자형 달비계 안전작업 지침
답	달비계는 와이어로프에 의해 작업발판을 매달아 사용하는 비계로서 로프의 이탈 및 풀림을 방지하기 위하여 견고한 매듭방식으로 결속하여야 한다 ▷ **달비계 와이어로프의 매듭방식** ① 8자 매듭 : 가장 보편적이고 안전한 매듭입니다. 설치와 해체가 용이 ② 보울라인 매듭 ③ 에반스 매듭 ④ 옭매듭 : 가장 단순한 형태(마무리용으로 사용) ⑤ 까베스탕 매듭 ⑥ 피셔맨 매듭
Tip	▶ **매듭작업 시 주의사항** ① 매듭방법은 단단하게 조여서 만들어야 한다. ② 매듭은 보통 두 줄이 함께 돌아가게 되는데 서로 엇갈리거나 겹치지 말고 나란히 돌아가야 한다. ③ 매듭의 끝은 항상 옭매듭으로 마무리 ④ 사용 중에도 매듭의 상태는 수시로 점검 ▶ **매듭작업 시 점검사항** ① 여유 길이 – 모든 매듭은 체결 후 로프의 끝부분이 최소 10cm(로프 지름의 5배 이상) 정도 남아야 풀림 사고 방지 ② 꼬임 확인 – 매듭 부위의 로프가 서로 꼬이거나 겹치지 않고 정렬이 잘 되어 있는지 확인해야 제 강도 확보
비고	▶ 재질에 따라 달비계 와이어로프 매듭방식 ① 섬유 로프: 8자, 보울라인 등 매듭법 ② 강제 와이어로프: 클립 및 심블 체결법

질문 20.	◆ 달비계 최대적재하중의 산출근거 및 와이어로프의 안전계수에 대하여 설명하세요. (15회 기출문제)
출처	산업안전보건기준에 관한 규칙 제55조

답

달비계의 최대적재하중과 와이어로프의 안전계수는 작업 중 추락 및 붕괴를 방지하기 위한 핵심 설계 요소로서, 최근에는 일률적인 수치기준에서 벗어나 구조검토에 의한 성능기준으로 관리되고 있다.

▷ **달비계 최대적재하중의 산출근거**

– 달비계의 최대적재하중은 와이어로프, 작업발판, 고정점, 권양장치 및 연결부 등 구성 부재 전체에 대한 구조검토 결과 중 가장 취약한 부재의 허용하중을 기준으로 결정한다.

개정 전	달비계 최대적재하중 = 와이어로프 파단하중 ÷ 10 – 작업대 자중
개정 후	비계의 구조 및 재료 고려한 구조검토에 따라 산정

▷ **달비계 와이어로프의 안전계수**

– 안전계수란 재료의 파단강도를 실제 작용하중으로 나눈 비율

– 과거 10 이상의 기준이 현재는 구조검토를 통해 충분한 강도를 확보하는 성능기준으로 전환

개정 전	안전계수 10 이상 기준 적용
개정 후	특정 수치 규정 없이 구조검토를 통한 성능기준 적용

Tip

▶ **달비계 안전계수 및 적재하중 개정 전·후 비교**

구분	개정 전 (수치 중심)	개정 후 (구조성능 중심)
산출 방식	허용하중 = 파단하중 ÷ 안전계수(10)	P = min(P_all) – W
적용 근거	와이어로프의 안전계수	전 구성부재의 구조적 안전성
법적 기준	안전계수 10 이상 명시	구조 및 재료에 따라 산정
관리가치	단순 규정 이행	구조검토 기반 안전관리

– P : 최대적재하중, min(P_all) : 각 구성부재의 허용하중 중 최소값, W : 작업대 자중

비고

▶ 규정에서 일률적인 수치 기준을 삭제한 것은 형식적인 기준 준수 중심의 안전관리를 탈피하고, 구조 및 재료를 고려한 구조검토를 통해 실질적인 안전성을 확보하도록 하기 위한 것이다.

질문 21.	◆ **시스템비계의 조립 작업 시 준수사항에 대해 설명하세요.(12.13.15회 기출문제)** ◆ **고층건물 외부의 시스템비계 설치 시 안전조치 사항에 대하여 설명하세요.(11회 기출문제)**
출처	산업안전보건기준에 관한 규칙 제70조
답	부재를 공장에서 제작하고 현장에서 조립하여 사용하는 조립형 비계로 빠른 조립성과 반복 사용성이 장점이다. 고층건물 외부 시스템비계는 높이 증가에 따른 풍하중, 구조 불안정, 추락 및 낙하재해 위험이 증가하므로 강화된 구조적 안정성 확보가 핵심 ▷ **시스템비계의 조립 작업 시 준수사항** ① 기초 보강 및 수평·수직 유지 　– 기둥 밑둥에 밑받침 철물 설치, 조절형 밑받침 철물 사용 ② 경사진 바닥에는 피벗형 받침 철물, 쐐기 사용 ③ 가공전로와의 접촉 방지 　– 근접 시 이설 또는 절연용 방호구 설치 ④ 지정된 통로 사용 주지 ⑤ 동일 수직면 위아래 동시 작업 금지 ⑥ 제조사 규정 준수, 최대적재하중 표지판 부착·주지 ▷ **고층건물 외부의 시스템비계 설치 시 안전조치 사항** 1. 지반 및 기초 보강 (수직 하중 대응) 2. 강성 벽이음(Wall Tie) 및 가새 보강 (전도 방지)조치 3. 낙하물 비래사고 예방 : 수직보호망 + 낙하물방지망 설치 4. 고층 특화 관리 사항 　① 구조검토서 준수 　② 기상 상태 모니터링 　③ 안전대를 체결할 수 있도록 수직·수평 구명줄을 설치
Tip	▶ **높이 증가에 따른 관리중점사항** (see table below)
비고	▶ 시스템 비계 조립시 가장 기초가 되는 사항으로 지반과 작업환경에 집중 관리 고층건물 외부 설치 시 높이에 따른 수직하중 및 풍하중 대응책이 필요 초고층은 작은볼트 하나가 살상 무기가 되므로 낙하물 특별관리책 필요

Tip — ▶ **높이 증가에 따른 관리중점사항**

구분	기본 조립 (제70조)	고층 건물	초고층 건물
주요 위험	전도, 추락	풍하중, 구조 붕괴	강풍(돌풍), 낙하물 비래
핵심 대책	수평·수직, 통로 확보	벽이음 강화, 가새 보강	구조계산, 시스템 폼 연동
관리 중점	작업자 행동 수칙	부재의 결속력(HW)	기상 모니터링 및 특수 공법

질문 22.

- **가설도로 이용 시 준수사항에 대해 설명하세요.(14회 기출문제)**
- **가설공사 표준안전작업지침상 가설도로를 설치하여 사용 시 준수사항에 대하여 설명하세요.(15회 기출문제)**

출처

가설공사 표준안전 작업지침 제25조

답

가설도로는 건설현장에서 건설기계 및 차량의 안전한 이동을 위하여 임시로 설치하는 도로로서, 전도·충돌 및 협착 위험요인이 상존한다.

가설공사 표준안전작업지침에서는 장비의 하중과 현장의 지형적 특성을 고려하여 매우 구체적인 설치 및 관리 기준을 제시하고 있습니다.

▷ **가설도로를 설치하여 사용 시 준수사항**

① 도로의 표면은 장비 및 차량이 안전운행할 수 있도록 유지·보수
② 진입로, 경사로는 차량통행에 지장이 없도록 설치
③ 도로와 작업장 높이차 있을 시 바리케이트, 연석을 설치하여 차량 사고 방지
④ 도로 중앙부를 약간 높게하거나 배수시설 설치
⑤ 운반로는 적합한 도로 폭 유지, 커브는 도로폭보다 좀더 넓게 설치
⑥ 커브 구간 차량의 속도 제한
⑦ 최고 허용경사도는 10퍼센트 이하로 제한
⑧ 필요한 전기시설과 신호수, 표지판, 바리케이트, 노면표지 등 교통 안전시설 설치
⑨ 비산먼지 방지를 위해 살수, 겨울철 제설작업 실시

Tip

▶ **가설도로 설치 시 준수사항**(산업안전보건기준에 관한 규칙 제379조)

1. 도로는 장비와 차량이 안전하게 운행할 수 있도록 견고하게 설치할 것
2. 도로와 작업장이 접하여 있을 경우에는 울타리 등을 설치할 것
3. 도로는 배수를 위하여 경사지게 설치하거나 배수시설을 설치할 것
4. 차량의 속도제한 표지를 부착할 것

▶ **가설도로 중점 관리사항**

구분	주요 준수사항	핵심 목적
배수 및 노면관리	배수로 설치 및 지반 다짐	도로 붕괴 및 장비 전도 방지
안전 시설	가드레일, 스토퍼, 표지판	추락 및 충돌 사고 예방
운행 관리	신호수 배치, 제한속도 준수	작업자(보행자) 안전 확보
유지 관리	살수 실시, 강우 후 점검	환경 및 구조적 안정성 유지

비고

▶ 가설도로에서는 배수로가 지반의 강성을 결정합니다. 물이 고이면 지반이 연약해지면서 사고가 나기 때문입니다. 지반의 지지력 확보와 노면의 평탄성 유지, 방호시설 설치, 교통관리 및 유지관리를 통해 건설기계 및 차량의 안전한 통행이 가능하도록 설치·관리하여야 한다.

질문 23.	◆ 건설공사 가설전기에 대하여 설명하세요.(8회 기출문제)
출처	산업안전보건기준에 관한 규칙 제301조-제304조, 제313조
답	건설공사 가설전기란 건설현장에서 공사 수행에 필요한 전력을 공급하기 위하여 공사기간 동안 임시로 설치하여 사용하는 전기설비를 말합니다. 주로 전동공구, 건설기계, 조명설비 등에 전력을 공급하기 위해 설치됩니다. ▷ **가설전기의 주요 구성** ① 수전설비 : 전력 공급을 받는 설비 ② 배전설비(분전반) : 전력을 각 작업장에 분배 ③ 배선설비 : 케이블 및 전선 ④ 접지설비 : 감전 예방 ⑤ 누전차단기 : 누전 발생 시 전원 차단 ▷ **가설전기 설치 시 안전조치** ① 분전반 및 배전반 - 외함 접지(누전 시 감전예방) - 잠금장치, 위험표지판부착, 침수방지 ② 누전차단기(ELB) : 모든 분전반에 설치 ③ 가설배선 - 전선 절연상태 유지 - 전선 보호조치 및 매설 보호 ④ 습윤 장소 감전방지 조치
Tip	▶ **가설전기 작업 시 준수사항** ① 이동형 코드선 : 감겨있는 상태로 사용하면 저항에 의한 열로 화재 위험이 있으므로 전선을 완전히 풀어서 사용 ② 접지형 플러그사용 ③ 젖은 손 작업금지 ④ 임시 조명은 보호망 씌워 파손방지
비고	▶ 가설전기는 임시 설비이므로 감전・누전・화재 위험이 높아 누전차단기 설치, 접지, 배선 보호 등 안전기준에 따라 설치 및 관리하여야 한다

질문 24. ◆ **전기배선 및 이동전선 위험방지 조치에 대해 설명하세요.(14.15회 기출문제)**

출처 산업안전보건기준에 관한 규칙 제313조–제317조

답

건설현장의 가설배선 및 이동전선은 작업 특성상 피복 손상에 의한 감전 및 화재 위험이 매우 높습니다. 이에 위험방지 조치에 대해 답변드리겠습니다.

▷ **전기배선 및 이동전선 위험방지 조치**

1. 전선의 절연 유지
2. 전선의 보호조치
   - 전선보호관 설치 및 매설 또는 가설지지대 설치
3. 습윤 장소 사용 제한
   - 물기가 있는 장소에서는 절연 상태가 양호한 전선 사용
   - 감전방지를 위해 누전차단기를 설치
4. 전선 연결부 관리
   - 접속부 노출방지
   - 절연테이프 등으로 절연처리
5. 이동전선 관리
   - 이동전선은 사용 전 피복의 손상, 이음매의 절연 상태 등시 점검
   - 손상된 경우 즉시 교체
   - 이동전선과 연결 기구(플러그, 커넥터)는 접지형 사용
   - 전선 릴(Reel) : 전선의 저항에 의한 과열 및 화재를 방지하기 위해 전선을 완전히 풀어서 사용하도록 관리

Tip

▶ **전기배선 및 이동전선 위험방지 핵심조치 사항**

구분	주요 준수사항	핵심 목적
가설배선	공중 가설 및 절연 방호관 설치	물리적 손상 및 지락 사고 방지
이동전선	릴선 완전 전개 및 접지형 플러그 사용	과열 화재 및 감전 예방
접속부	노출 충전부 절연 처리 및 방수 조치	단락 사고 및 습기 유입 차단

비고

▶ 시스템의 가장 약한 연결부(접속점)나 손상된 피복 지점이 전체 시스템의 안전성을 결정하기 때문에 현장 지도 시, 육안 점검뿐만 아니라 누전차단기(ELB)의 정격 감도 전류(30mA)와의 연계 확인이 실무적으로 가장 중요합니다.

2. 건설기계

분류	질문번호	회차	질문내용
1. 총칙	1	8	건설현장에서 건설기계의 주행성에 대하여 설명
		8	trafficability의 의미와 장비별 콘지수
	2	7.9.10	운전석 이탈금지 건설기계에 대해 설명
		12	운전위치의 이탈금지 기계 3가지에 대해 설명
	3	11	건설기계 이송 시 안전대책에 대해 설명
	4	15	신호체계를 갖춰야 하는 공사에 대하여 설명
	5	9	건설현장에서 사망사고가 다발하는 5대 건설기계에 대하여 설명

분류	질문번호	회차	질문내용
2. 차량계 건설기계	6	8.11.13.14	차량계 건설기계의 종류와 산업안전보건기준에 관한 규칙에서 정한 작업 시 안전조치 사항에 설명
	7	12	항타기·항발기 전도방지에 대해 설명
	8	8	최근 굴착기 사고 증가에 따른 작업전 점검방법에 대해 설명
	9	8	펌프카를 이용한 콘크리트 타설시 사고원인 및 방지대책에 대해 설명
		10.11	콘크리트 펌프카 사용 시 준수사항에 대하여 설명
	10	9.13	아스팔트피니셔의 위험요인과 안전대책에 대해 설명

분류	질문번호	회차	질문내용
3. 양중기	11	7.9	산업안전보건법령상 타워크레인을 자립고 이상의 높이로 설치하는 경우에 다음 지지방법별 준수사항에 대해 설명
	12	14.15	타워크레인 조립·해체 시 특별교육에 대해 설명
	13	8.9	이동식크레인의 위험요인 및 대책에 대하여 설명
		10	이동식크레인 사용 시 준수사항에 대하여 설명
	14	12	리프트 안전대책에 대해 설명
	15	10.11	곤돌라 작업 시 안전대책에 대해 설명

분류	질문번호	회차	질문내용
4. 양중기의 와이어로프 등	16	10	와이어로프의 안전계수에 대하여 설명
		8	와이어로프 폐기기준과 직경 측정기구에 대해 설명
	17	8	슬링벨트 폐기기준과 인장하중 측정에 대해 설명

분류	질문번호	회차	질문내용
5. 차량계 하역운반기계	18	13.15	지게차의 방호장치 종류에 대해 설명
		7.10	지게차 안전에 관하여 설명

질문 1.	◆ **건설현장에서 건설기계의 주행성에 대하여 설명하세요.(8회 기출문제)** ◆ **trafficability의 의미와 장비별 콘지수에 대하여 설명하세요.(8회 기출문제)**
출처	토질역학 및 지반공학 이론

답

건설기계의 주행성(Trafficability)이란 연약한 지반 위에서 건설기계가 침하하거나 미끄러지는 현상 없이 원활하게 이동 및 작업할 수 있는 능력을 의미합니다. 장비의 주행성이 확보되지 않은 상태에서의 무리한 운행은 전도 사고의 주원인이 됩니다.

▷ 건설기계 주행성(Trafficability)에 영향을 미치는 3대 요소

① 지반의 전단강도

② 접지압: 지면에 가해지는 수직응력

③ 견인력: 슬립없이 전달되는 유효한 힘

▷ 장비별 콘지수(Cone Index) : 주행성 판단의 핵심 지표

1. 콘 관입 시험: 콘 지수 측정기를 지면에 압입할 때 발생하는 단위면적당 관입저항값을 수치화한 것 (단위:kN/m^2)
2. 시험방법 : 선단각 30°, 저면적 3.24cm^2의 콘을 일정한 속도로 압입하여 측정
3. 장비별 주행에 필요한 최저 콘 지수

장비 종류	요구 콘지수	지반상태 비유
초습지 불도저	200 이상	매우 연약한 지반
습지 불도저	400 이상	연약한 지반
보통 불도저	500 이상	일반적인 점성토
스크레이퍼 (Scraper)	1,000 이상	견고한 지반
덤프트럭, 트럭 믹서	1,200 ~ 1,500 이상	단단한 지반

▷ 건설기계 주행성(Trafficability) 확보를 위한 안전대책

① 지반 개량 및 보강

– 치환, 탈수 공법(샌드 드레인 등), 고결 공법(석회/시멘트 안정 처리) 실시

② 접지압 분산 : 장비하부에 복공판 또는 매트 부착/ 쇄석포설

③ 배수 관리

– 지표수 배수 및 지하수위 저하를 통해 지반의 전단강도 증대

④ 현장 지반 조건에 맞는 장비를 선정

– 접지압이 낮은 습지용 장비로 교체

비고

▶ 건설현장에서 건설기계의 주행성(Trafficability)은 단순히 기계가 움직이는 능력을 넘어, 장비의 전도 방지와 작업 효율을 결정짓는 핵심 안전 요소입니다. 시공 전 반드시 콘지수 측정을 통한 장비 주행경로 계획이 수립해야함.

<table>
<tr><td>질문 2.</td><td>◆ 운전석 이탈금지 건설기계에 대해 설명하세요.(7.9.10회 기출문제)
◆ 운전위치의 이탈금지 기계 3가지에 대해 설명하세요.(12회 기출문제)</td></tr>
<tr><td>출처</td><td>산업안전보건기준에 관한 규칙 제41조, 제99조</td></tr>
<tr><td>답</td><td>운전위치 이탈금지 기계는 산업안전보건기준에 관한 규칙 제41조에 규정되어 있으며, 운전석 이탈 시 조치는 장비의 불시 기동으로 인한 중대재해를 막기 위한 핵심 안전 절차입니다. 이는 산업안전보건기준에 관한 규칙 제99조에 규정되어 있습니다.

▷ 운전위치의 이탈금지 건설기계
① 양중기
② 항타기 또는 항발기(권상장치에 하중을 건 상태)
③ 양화장치(화물을 적재한 상태)

▷ 운전석 이탈 시 안전조치
① 작업장치의 바닥 안착 후 이탈
② 동력 차단 및 제동장치 체결
③ 시동키 분리 및 보관</td></tr>
<tr><td>Tip</td><td>▶ 운전석 이탈 금지(조치)

구분 / 주요 조치 내용 / 핵심 목적
작업장치 / 포크, 버킷 등을 지면에 안착 / 낙하 및 전도 방지
동력/제동 / 엔진 정지 및 브레이크 체결 / 불시 기동 및 밀림 방지
시동키 / 키 분리 및 운전자 휴대 / 제3자 임의 조작 차단
경사지 / 고임목 설치 (필요시) / 미끄럼 사고 가중 예방</td></tr>
<tr><td>비고</td><td>▶ 제41조는 장비 오작동에 의한 중대재해를 예방하기 위한 운전자의 기본 행동 수칙을 법으로 명문화한 조항이다.

▶ 차량계 하역운반기계 또는 건설기계의 운전자가 운전위치를 이탈할 때, 예기치 않은 기계 작동, 차량 이동, 포크 낙하 등으로 인한 재해를 방지하기 위해 기계 안전정지 및 시동 차단 조치를 의무화한 규정이다.</td></tr>
</table>

질문 3.	◆ **건설기계 이송 시 안전대책에 대해 설명하세요.(11회 기출문제)**
출처	산업안전보건기준에 관한 규칙 제201조 KOSHA GUIDE C – 48 – 2022 건설기계 안전보건작업지침
답	건설기계의 이송은 건설기계를 작업장 간 이동하거나 운반차량에 적재하여 운반하는 작업을 말하며, 이송 과정에서 전도・낙하・충돌 재해 위험이 있으므로 이에 대한 안전대책을 산업안전보건기준에 관한 규칙 및 관련 지침을 바탕으로 설명하겠습니다. ▷ **건설기계 이송 시 안전대책** 1. 상・하차 작업 시 안전대책 – 장비가 운반차량에 오르내릴 때 전도될 위험을 차단하는 것이 핵심 ① 평탄하고 견고한 장소에서 실시, 성토 시에는 비탈면 붕괴 방지를 위해 충분히 다짐 ② 하중을 견디는 철제판을 사용, 경사는 10°～15° 유지 ③ 발판 위에서 전진으로 오르고 후진으로 내려오며, 발판 위에서의 방향 전환 절대 엄금 2. 적재(Loading) 시 주의사항 – 적재 과정에서의 충돌 및 과적 위험을 방지 ① 최대적재하중 준수 ② 붐과 버킷은 최대한 낮추어 안착 3. 적재 후 고정 및 조치 (제한사항) – 이송 중 이탈 및 전도를 방지하기 위한 최종 단계 ① 바퀴 또는 무한궤도 전후에 고임목을 설치, 체인이나 와이어로프로 결속 ② 인원 탑승 금지: 이동 중인 운반 화물 위에는 인원 탑승 통제
Tip	▶ **건설기계 상・하차 작업 시 준수사항** (산업안전보건기준에 관한 규칙 제201조) 1. 싣거나 내리는 작업은 평탄하고 견고한 장소에서 할 것 2. 발판을 사용하는 경우에는 충분한 길이・폭 및 강도를 가진 것을 사용하고 적당한 경사를 유지하기 위하여 견고하게 설치할 것 3. 자루(경사판)・가설대(램프) 등을 사용 시 충분한 폭 및 강도와 적당한 경사를 확보할 것
비고	▶ 이송 시 많은 현장에서 방향이 틀어지면 발판 위에서 조정을 시도하다가 궤도가 이탈해 장비가 전도됩니다. 방향이 틀어지면 지상까지 다시 내려와서 교정 후 재상차하는 원칙이 현장에서 철저히 지켜지도록 지도하겠습니다.(발판 위 방향 전환 금지 원칙 준수)

질문 4.	◆ 신호체계를 갖춰야 하는 공사에 대하여 설명하세요.(15회 기출문제)
출처	산업안전보건기준에 관한 규칙 제40조
답	산업안전보건기준에 관한 규칙 제40조에 의거하여, 사업주는 운전자의 사각지대를 해소하고 근로자와의 충돌 및 중량물 낙하 사고를 방지하기 위해 다음 8가지 핵심 공사 및 작업에 대해 일정한 신호체계를 갖추어야 합니다. ▷ **신호체계를 갖춰야 하는 공사** ① 양중기 사용하는 공사 ② 차량계 하역운반기계 등을 사용하는 공사 ③ 차량계 건설기계 사용하는 공사 ④ 항타기 또는 항발기를 사용하는 공사 ⑤ 중량물 인력 취급공사 ⑥ 양화장치를 사용하는 공사 ⑦ 궤도작업차량 투입 공사 ⑧ 철도 입환공사
Tip	▶ **신호체계 관리방안** ① 신호방법 표준화 ② 신호수 지정 및 교육 ③ 운전자와 신호수 간 의사소통 확보 ④ 신호수 외 지시 금지
비고	▶ 건설현장에서 신호체계는 운전자의 시야 한계를 극복하고 작업자 간의 협응성을 높이기 위한 필수 장치입니다. ▶ 신호체계(Signal System)는 단순한 소통 수단을 넘어, 건설기계와 작업자가 혼재된 공간에서 사고를 막는 최후의 안전 장치로 다뤄집니다.

질문 5.	◆ 건설현장에서 사망사고가 다발하는 5대 건설기계에 대하여 설명하세요.(9회 기출문제)
출처	KOSHA 자료 고위험 건설기계장비 안전점검표 OPS
답	건설현장에서 사용하는 차량계 건설기계 중 충돌·협착·전도 등의 재해로 사망사고가 다발하는 5대 건설기계는 굴착기, 트럭류(덤프트럭), 이동식 크레인, 고소작업대, 지게차이다. ▷ **건설현장에서 사망사고가 다발하는 5대 건설기계** 1. 굴착기 – 건설현장에서 가장 많이 사용되는 건설기계로서 사망사고 발생 비율이 가장 높다. ① 주요 위험 : 회전반경 내 작업자 충돌, 버킷 작업 중 협착 ② 안전대책 : 작업반경 내 근로자 출입통제, 신호수 배치 2. 덤프트럭 – 토사 및 자재 운반 작업에서 후진 충돌 사고가 많다. ① 주요 위험 : 후진 시 작업자 충돌, 적재물 낙하 ② 안전대책 : 후진경보장치 설치, 유도자(신호수) 배치 3. 이동식 크레인 – 중량물 인양 작업에서 낙하·전도 사고가 발생하기 쉽다. ① 주요 위험 : 인양물 낙하, 지반 침하로 전도 ② 안전대책 : 정격하중 준수, 아웃트리거 설치 및 지반 확인 4. 고소작업대 – 고소 작업 중 추락 및 전도 사고가 발생한다. ① 주요 위험 : 작업대에서 추락, 장비 전도 ② 안전대책 : 안전대 착용, 작업대 난간 유지 5. 지게차 – 자재 운반 작업에서 협착 및 화물 낙하 사고가 많다. ① 주요 위험 : 포크 화물 낙하, 작업자 충돌 ② 안전대책 : 정격하중 준수, 포크 상승 상태 이동 금지
비고	▶ 건설현장 장비 사망사고의 대부분을 차지하는 고위험 장비(굴착기, 덤프트럭, 이동식 크레인, 고소작업대, 지게차)로 집중관리 대상이다 ▶ 지반이 약하면 전도되고, 신호가 끊기면 협착재해가 발생됩니다. 따라서 장비의 기계적 결함뿐만 아니라, 현장의 지반 지내력(접지압)이 조화를 이루는지, 그리고 신호수가 적재적소에 배치되었는지를 지도하겠습니다.

질문 6.	◆ **차량계 건설기계의 종류와 산업안전보건기준에 관한 규칙에서 정한 작업 시 안전조치 사항에 설명하세요.(8.11.13.14회 기출문제)**
출처	산업안전보건기준에 관한 규칙 제196조- 제206조, [별표 6] 차량계 건설기계
답	차량계 건설기계란 동력을 이용하여 스스로 이동하면서 굴착, 운반, 적재, 정지, 정지작업 등을 수행하는 건설기계를 말한다. ▷ **차량계 건설기계의 종류** ① 도저형 건설기계: 불도저, 스트레이트도저, 틸트도저 등 ② 굴착용 건설기계: 굴착기(백호, 로딩쇼벨), 드래그라인, 클램쉘 등 ③ 로더(Loader): 트랙로더, 휠로더 등 ④ 운반용 건설기계: 덤프트럭, 모터스크레이퍼 등 ⑤ 기초공사용 건설기계: 항타기, 항발기, 천공기(보링기) 등 ⑥ 도로포장용 건설기계: 로드롤러, 타이어롤러, 아스팔트 피니셔 등 ⑦ 콘크리트 펌프카 및 고소작업대 ▷ **산업안전보건기준에 관한 규칙상 안전조치** 1. 작업계획서의 작성 및 주지 2. 전도 등의 방지 - 유도자 배치/ 지반의 부동침하 방지/ 갓길 붕괴 방지/ 도로 폭 유지 3. 접촉 방지 ① 기계의 회전 반경 및 작업 구역 내 근로자 출입 통제 ② 전담 유도자 배치 및 신호 준수 4. 운전석 이탈 시 조치 ① 버킷 등 작업장치 안착 ② 동력 차단, 브레이크 체결 ③ 시동키 분리 5. 주행 시 준수사항 및 이송 대책 ① 승차석 외 탑승 금지 ② 상·하차 안전: 트레일러 등에 싣거나 내릴 때 10°~15° 이하의 발판을 사용
Tip	▶ **사전조사 및 작업계획서 내용** [사전조사] 해당 기계의 굴러 떨어짐, 지반의 붕괴 등으로인한 근로자의 위험을방지하기 위한 해당 작업장소의 지형 및 지반상태 [작업계획서 내용] 가. 사용하는 차량계 건설기계의 종류및 성능 / 나. 차량계 건설기계의 운행경로 / 다. 차량계 건설기계에 의한 작업방법
비고	▶ 차량계 건설기계 작업 시에는 작업계획서 작성, 지반 및 전도방지 조치, 작업반경 출입통제, 신호수 배치, 운전석 이탈금지 등 안전조치를 통해 충돌·협착 및 전도 재해를 예방하여야 한다.

Tip 표:

사전조사	작업계획서 내용
해당 기계의 굴러 떨어짐, 지반의 붕괴 등으로인한 근로자의 위험을방지하기 위한 해당 작업장소의 지형 및 지반상태	가. 사용하는 차량계 건설기계의 종류및 성능 나. 차량계 건설기계의 운행경로 다. 차량계 건설기계에 의한 작업방법

<table>
<tr><td>질문 7.</td><td>◆ 항타기 · 항발기 전도방지에 대해 설명하세요.(8.11.13.14회 기출문제)</td></tr>
<tr><td>출처</td><td>산업안전보건기준에 관한 규칙 제209조</td></tr>
<tr><td>답</td><td>항타기 및 항발기는 중량의 파일을 항타하거나 인발하는 장비로서 항타기 및 항발기는 리더(Leader)의 높이가 수십 미터에 달해 미세한 지반 침하에도 전도 위험이 매우 큽니다. 이에 대한 안전조치를 지반, 기계, 관리 세 가지 측면에서 설명하겠습니다.

▷ 항타기 · 항발기 전도방지 조치
1. 지반의 지지력 확보
① 연약지반 보강: 주행성 확보를 위해 치환/ 다짐 실시, 두꺼운 철판을 깔아 하중 분산
② 부동침하 방지: 평탄성을 유지하고 상시 모니터링

2. 기계적 전도 방지 조치 (제209조 준수)
① 깔판 및 받침목 사용하여 지반침하 방지
② 가설물 설치 시 내력 확인 및 보강
③ 지지구조물 미끄럼 방지 (말뚝 및 쐐기 고정)
④ 불시 이동 방지 (레일 클램프 및 쐐기)
⑤ 상단은 버팀대나 버팀줄로, 하단은 견고한 말뚝이나 철골 등으로 고정하여 안정

3. 작업 시 안전 관리
① 리더(Leader) 수직도 관리
② 전담 신호수를 배치하여 지반의 변위나 장비의 기울기를 실시간으로 감시
③ 순간풍속이 10m/s를 초과 시 작업 중지, 30m/s를 초과할 우려: 리더를 눕히는 등 조치</td></tr>
<tr><td>Tip</td><td>▶ 무너짐 안전조치사항(제209조) 및 점검사항
<table><tr><th>핵심 조치 사항</th><th>중점 점검 사항</th></tr><tr><td>깔판 · 받침목 사용</td><td>부동침하 여부 및 철판 포설 상태 확인</td></tr><tr><td>시설물 내력 보강</td><td>구조물 내력 계산서 및 보강재 적정성 확인</td></tr><tr><td>말뚝 · 쐐기 고정</td><td>아웃트리거 미끄럼 방지 조치 확인</td></tr><tr><td>레일 클램프 설치</td><td>장비 이탈 및 불시 기동 차단 여부 확인</td></tr><tr><td>상 · 하단 버팀 고정</td><td>버팀줄의 인장강도 및 정착부 견고성 확인</td></tr></table></td></tr>
<tr><td>비고</td><td>▶ 항타기 및 항발기는 자중이 무겁고 무게중심이 높아 전도(Rollover) 사고 시 대형 재해로 이어지는 고위험 장비입니다.

▶ 항타기 · 항발기의 전도방지는 지반 지지력 확보, 장비의 수평 · 수직 유지, 지지장치 관리 및 기상 조건 관리 등을 통해 장비의 안정성을 확보하고 작업 중 전도 및 붕괴 재해를 예방하는 데 목적이 있다.</td></tr>
</table>

질문 8.	◆ 최근 굴착기 사고 증가에 따른 작업전 점검방법에 대해 설명하세요.(8회 기출문제)
출처	산업안전보건기준에 관한 규칙 제221조의2-제221조의5

답

굴착기는 건설현장에서 토공작업, 적재작업, 정지작업 등에 광범위하게 사용되는 대표적인 건설기계로서 전도, 협착, 충돌, 붕괴 등의 중대재해 발생 가능성이 높다. 작업 전 점검을 통해 기계적 결함 및 작업환경의 위험요인을 사전에 제거하는 것이 중요하다.

▷ 굴착기 작업전 점검방법

1. 충돌 위험 방지장치 점검: 작업 전 시야 확보 장치 이상 여부 확인
2. 좌석 안전띠 점검 : 전도 및 충돌 시 운전자 보호
3. 작업장치 잠금장치 점검 : 퀵 커플러 안전핀 체결 확인
4. 굴착기 인양작업 점검
   ① 장비 적합성 확인
   ② 작업방법 점검
   ③ 달기구 점검
5. 굴착기 작업 전 일반 점검사항
   ① 지반 상태 확인 (연약지반, 침하 위험)
   ② 작업반경 내 근로자 접근 여부 확인
   ③ 지중 매설물 확인 (가스관, 전력선 등)
   ④ 상부 전선 및 구조물 간섭 여부 확인
   ⑤ 운전자 자격 및 작업계획 확인

Tip

▶ 굴착기 작업 전 점검사항

점검부위	주요 점검 항목	사고 예방 목적
작업장치	퀵 커플러 안전핀 체결	버킷 낙하 사고 방지
안전장치	후방카메라/센서 작동	작업자 충돌・협착 방지
유압계통	유압 호스 누유 및 손상	작업장치 불시 하강 방지
지반	철판 포설 및 지내력 확보	장비 전도 및 전락 방지

▶ 굴착기 사고 예방을 위한 관리대책

① 굴착기 작업 전 일일점검(Check List) 제도 운영
② 작업반경 내 접근금지 구역 설정 및 신호수 배치
③ 연약지반 작업 시 지반보강 및 작업방법 개선
④ 장비 안전장치 설치 및 정기점검 실시
⑤ 작업 전 위험성평가 실시 및 작업계획 수립

비고

질문 9.

- **펌프카를 이용한 콘크리트 타설시 사고원인 및 방지대책에 대해 설명하세요.(8회 기출문제)**
- **콘크리트 펌프카 사용 시 준수사항에 대하여 설명하세요.(10.11회 기출문제)**

출처

산업안전보건기준에 관한 규칙 제335조

답

펌프카를 이용한 콘크리트 타설 작업은 고압의 유압을 사용하고 장비의 무게중심 이동이 심해 전도(넘어짐)와 압송관 파열로 인한 중대재해가 빈번하게 발생합니다.

▷ **펌프카를 이용한 콘크리트 타설시 사고원인**

사고유형	사고 원인
전도	지반 부실, 아웃트리거(Outrigger) 미전개 또는 받침판 불량
협착 및 충돌	붐대 선회 시 주변 시설물(전선 등) 및 근로자와의 접촉
압송관 파열	관내 폐쇄(Clogging), 연결부(커플링) 마모 및 체결 불량
낙하 및 비래	타설 호스 요동으로 인한 타격, 잔여 콘크리트 배출 시 공기압 반동

▷ **펌프카를 이용한 콘크리트 타설시 사고 방지대책**

1. 지반 및 아웃트리거 관리
   ① 지반 견고성 확보: 필요시 복공판이나 받침목을 사용
   ② 아웃트리거 완전 전개하고 수평을 유지
2. 붐 및 압송관 안전조치
   ① 붐대를 조정할 때는 전선 등 충분한 이격 거리를 유지
   ② 압송관 체결: 관 연결 부위(커플링)는 전용 핀을 사용
   ③ 호스 요동 방지: 2인 1조 작업 / 호스 고정 조치
3. 전담 신호수 배치

▷ **콘크리트 펌프카 사용 시 준수사항**

1. 작업을 시작하기 전에 콘크리트타설장비를 점검하고 이상을 발견하였으면 즉시 보수할 것
2. 건축물의 난간 등에서 작업하는 근로자가 호스의 요동·선회로 인하여 추락하는 위험을 방지하기 위하여 안전난간 설치 등 필요한 조치를 할 것
3. 콘크리트타설장비의 붐을 조정하는 경우에는 주변의 전선 등에 의한 위험을 예방하기 위한 적절한 조치를 할 것
4. 작업 중에 지반의 침하나 아웃트리거 등 콘크리트타설장비 지지구조물의 손상 등에 의하여 콘크리트타설장비가 넘어질 우려가 있는 경우에는 이를 방지하기 위한 적절한 조치를 할 것

Tip

▶ **장비 점검 및 관리**
① 붐, 핀, 유압장치 균열 및 마모 점검
② 배관 연결부 및 클램프 상태 확인
③ 타설호스 상태 확인

비고

▶ 펌프카 작업의 핵심 안전관리 요소는 지반 안정 확보 – 붐 안전관리 – 배관 압력관리 – 감전 방지 – 작업통제이며, 이를 작업 전 점검과 작업 중 관리로 체계적으로 실시하는 것이 중요하다.

질문 10.	◆ 아스팔트 피니셔의 위험요인과 안전대책에 대해 설명하세요.(9.13회 기출문제)
출처	KOSHA 자료 아스팔트 피니셔 작업안전
답	아스팔트 피니셔(Asphalt Finisher)는 도로 포장공사에서 아스팔트를 일정 두께로 포설하는 장비로서 장비 전도, 협착, 고온 아스팔트 접촉, 후진 시 충돌 등의 위험이 존재하므로 장비관리와 작업통제가 중요하다. ▷ **아스팔트 피니셔의 위험요인** <table><tr><th>사고유형</th><th>사고 원인</th></tr><tr><td>협착 (끼임)</td><td>피니셔와 덤프트럭 사이에 근로자가 끼임, 스크리드 하부 점검 중 끼임</td></tr><tr><td>충돌</td><td>후진하는 피니셔 또는 덤프트럭에 보조 작업자가 부딪힘</td></tr><tr><td>화상</td><td>150℃ 이상의 고온 아스팔트 혼합물 접촉</td></tr><tr><td>전도 (넘어짐)</td><td>경사구간 또는 연약지반에서 장비 안정성 저하</td></tr></table> ▷ **아스팔트 피니셔 작업 시 안전대책** 1. 충돌 및 협착사고 예방 ① 작업반경 내 근로자 출입 통제 ② 신호수 배치 및 작업자와 장비운전자 간 신호체계 확립 ③ 후진경보장치 및 경광등 설치 ④ 장비 이동 시 주변 확인 철저 2. 회전부 협착방지 ① 컨베이어, 스크루 등 회전부 덮개 설치 ② 장비 가동 중 회전부 접근 금지 ③ 정비 시 엔진 정지 및 안전조치 실시 3. 화상사고 예방 ① 작업자는 내열장갑, 안전화 등 보호구 착용 ② 고온 아스팔트 취급 시 작업방법 교육 4. 전도 방지 ① 평탄하고 지지력이 충분한 작업면 확보 ② 경사구간 작업 시 장비 이동속도 관리
Tip	▶ **작업관리 및 교육** ① 작업 전 TBM(Tool Box Meeting) 실시 ② 작업구간 안전표지 및 안전펜스 설치 ③ 작업자 안전교육 실시
비고	▶ 아스팔트 피니셔 작업의 주요 위험요인은 충돌, 협착, 화상, 장비 전도이며, 이를 예방하기 위해 작업반경 통제, 회전부 방호, 보호구 착용, 장비점검 및 신호체계 확보 등의 안전대책을 철저히 실시해야 한다.

질문 11.	◆ **산업안전보건법령상 타워크레인을 자립고 이상의 높이로 설치하는 경우에 지지방법별 준수사항에 대해 설명하세요.(7.9회 기출문제)**
출처	산업안전보건기준에 관한 규칙 제142조
답	타워크레인을 자립고 이상의 높이로 설치할 경우, 하중을 견디고 전도를 방지하기 위해 벽체 지지(Wall Bracing) 또는 와이어로프 지지(Wire Guying) 방식을 사용해야 합니다. ▷ **지지방법별 준수사항** 1. 벽체에 지지하는 경우(Wall Bracing) ① 안전인증 서면심사에 관한 서류 또는 제조사의 설치작업설명서 등에 따라 설치할 것 ② 안전인증 서면심사 서류가 없는 경우에는 건축구조·건설기계·기계안전·건설안전기술사 또는 건설안전분야 산업안전지도사의 확인을 받아 설치하거나 기종별·모델별 공인된 표준방법으로 설치할 것 ③ 콘크리트구조물에 고정시키는 경우에는 매립이나 관통 또는 이와 같은 수준 이상의 방법으로 충분히 지지되도록 할 것 ④ 건축 중인 시설물에 지지하는 경우에는 그 시설물의 구조적 안정성에 영향이 없도록 할 것 2. 와이어로프로 지지하는 경우(Wire Guying) ① 안전인증 서면심사에 관한 서류 또는 제조사의 설치작업설명서 등에 따라 설치할 것 ② 안전인증 서면심사 서류가 없는 경우에는 건축구조·건설기계·기계안전·건설안전기술사 또는 건설안전분야 산업안전지도사의 확인을 받아 설치하거나 기종별·모델별 공인된 표준방법으로 설치할 것 ③ 와이어로프를 고정하기 위한 전용 지지프레임을 사용할 것 ④ 와이어로프 설치각도는 수평면에서 60도 이내로 하되, 지지점은 4개소 이상으로 하고, 같은 각도로 설치할 것 ⑤ 와이어로프와 그 고정부위는 충분한 강도와 장력을 갖도록 설치 ⑥ 와이어로프가 가공전선에 근접하지 않도록 할 것
Tip	▶ **관리상 유의사항** ① 설치 전 구조검토 및 작업계획 수립 ② 설치 후 수직도 및 지지상태 점검 ③ 강풍 등 기상조건 시 작업중지 ④ 정기점검 및 유지관리 실시
비고	▶ 타워크레인을 자립고 이상으로 설치하는 경우에는 건축물 지지(월타이 방식)와 와이어로프 지지(가이로프 방식)에 따라 지지간격, 구조강도, 체결상태, 장력관리 등을 철저히 관리하여 타워크레인의 전도 및 붕괴 사고를 예방해야 한다.

<table>
<tr><td>질문 12.</td><td>◆ 타워크레인 조립 · 해체 시 특별교육에 대해 설명하세요.(14.15회 기출문제)</td></tr>
<tr><td>출처</td><td>산업안전보건법 제29조, 시행규칙 제26조, [별표 4] [별표 5]</td></tr>
<tr><td>답</td><td>타워크레인 조립 · 해체 작업은 고소작업과 중량물 취급이 동시에 이루어지는 고위험 작업이므로 산업안전보건법에 따라 해당 작업에 종사하는 근로자에게 특별교육을 실시해야 한다.

▷ 타워크레인 조립 · 해체 시 특별교육
1. 교육 대상 및 시간
① 대상: 타워크레인을 설치(상승작업)하거나 해체하는 작업에 종사하는 근로자
② 교육 시간: 총 16시간 이상 실시

2. 특별교육대상 교육내용
① 붕괴 · 추락 및 재해 방지대책
② 설치 · 해체 순서 및 안전작업방법
③ 부재의 구조 · 재질 및 특성
④ 신호방법 및 요령
⑤ 이상 발생 시 응급조치
⑥ 그 밖에 안전 · 보건관리에 필요한 사항</td></tr>
<tr><td>Tip</td><td>▶ 특별교육 주요 교육 항목
<table>
<tr><th>구분</th><th>주요 교육 항목</th></tr>
<tr><td>장비의 이해</td><td>타워크레인의 기계적 특성 및 구조(마스트, 지브, 트롤리 등)</td></tr>
<tr><td>안전 장치</td><td>권과방지장치, 과부하방지장치, 제동장치 등의 기능 및 점검</td></tr>
<tr><td>작업 절차</td><td>조립 · 해체 순서 및 마스트 상승(Climbing) 시 안전 수칙</td></tr>
<tr><td>체결 및 고정</td><td>볼트 · 너트의 적정 토크 체결 및 분할 핀(Split Pin) 탈락 방지</td></tr>
<tr><td>신호방법</td><td>작업 지휘자 배치 및 운전원과의 표준 신호 방법</td></tr>
<tr><td>비상 시 조치</td><td>강풍, 폭우 등 기상 악화 시 대처 요령 및 응급처치</td></tr>
</table>

▶ 조립 · 해체 시 교육의 핵심(현장 실무 안전수칙)
① 작업계획서의 숙지
– 제조사에서 제공하는 설치/해체 매뉴얼을 기반으로 작성된 작업계획서 철저히 교육
② 마스트 상승(Climbing) 작업 시 주의사항
– 유압 시스템의 작동 상태를 사전 점검
– 균형 유지: 트롤리 위치를 지정된 장소에 두어 장비의 무게중심을 맞춘 상태에서 작업
– 작업 중에는 선회(Slewing)를 절대 금지
③ 기상 조건 확인
– 순간풍속이 10m/s를 초과하는 경우 조립 · 해체 작업을 즉시 중지</td></tr>
<tr><td>비고</td><td>▶ 타워크레인 조립 · 해체 작업은 붕괴 및 추락 위험이 높은 작업이므로 작업 전 특별교육을 실시하여 구조, 작업절차, 위험요인 및 안전대책을 충분히 숙지하도록 하는 것이 중요하다.</td></tr>
</table>

질문 13.	◆ **이동식크레인의 위험요인 및 대책에 대하여 설명하세요.(8.9회 기출문제)** ◆ **이동식크레인 사용 시 준수사항에 대하여 설명하세요.(10회 기출문제)**
출처	KOSHA 자료 이동식크레인 작업안전

답

이동식크레인은 건설현장에서 중량물을 인양·운반하는 대표적인 양중장비로서 전도, 낙하, 충돌, 감전, 협착 등의 재해가 발생할 수 있으므로 작업 전 장비상태와 작업환경을 철저히 관리해야 한다.

▷ **이동식 크레인의 주요 위험요인**

사고유형	사고 원인
전도	아웃트리거 미사용, 지반 침하, 과하중, 작업반경 초과
낙하/비래	와이어로프 파단, 해지장치 불량, 2줄걸이 미흡으로 인한 화물 탈락
협착/충돌	붐대 선회 반경 내 근로자 출입, 장비 후진 중 근로자와 충돌
감전	가공전로(고압선) 근접 작업 중 붐대 접촉

▷ **안전대책 (◆ 이동식크레인 사용 시 준수사항)**

① 장비 안정 확보
- 평탄하고 지지력이 충분한 지반 확보
- 아웃트리거 완전 전개 및 받침판 설치
- 장비 수평 유지

② 과하중 방지
- 정격하중 준수
- 과부하 방지장치 정상 작동 확인

③ 달기구 관리
- 와이어로프, 훅, 샤클 등 점검
- 해지장치 설치 확인

④ 감전 사고 예방
- 고압선과 충분한 안전거리 확보
- 필요 시 절연방호관 설치

⑤ 작업통제 및 신호체계 확보
- 신호수 배치
- 작업반경 출입통제
- 운전자와 작업자 간 신호체계 확립

Tip

비고

▶ 이동식크레인 작업의 핵심 안전관리 요소는 지반 안정 확보 - 정격하중 준수 - 달기구 관리 - 감전 예방 - 작업반경 통제이며, 이를 통해 전도 및 낙하 등 중대재해를 예방할 수 있다.

질문 14.	◆ 리프트 안전대책에 대해 설명하세요.(12회 기출문제)
출처	산업안전보건기준에 관한 규칙 제151조, 제154조, 제156조 KOSHA 자료 건설작업용 리프트 안전작업 기준 OPS
답	리프트는 건설현장에서 근로자 또는 자재를 수직으로 운반하는 설비로서 추락, 협착, 낙하 등의 재해가 발생할 위험이 높으므로 설치, 사용 및 관리단계에서 철저한 안전조치를 실시해야 한다. **▷ 리프트의 주요 위험요인** 사고유형 / 사고 원인 추락 / 운반구의 문이 열린 채 운행, 와이어로프 · 기어 파손으로 운반구가 추락 낙하 / 자재가 운반구 틈새로 떨어져 하부 근로자를 타격 협착(끼임) / 승강장 문과 운반구 사이, 또는 승강로 주변 구조물에 몸이 끼임 붕괴 / 마스트(Mast) 고정 불량 또는 과하중으로 인한 설비 전도 **▷ 작업 시 안전대책 (준수사항)** 1. 설치 및 해체 시 ① 작업지휘자 배치 ② 작업 구역 내 관계자 외 출입 금지 ③ 악천후 시 작업 중지 ④ 수평지지대 설치 간격 준수하여 순차적으로 해체 2. 사용 시 ① 정격하중 표시 및 적재하중 초과하여 적재 · 운행 금지 ② 순간풍속이 35m/s를 초과 우려 시 받침의 수를 증가시키는 등 붕괴 방지 조치 ③ 마스트 고정 벽체 지지 시 전용 부품을 사용, 고정하고 수직도 유지 ④ 출입문 개방 상태 운전 금지 3. 점검 및 관리 ① 자체점검: 월 1회 이상 정기적으로 브레이크, 와이어로프, 가이드 레일 상태를 점검 ② 안전검사: 설치 후 매 6개월마다 실시
Tip	**▶ 구조적 안전장치 (핵심 방호장치)** ① 과부하방지장치: 정격하중 초과 시 경보가 울리고 작동을 정지시키는 장치 ② 권과방지장치: 운반구가 최상단 마스트를 벗어나지 않도록 정지시키는 장치 ③ 비상정지장치: 기계적 결함으로 급강하 시 가이드 레일을 잡아 강제로 멈추게 하는 장치 ④ 파이널 리미트 스위치: 상 · 하한 리미트 스위치가 고장 날 경우를 대비한 2중 안전 정지 장치 ⑤ 출입문 연동장치: 운반구 문이 완전히 닫히지 않으면 작동하지 않게 하는 장치
비고	▶ 리프트 사고의 대부분은 인터록(출입문 연동장치) 임의 해제에서 발생하므로, 관리감독자의 철저한 확인이 필요하다.

질문 15.	◆ 곤돌라 작업 시 안전대책에 대해 설명하세요.(10.11회 기출문제)
출처	KOSHA GUIDE C – 62 – 2012 곤돌라(Gondola) 안전보건작업 지침

답

곤돌라는 건설 현장의 외벽 도장, 유리 설치, 보수 작업 등에 자주 사용되지만, 공중에 매달려 작업하는 특성상 추락 및 낙하 사고의 위험이 매우 높습니다. 설치, 사용 및 관리단계에서 철저한 안전조치를 실시해야 한다.

▷ 곤돌라의 주요 위험요인

사고유형	사고 원인
추락	와이어로프 파단, 체결 불량, 또는 안전대 미착용으로 인한 근로자 추락
낙하	운반구 내 공구 및 자재가 하부로 떨어져 근로자를 타격
충돌	강풍으로 인해 운반구가 건물 외벽이나 구조물에 부딪힘
뒤집힘	한쪽으로 하중이 쏠리거나 지지대(Arm)의 고정 불량으로 인한 전도

▷ 작업 시 안전대책 (준수사항)

1. 설치단계
① 지지구조물의 안전성 확보
 – 작업하중을 충분히 지지할 수 있도록 견고하게 설치
② 와이어로프 안전 확보
 – 권상용 와이어로프와 안전로프를 각각 설치하고 단선, 마모, 변형 여부를 점검
③ 작업발판 및 난간 설치
④ 안전장치 설치
 – 과속방지장치, 낙하방지장치, 비상정지장치 등을 설치

2. 사용단계
① 안전대 착용 및 안전로프 체결
 – 작업자는 추락방지용 안전대를 착용하고 독립된 안전로프에 체결
② 정격하중 준수
③ 작업 중 안전수칙 준수
 – 난간 밖으로 신체를 내밀지 않도록 하고 물체 낙하 방지조치를 실시한다.
④ 기상조건 관리

3. 관리단계
① 작업 전 점검 실시
 – 와이어로프, 권상장치, 안전장치 등의 이상 여부를 점검
② 작업자 교육 실시
③ 작업구역 통제
 – 지상 작업구역에 출입통제 및 낙하물 방지조치 실시
④ 정기점검 및 유지관리

비고

▶ 곤돌라 작업의 주요 재해는 추락 및 낙하사고이므로 지지구조 확보, 안전장치 설치, 안전대 착용, 정격하중 준수, 작업 전 점검 및 교육 등의 안전대책을 철저히 실시하여야 한다.

질문 16.	◆ 양중기의 와이어로프의 안전계수에 대하여 설명하세요.(10회 기출문제) ◆ 와이어로프 폐기기준과 직경측정기구에 대해 설명하세요.(8회 기출문제)
출처	산업안전보건기준에 관한 규칙 제163조, 제166조 KOSHA 자료 양중기 와이어로프 (2024-교육혁신실-850)
답	와이어로프의 안전계수(Safety Factor)란 와이어로프의 파단하중을 실제 사용하중으로 나눈 값으로, 작업 중 발생하는 충격하중・피로・마모 등을 고려하여 충분한 여유강도를 확보하기 위한 계수이다. 안전계수 = 와이어로프의파단하중 / 사용하중 ▷ **와이어로프의 용도별 안전계수 기준** ① 근로자가 탑승하는 기상(Cage)을 매달 때: 10 이상 ② 화물을 인양하는 경우: 5 이상 ③ 붐의 기복용 와이어로프: 5 이상 ④ 지지용 와이어로프: 4 이상 ▷ **와이어로프 폐기기준** 가. 이음매가 있는 것 나. 와이어로프의 한 꼬임에서 끊어진 소선의 수가 10퍼센트 이상인 것 다. 지름의 감소가 공칭지름의 7퍼센트를 초과하는 것 라. 꼬인 것 마. 심하게 변형되거나 부식된 것 바. 열과 전기충격에 의해 손상된 것 (O) (X) ▷ **직경 측정기구 및 방법** ① 측정 기구: 버니어 캘리퍼스 (Vernier Calipers) ② 측정 방법 - 최대 외경 측정: 가장 돌출된 가닥과 가닥 사이의 거리를 측정 - 다수 지점 측정: 여러 지점에서 측정/ 가장 마모가 심한 곳을 기준으로 폐기 여부 판단
Tip	▶ 안전계수의 필요성 ① 양중작업 시 충격하중 및 동적하중 발생 ② 반복하중에 따른 피로파괴 가능성 ③ 사용 중 마모 및 부식에 따른 강도 감소 ④ 작업환경에 따른 예기치 않은 하중 증가
비고	▶ 산업안전보건기준에 관한 규칙 제163조에서 충분한 안전계수를 확보하여 와이어로프 파단 및 인양물 낙하사고를 예방하도록 규정하고 있다.

질문 17.	◆ 슬링벨트 폐기기준과 인장하중 측정에 대해 설명하세요.(8회 기출문제)
출처	KOSHA 자료 양중기 와이어로프 (2024-교육혁신실-850)
답	크레인의 훅이나 기타 권상기구에 화물을 달기위한 것으로 합성섬유 재질의 로프. 조선소나 하역현장 등에서 강관이나 스테인레스 강 등과 같이 미끄럼이나 제품의 손상을 방지하기 위해 사용되고 와이어로프나 체인보다 가볍고 취급이 용이하며 유연성이 우수함 ▷ **슬링벨트 폐기기준** ① 봉재선의 풀어진 길이가 벨트의 폭보다 클 때 ② 봉재선의 풀어진 길이가 봉재부 길이의 20%를 넘을 때 ③ 아이부의 봉재선이 풀어진 경우 ④ 표면이 털모양으로 일어난 경우 ⑤ 사용한계표시 부분의 노출 또는 손실이 있는 것 ▷ **인장하중 측정 및 검사 방법** - 현장에서 인장하중의 적절성을 확인하는 방법 ① 라벨 대조법: 제조사에서 실시한 파단 테스트 결과가 기록된 라벨의 인장강도(Breaking Strength)를 확인하고 안전율 5를 나누어 계산합니다. ② 색상 식별법: 국제 표준(ISO)에 따른 색상별 하중 규격을 숙지합니다. (예: 보라=1t, 녹색=2t, 황색=3t, 회색=4t, 적색=5t) ③ 육안 검사: 사용 전 비틀림, 매듭 유무를 확인합니다. 매듭을 지어 사용하면 인장 강도가 50% 이상 저하되므로 절대 금지합니다.
Tip	▶ **재해 예방 핵심 대책** ① 코너 가드 사용: 날카로운 모서리에는 반드시 보호대를 설치하여 벨트 절단을 방지 ② 보관 관리: 직사광선(자외선)에 의한 노화를 막기 위해 그늘진 곳에 보관 ③ 용접 작업 격리: 열에 취약하므로 용접/용단 작업 인근에서는 사용을 금지 봉제부 폭 봉제부 아이 몸체 아이 길이 양끝 아이형 폭 봉제부 아이 봉제부 몸체 길이 엔드리스형
비고	▶ 양중 작업 시 사고 예방을 위해서는 화물의 형태, 중량, 온도, 마감 상태를 고려하여 적절한 달기구를 선정해야 한다. 특히 슬링벨트 사용 시에는 날카로운 모서리에 의한 파단 방지를 위해 반드시 보호대를 적용하고, 모든 달기구는 사용 전 육안 점검을 생활화하여 폐기 기준 준수 여부를 확인해야 한다.

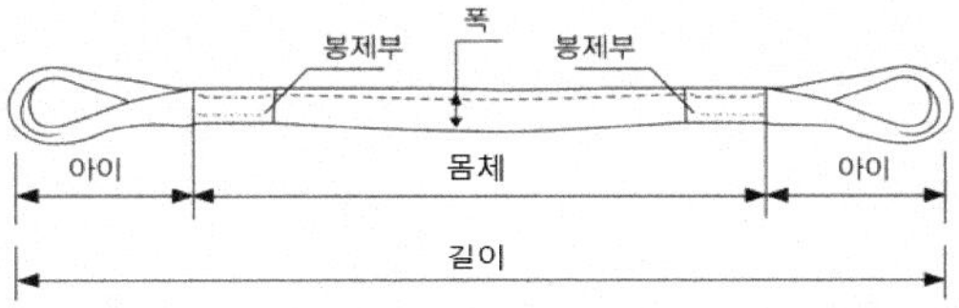

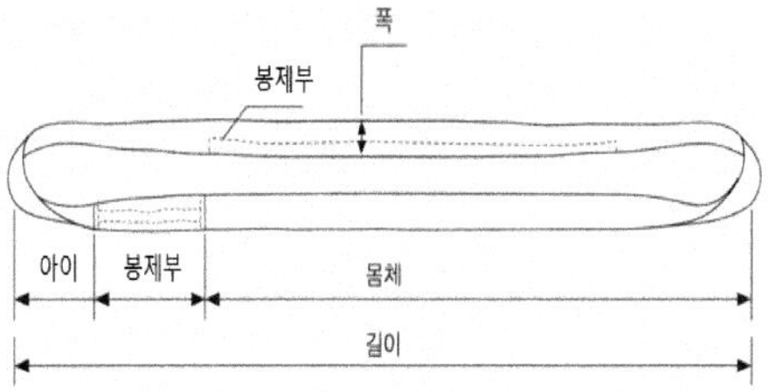

질문 18.	◆ **지게차의 방호장치 종류에 대해 설명하세요.(13.15회 기출문제)** ◆ **지게차 안전에 관하여 설명하세요.(7.10회 기출문제)**
출처	산업안전보건기준에 관한 규칙 제179조–제183조 KOSHA GUIDE M – 185 - 2015 지게차의 안전작업에 관한 기술지침
답	지게차는 물류 및 건설현장에서 자재를 운반·적재하는 장비로서 전도, 낙하, 충돌, 협착사고의 위험이 매우 높은 장비입니다. 방호장치는 산업안전보건기준에 관한 규칙 제179조–제183조에 명시된 지게차의 필수 안전장치입니다. ▷ **지게차의 방호장치 종류** ① 헤드 가드 : 물체의 낙하로 인한 운전자의 위험을 방지하기 위한 덮개/ 강도는 지게차 최대하중의 2배(4톤 초과 시 4톤) ② 백레스트 : 마스트를 뒤로 기울였을 때 화물이 운전석 쪽으로 떨어짐 방지하는 받침대 ③ 전조등 및 후미등 : 야간 작업/ 어두운 작업 장소에서 시야를 확보 ④ 좌석 안전띠 : 지게차 전도 시 운전자가 밖으로 튕겨 나가 장비에 깔리는 것을 방지 ⑤ 후진경보기 및 경광등 (또는 후방감지기) : 근로자와 충돌위험방지/ 운전자가 후방을 확인 ▷ **지게차 안전관리** 1. 작업 전 안전점검 ① 제동장치 및 조종장치 기능 ② 타이어 상태 ③ 하역장치 및 유압장치 기능 ④ 전조등·후미등·방향지시기 및 경보장치 기능 2. 작업 중 안전수칙 ① 정격하중을 초과하여 적재하지 않을 것 ② 화물은 낮게 유지하고 운반 ③ 운행 중 급회전 및 급정지 금지 ④ 작업반경 내 근로자 접근 금지 3. 작업환경 관리 ① 작업장 통로 확보 ② 경사면 작업 시 전도방지 ③ 시야 확보 및 조명 확보 ④ 작업구역 출입통제
비고	▶ 지게차 안전관리의 핵심은 방호장치 설치(헤드가드·백레스트·경보장치) + 작업 전 점검 + 작업 중 안전수칙 준수이며 이를 통해 전도, 낙하, 충돌 및 협착사고를 예방할 수 있다.

MEMO

3. 토공사

분류	질문번호	회차	질문내용
1. 토질	1	8	토압의 종류에 대해 설명
	2	15	흙의 전단강도 공식
		15	쿨롱의 전단강도 공식

분류	질문번호	회차	질문내용
2. 굴착	3	14	굴착공사표준안전작업지침상 지질조사 시 사전조사 사항에 대해 설명
	4	13	굴착작업시 사전조사 내용과 작업계획서의 내용에 대해 설명
	5	11.14.15	깊은 굴착공사 시 사전조사사항에 대하여 설명
	6	12	깊은 굴착작업 시 준수사항에 대하여 설명
	7	8	굴착공사 시 지하매설물 안전조치사항에 대하여 설명
	8	14	기존구조물 지지방법 준수사항에 대해 설명
		15	기존구조물 인접굴착 시 준수사항에 대해 설명
	9	12.15	굴착면 기울기 기준에 대해 설명
	10	14.15	굴착공사표준안전작업지침상 토석의 붕괴형태에 대해 설명
		14.15	토사붕괴 예방을 위한 점검사항에 대해 설명
	11	8.9	개착 굴착공사에서 계측기의 종류에 대하여 설명
	12	9	도심지의 협소한 공간에서 공사 시 바닥에 자재를 효율적으로 적재 할 수 있는 공법에 대하여 설명

분류	질문번호	회차	질문내용
3. 흙막이	13	8	토류판 흙막이 현장 굴착중 다량의 지하수 누수시 제일먼저 해야할일에 대해 설명
	14	10	흙막이공사의 가시설에서 안전을 확보하기 위하여 설치하는 계측기의 종류5가지에 대해 설명
		8.12	흙막이 공사 계측기 종류와 목적

분류	질문번호	회차	질문내용
4. 기초	15	8	부마찰력에 대해 설명
	16	8	면진구조

분류	질문번호	회차	질문내용
5. 사면	17	15	천단부 붕괴 각도와 붕괴원인에 대해 설명

분류	질문번호	회차	질문내용
6. 옹벽	18	8	옹벽의 종류와 안정조건
		12	옹벽의 안전진단 8가지 기준

질문 1.	◆ 토압의 종류에 대해 설명하세요.(8회 기출문제)
출처	토질역학 이론

답

토압(Earth Pressure)이란 흙이 구조물(옹벽, 흙막이벽 등)에 작용하는 측압을 말하며, 토압은 구조물 배면의 토체 상태와 벽체의 변위 여부에 따라 크기가 달라지며, 일반적으로 주동토압, 정지토압, 수동토압으로 구분된다.

▷ 토압의 종류

1. 정지토압

① 정의: 구조물에 좌우 변위가 전혀 없는 상태에서 발생하는 토압

② 상황: 지중 구조물(박스 칼버트)이나 매우 견고하게 고정된 옹벽에서 발생

2. 주동토압

① 정의: 옹벽이 배후 토사로부터 멀어지는 방향으로 이동, 회전할 때 발생하는 최소 토압

② 상황: 일반적인 옹벽의 설계 기준이 되며, 흙이 파괴되면서 팽창하려고 할 때 발생

3. 수동토압

① 정의: 구조물이 흙 쪽으로 밀려 들어갈 때(후방) 흙이 저항하며 발생하는 최대 토압

② 상황: 흙막이 벽체의 버팀대가 밀어낼 때의 저항력/ 옹벽 전면의 수동저항력 산정 시 사용

구분	주동토압 Pa	정지토압$P0$	수동토압 Pp
벽체 변위	배면토에서 멀어짐	움직임 없음	배면토 쪽으로 밀어붙임
변위량	사질토 : 0.001 점성토 : 0.01	0	사질토 : 0.05 점성토 : 0.10
토체 상태	토체 팽창	자연 상태 유지	토체 압축
토압 크기	최소 토압	중간 토압	최대 토압
적용 구조물	일반 옹벽 설계	지하 박스, 교대 날개벽	흙막이 버팀대 저항
설계 영향	구조물 전도・활동 유발	안정 상태 유지	구조물 저항력으로 작용

Tip

▶ 토압의 크기 비교 및 변위량

주동토압 Pa 〈 정지토압$P0$ 〈 수동토압 Pp

– 변위량의 차이: 주동상태가 되기 위한 변위량($\Delta L/H$)은 매우 작지만, 수동상태가 되기 위해서는 주동상태보다 훨씬 큰 변위가 필요합니다.

– 안전 관리: 현장에서 흙막이 벽체가 조금만 앞으로 밀려도 바로 주동토압 상태에 진입하여 붕괴 위험이 커지므로 주의해야 합니다.

비고

▶ 변위 관리: 가설 흙막이 공사 시 아주 미세한 변위만으로도 주동토압 상태에 도달하므로, 계측을 통한 변위 관리가 필수적임.

▶ 상재하중 관리 : 옹벽 배면 토사위에 자재를 적재하거나 장비가 주행하면 상재하중에 의해 주동토압이 급격히 증가하므로 자재적재 금지구역 설정하고 엄격히 관리

질문 2.	◆ **흙의 전단강도 공식에 대해 설명하세요.(15회 기출문제)** ◆ **쿨롱의 전단강도 공식에 대해 설명하세요.(15회 기출문제)**
출처	토질역학 이론
답	흙의 전단강도란 흙이 전단력에 대해 파괴되지 않고 저항할 수 있는 최대 전단응력을 말하며, 토립자 간의 점착력과 내부마찰력에 의해 결정된다. 1. 쿨롱(Coulomb)의 전단강도 공식 흙의 전단강도는 흙 입자 사이의 점착력과 입자 간의 마찰에 의한 내부마찰각의 합으로 표현됩니다. ① 기본 공식 (전응력 기준) $\tau = c + \sigma \tan\varnothing$ – 점착력 c : 토립자 간의 결합력에 의해 발생하는 전단강도 – 마찰강도 $\sigma\tan\phi$: 수직응력에 의해 발생하는 토립자 간 마찰저항 따라서 흙의 전단강도는 점착력 + 마찰저항으로 구성 2. 테르자기(Terzaghi)의 유효응력 개념 적용 지하수가 있는 경우, 물에 의한 부력(간극수압)을 제외한 유효응력을 사용하여 공식을 수정해야 실무적인 전단강도를 구할 수 있습니다. ② 수정 공식 (유효응력 기준) $\tau = c' + \sigma' \tan\varnothing'$ $\sigma' = (\sigma - u)$ 유효응력 = 총응력 – 간극수압 즉, 흙의 실제 강도를 지배하는 응력은 총응력이 아니라 유효응력이다.
Tip	▶ **토질별 전단강도 특성** (아래 표 참조)
비고	▶ 쿨롱(Coulomb)의 전단강도는 점착력과 내부마찰각에 의해 결정되는 토질의 기본 강도식으로서 사면안정, 토압, 지지력 계산의 기초가 되는 중요한 식이다.

구분	사질토	점성토
지배 강도	내부마찰각(φ) 위주	점착력(c) 위주
특징	점착력 = 0	φ = 0 (불교란 비배수 상태)
전단강도 식	$\tau = \sigma \tan\varnothing$	$\tau = c$
강도결정요인	다짐도, 입도, 구속압	함수비, 예민비, 압밀상태
배수 영향	배수가 빨라 시공 중 강도 발현	배수가 느려 장기 안정성 검토 필수
수압의 영향	유효응력 감소 시 강도 즉시 저하	간극수압 소산 속도가 느려 서서히 변화

질문 3.	◆ 굴착공사 표준안전 작업지침상 지질조사 시 사전조사 사항에 대해 설명하세요. (14회 기출문제)
출처	굴착공사 표준안전 작업지침 제3조
답	굴착공사를 시행하기 전에는 지반의 상태와 지하매설물의 위치 등을 사전에 조사하여 지반붕괴 및 매설물 손상에 의한 재해를 예방하여야 한다. ▷ **지질조사 시 사전조사 사항** 1. 기본적인 토질조사 ① 조사대상 : 지형, 지질, 지층, 지하수, 용수, 식생 등 ② 조사내용 – 주변 절토사면 조사 – 지표 및 토질 조사: 토질구성(표토, 토질, 암질), 토질구조(지층의 경사, 지층 상태), 파쇄대 분포, 변질대 분포, 지하수 및 용수 상태 – 사운딩(Sounding) : 지반의 강도 및 지층 상태 조사 – 시추조사(Boring) : 지층의 구성 및 지반 상태 확인 – 물리탐사 : 탄성파 조사 등 실시 – 토질시험 : 지반의 공학적 특성 파악(직접전단, 삼축압축시험 등) 2. 지하매설물 조사 ① 가스관 ② 상수도관 ③ 하수도관 ④ 지하케이블 ⑤ 건축물 기초 ⑥ 기타 지하구조물
Tip	▶ **굴착 시 안전조치** ① 매설물 위치 표시 ② 보호시설 설치 ③ 굴착방법 변경 ④ 관계기관 협의 ⑤ 필요 시 수작업 굴착 실시
비고	▶ 굴착공사표준안전작업지침에서는 지형・지질・지층・지하수 등에 대한 토질조사와 사운딩, 시추, 물리탐사, 토질시험 등을 실시하고, 가스관・상하수도관・지하케이블 등 지하매설물을 사전에 조사하여 굴착 시 적절한 안전조치를 하도록 규정하고 있다.

질문 4.	◆ **굴착작업 시 사전조사 내용과 작업계획서의 내용에 대해 설명하세요.(13회 기출문제)**
출처	산업안전보건기준에 관한 규칙 제38조 [별표 4]
답	굴착작업은 지반붕괴, 매설물 손상, 주변 구조물 피해 등의 위험이 높으므로 작업 전에 지반상태 및 주변환경에 대한 사전조사를 실시하고 그 결과를 바탕으로 작업계획서를 작성하여 안전하게 작업을 수행하여야 한다. ▷ **사전조사 및 작업계획서 내용** 1. 사전조사 내용 가. 형상・지질 및 지층의 상태 나. 균열・함수・용수 및 동결의 유무 또는 상태 다. 매설물 등의 유무 또는 상태 라. 지반의 지하수위 상태 2. 작업계획서 내용 가. 굴착방법 및 순서, 토사등 반출 방법 나. 필요한 인원 및 장비 사용계획 다. 매설물 등에 대한 이설・보호대책 라. 사업장 내 연락방법 및 신호방법 마. 흙막이 지보공 설치방법 및 계측계획 바. 작업지휘자의 배치계획 사. 그 밖에 안전・보건에 관련된 사항
Tip	▶ **지반조사 방법** ① 사운딩(Sounding) : 지반의 강도 및 지층 상태 조사 ② 시추조사(Boring) : 지층의 구성 및 지반 상태 확인 ③ 물리탐사 : 탄성파 조사 ④ 토질시험 : 지반의 공학적 특성 파악(직접전단, 삼축압축시험 등) ▶ **붕괴 및 재해 예방대책** ① 토석의 낙하・붕괴 방지 대책 : 굴착면의 안전기울기 준수 및 흙막이 지보공 설치 계획 ② 비상대응 계획 : 용수 발생 시 배수 대책, 붕괴 전조 현상 발견 시 대피 절차
비고	▶ 굴착작업 시에는 지반조건, 지하수, 지하매설물 및 주변 환경 등에 대한 사전조사를 실시하고, 그 결과를 바탕으로 굴착방법, 흙막이 설치, 배수계획, 토사 반출방법 및 붕괴방지대책 등을 포함한 작업계획서를 작성하여야 한다.

<table>
<tr><td>질문 5.</td><td>◆ 깊은 굴착공사 시 사전조사사항에 대하여 설명하세요.(11.14.15회 기출문제)</td></tr>
<tr><td>출처</td><td>굴착공사 표준안전 작업지침 제15조</td></tr>
<tr><td>답</td><td>깊은 굴착공사는 지반붕괴, 히빙(Heaving), 보일링(Boiling), 지하수 유출 및 인접 구조물 침하 등의 위험이 크므로 착공 전에 지반조건 및 주변 환경에 대한 충분한 사전조사를 실시하여야 한다.

▷ 깊은 굴착공사 시 사전조사사항
1. 지질 상태 조사
① 지층 구성 및 심도
– 토사, 풍화암, 연암 등의 분포/ 암반 출현 깊이
② 지층 두께 및 경사
③ 파쇄대 및 연약층 분포
④ 지반의 역학적 성질
– 표준관입시험(N치)/ 전단강도 (c,ϕ)
2. 지하수 및 수문 상태 조사
깊은 굴착 시 히빙 및 보일링 방지를 위한 조사
① 지하수위(G.L) 및 변동 상태
② 지반의 투수계수
③ 용수 발생 여부
3. 지하매설물 및 인접 구조물 조사
① 가스관
② 상・하수도관
③ 전력 및 통신 케이블
④ 건축물 기초
⑤ 주변 건물 기초 형식
⑥ 구조물 변위 영향 범위
4. 계측관리 필요성 검토
– 굴착 깊이 10.5m 이상일 경우 다음 계측기를 설치하여 흙막이 구조물의 안전을 관리
– 수위계/ 경사계/ 하중 및 침하계/ 응력계</td></tr>
<tr><td>Tip</td><td>▶ 깊이 10.5m 이상 필수 계측 계획
<table><tr><th>계측기 종류</th><th>측정 목적</th><th>비고</th></tr><tr><td>수위계</td><td>지하수위의 변동 및 배수 효과 확인</td><td>보일링 방지</td></tr><tr><td>경사계</td><td>흙막이 벽체 및 지중의 수평 변위 측정</td><td>붕괴 전조 포착</td></tr><tr><td>하중/침하계</td><td>지보공(Strut) 하중 및 배면 지표 침하 측정</td><td>구조적 안정성</td></tr><tr><td>응력계</td><td>흙막이 부재(철근, 강재)의 응력 변화 측정</td><td>파단 방지</td></tr></table></td></tr>
<tr><td>비고</td><td>▶ 깊은 굴착공사 시에는 지질 및 지반상태, 지하수 조건, 지하매설물 및 인접 구조물, 계측관리 필요성 등을 사전에 조사하여 굴착공사의 안전성을 확보하여야 한다.</td></tr>
</table>

질문 6.	◆ 깊은 굴착작업 시 준수사항에 대하여 설명하세요.(12회 기출문제)
출처	굴착공사 표준안전 작업지침 제18조
답	깊은 굴착작업 시 준수사항은 굴착공사 표준안전작업지침 제18조에 규정되어 있으며, 특히 쉬트파일(Sheet Pile)이나 라이너 플레이트(Liner Plate)를 이용한 수직 굴착 시 구조적 안정성과 근로자의 안전 확보를 위한 구체적인 기준을 제시하고 있다. ▷ **깊은 굴착작업 시 준수사항** 1. 단계별 굴착 준수 : – 임의 굴착 시 지반의 아치 현상이 파괴되어 급격한 붕괴를 유발할 수 있습니다. 2. 산소 및 가스관리 – 깊은 굴착지 하부는 공기보다 무거운 가스가 체류하기 쉽습니다. ① 작업 전에 산소농도를 측정/ 산소농도는 18% 이상 유지하여야 한다. ② 발파 작업 후에는 환기설비를 가동 후 작업 재개 3. 흙막이 구조물 품질 기준 (구조적 안정성) ① 수직도 1/100 이내: 수직도가 어긋나면 부재 간 결속력이 약화되고, 특히 쉬트파일의 경우 요철부(Interlocking)가 이탈하여 배면 토사가 유실되는 파이핑(Piping) 현상의 주원인이 됩니다. ② 틈새 방지 및 고정: 라이너플레이트나 쉬트파일의 틈새는 지하수 유출의 통로가 되므로 밀착 시공이 필수적입니다. 4. 구조 보강: 토압에 의한 변형 징후 포착 시 스트러트(Strut) 등으로 즉시 보강 조치 5. 이동 통로 확보 – 굴착 깊이에 맞춰 철사다리를 연장하며, 바닥면과의 이격 거리는 1m 이내를 유지 6. 용수 처리 및 전기 안전 ① 지반 연약화 방지를 위한 신속한 배수 실시 ② 수중펌프 사용 시 감전방지용 누전차단기 설치
Tip	▶ **깊은 굴착작업 시 안전관리사항** (아래 표 참조)
비고	▶ 굴착작업 중 발생할 수 있는 지반붕괴, 질식, 구조물 변형 등의 재해를 예방하기 위하여 굴착공사 표준안전작업지침 제18조에 규정되어 있는 깊은 굴착작업시 단계별 굴착 및 작업환경관리 구조적 기준 등을 준수하여야 한다.

Tip – 깊은 굴착작업 시 안전관리사항

관리항목	관리기준	관리목적
굴착	단계별 굴착 준수	붕괴방지
흙막이 구조물	쉬트파일 수직도 준수	파이핑 현상 및 붕괴방지
작업환경관리	산소 농도 18%이상	산소결핍예방
통로 확보	철사다리 바닥면 1m이내 유지	추락 및 대피
용수처리	즉시 배수	배면 토압증가 방지
전기안전	수중펌프 누전차단기 설치	습윤장소 감전사고예방

질문 7.	◆ 굴착공사 시 지하매설물 안전조치사항에 대하여 설명하세요.(8회 기출문제)
출처	굴착공사 표준안전 작업지침 제21조
답	굴착공사 시 지하매설물 안전조치사항은 굴착공사 표준안전작업지침 제21조에 규정 지하매설물은 파손 시 폭발, 감전, 누수 등의 중대한 재해가 발생할 수 있으므로 사전에 위치를 확인하고 관계기관과 협의하여 적절한 방호조치를 실시하여야 한다. **▷ 굴착공사 시 지하매설물 안전조치사항** 1. 사전조사 및 시험굴착 ① 매설물 관련기관의 자료 확인 ② 현장 시험 굴착하여 위치, 깊이, 규격, 노후도를 직접 육안으로 확인 ③ GPR(지반탐사 레이더) 탐사장비를 활용하여 매설물 위치를 추정 ④ 매설물 표지 설치 2. 매설물 노출 시 방호 및 협의 ① 노출된 관은 지주(Support)나 지보공 사용하여 방호조치 ② 매설물의 이설, 위치변경, 교체 등은 반드시 관계기관과 협의 3. 매설물 점검관리 ① 매설물 보호구조 최소 1일 1회 이상 순회점검 실시 ② 와이어로프 인장상태/거치구조의 안전상태/접합부 상태등 점검 4. 압밀침하 및 누수 방지 – 지하수위 저하에 따른 압밀침하 및 매설물 파손 방지하기 위하여 곡관부(Elbow) 보강과 벽체 누수 방지를 위해 관계기관과 협의하여 지반 보강(그라우팅 등) 대책을 강구 5. 가스관・송유관 인근 작업 시 안전조치 ① 화기 사용 금지 ② 부득이 용접 시 가스 검지기로 누출 여부를 상시 측정하고, 불꽃 비산 방지 덮개 등 폭발 방지 조치를 완료한 후 감시자를 배치하여 작업
Tip	**▶ 지하매설물 방호조치** ① 노출된 관을 와이어 로프나 강재(H–Beam) 등에 매달아 지지 ② 매설물 하부에 받침대 및 지지대를 설치하여 처짐을 방지 ③ 가스관이나 전력선 등 매설물은 외부 충격으로 보호하기 위해 보호덮개 및 완충재 설치
비고	▶ 굴착공사 시에는 매설물 위치 확인, 노출 시 보호조치, 관계기관 협의에 의한 이설, 순회점검 실시, 지반침하 방지, 가스관 화기관리 등 안전조치를 철저히 실시하여 매설물 파손에 따른 재해를 예방하여야 한다.

질문 8.	◆ 기존구조물 인접굴착 시 준수사항에 대해 설명하세요.(15회 기출문제) ◆ 기존구조물 지지방법 준수사항에 대해 설명하세요.(14회 기출문제)
출처	굴착공사 표준안전 작업지침 제23조, 제24조
답	▷ **기존구조물 인접굴착 시 준수사항** 인접하여 굴착작업 시 굴착에 따른 지반이완, 침하 및 구조물 손상 등의 위험이 있으므로 굴착공사 표준안전 작업지침 제23조에 규정된 사항을 준수하여야 한다. 1. 기존구조물의 기초상태와 지질조건 및 구조형태등에 대하여 조사하고 작업방식, 공법 등 충분한 대책과 작업상의 안전계획을 확인한 후 작업 2. 기존구조물과 인접하여 굴착하거나 기존구조물의 하부를 굴착하여야 할 경우에는 그 크기, 높이, 하중 등을 충분히 조사하고 굴착에 의한 진동, 침하, 전도 등 외력에 대해서 충분히 안전한가를 확인 ▷ **기존구조물 지지방법 준수사항** 굴착공사 등으로 기존 구조물의 기초 지반이 약화될 경우 구조물의 침하 및 붕괴 위험이 발생할 수 있으므로 굴착공사 표준안전 작업지침 제24조에 규정된 사항을 준수하여야 한다. 1. 기존구조물의 하부에 파일, 가설슬라브 구조 및 언더피닝공법 등의 대책을 강구 2. 붕괴방지 파일 등에 브라케트를 설치하여 기존구조물을 방호하고 기존구조물과의 사이에는 모래, 자갈, 콘크리트, 지반보강 약액재 등을 충진하여 지반의 침하를 방지 3. 기존구조물의 침하가 예상되는 경우에는 토질, 토층 등을 정밀조사하고 유효한 혼합시멘트, 약액주입공법, 수평·수직보강 말뚝공법 등으로 대책을 강구 4. 웰 포인트 공법 등이 행하여지는 경우 기존구조물의 침하에 충분히 주의하고 침하가 될 경우에는 라우팅, 화학적 고결방법 등으로 대책을 강구 5. 지속적으로 기존구조물의 상태에 주의하고, 작업장 주위에는 비상투입용 보강재 등을 준비
Tip	
비고	

질문 9.	◆ 굴착면 기울기 기준에 대해 설명하세요.(12.15회 기출문제)
출처	산업안전보건기준에 관한 규칙 제339조 [별표 11]
답	굴착면의 기울기는 굴착면의 높이에 대한 수평거리의 비율을 말한다.(1:1.8은 높이 1m 갈 때 수평으로 1.8m 가야 한다는 뜻) ▷ **굴착면 기울기 기준** 지반의 종류 / 굴착면의 기울기 모래 / 1 : 1.8 연암 및 풍화암 / 1 : 1.0 경암 / 1 : 0.5 그 밖의 흙 / 1 : 1.2 – 복합 지층: 지층이 섞여 있어 계산이 곤란할 때는 각 부분의 지반 종류에 맞는 기울기를 각각 유지하여 진체직인 붕괴 위험이 없도록 해야 힙니다.
Tip	
비고	

질문 10.

- **굴착공사표준안전작업지침상 토석의 붕괴형태에 대해 설명하세요.(14.15회 기출문제)**
- **토사붕괴 예방을 위한 점검사항에 대해 설명하세요.(14.15회 기출문제)**

출처

굴착공사 표준안전 작업지침 제29조, 제32조

답

굴착공사 시 토석의 붕괴는 지반조건, 지하수, 절토 및 성토 상태 등에 따라 다양한 형태로 발생

▷ **토석의 붕괴형태**

1. 토사의 미끄러짐 (Sliding)

– 토사가 활동면을 따라 미끄러져 붕괴되는 현상으로 일반적으로 완만한 경사에서 완만한 속도로 광범위하게 발생

2. 사면 붕괴 (사면 위치별 붕괴)

① 사면 천단부 붕괴

② 사면 중앙부 붕괴

③ 사면 하단부 붕괴

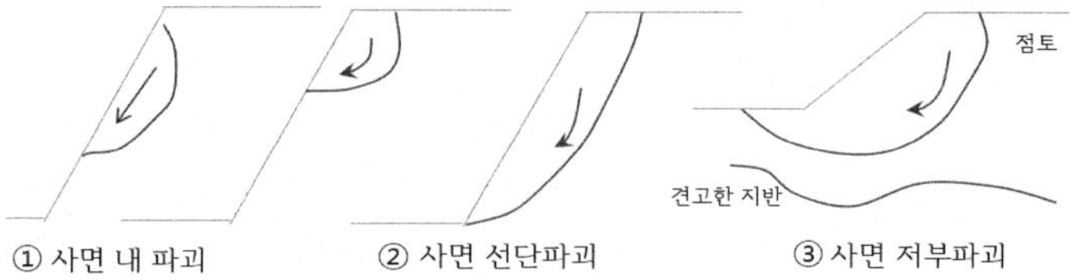

점토

견고한 지반

① 사면 내 파괴 ② 사면 선단파괴 ③ 사면 저부파괴

3. 표층 붕괴 (얕은 붕괴)

– 경사면이 침식되기 쉬운 토사로 구성된 경우 지표수나 지하수가 침투하여 얕은 표층이 부분적으로 붕괴되는 형태

또한 암반 사면에서도 절리 발달, 풍화 진행, 파쇄 증가 등에 의해 표층 붕괴가 발생

4. 심층 붕괴(깊은 절토부)

– 깊은 절토 사면에서 심층부 전단강도 감소로 발생하는 붕괴 형태(수분 침투나 응력 집중)

5. 성토사면 붕괴

– 성토 직후 다짐이 불충분한 상태에서 빗물이나 지하수가 침투하여 공극수압이 증가하면 붕괴가 발생

▷ **토사붕괴 예방을 위한 점검사항**

1. 전 지표면의 답사 : 굴착면 상부 배면 부위의 인장균열 발생여부 확인
2. 경사면의 지층 변화부 상황 확인 : 이질지층은 슬라이딩 발생 용이
3. 부석의 상황 변화의 확인: 낙석위험 방지
4. 용수의 발생 및 용수량의 변화 확인: 파이핑 현상으로 지반유실과 전단강도 저하 징후
5. 결빙과 해빙에 대한 상황의 확인 : 지반 이완으로 지지력 급격히 상실
6. 각종 경사면 보호공의 상태 점검 : 보호공의 설계하중을 견디고 있는지 모니터링

Tip

▶ **토사붕괴 예방을 위한 점검 실시 시기**

① 작업 전・중・후/ ② 비온 후 / ③ 인접 작업구역에서 발파 작업 후

비고

▶ 토사붕괴 예방을 위해서는 지표면 상태, 지층 변화, 부석 상태, 용수 발생 여부, 결빙・해빙 상태, 경사면 보호공 상태 등을 점검하고, 작업 전・중・후 및 강우 후와 발파 후에 점검을 실시하여야 한다. 현장에서 붕괴 전조현상을 파악하기 위함.

질문 11.	◆ 개착 굴착공사에서 계측기의 종류에 대하여 설명하세요.(8.9회 기출문제)
출처	KOSHA GUIDE C-103-2014 굴착공사 계측관리 기술지침
답	개착 굴착공사(Open Cut)에서 계측은 지반의 거동과 흙막이 구조물의 안전성을 실시간으로 파악하여 붕괴 사고를 미연에 방지하기 위해서 설치 ▷ **계측기의 종류** 1. 지반의 거동 점검 – 굴착으로 인해 주변 지반 침하 및 주변구조물 변화 확인 ① 지표침하계 ② 지중침하계 ③ 건물경사계 ④ 균열측정기 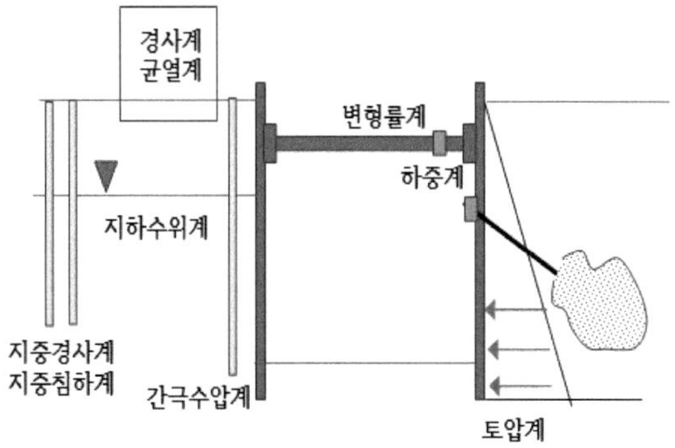 2. 흙막이 구조물(지보공)의 안전 점검 – 구조물이 토압을 견디며 변형되지 않는지 확인 ① 변형률계 : H–Pile, 버팀대(Strut), 띠장에 부착/ 하중에 따른 변형 측정 ② 하중계 : 어스앵커나 버팀대의 끝단에 설치/ 부재 실제 축하중 측정 ③ 지중경사계 : 흙막이 벽체에 설치/벽체 수평 변위량과 방향, 깊이별 변형 측정 3. 수위 및 간극수압 점검 – 토사 붕괴의 가장 큰 원인인 '물'의 흐름을 파악 ① 지하수위계 : 굴착 주변 지하수위 변동 측정/ 파이핑 현상, 배면토 유실 가능성 판단 ② 간극수압계 : 지반 내 간극수압 변화를 측정/ 지반의 유효응력 변화 파악 4. 진동 및 소음 점검 ① 진동측정기 : 발파나 장비 발생하는 진동이 인근 구조물에 미치는 영향 측정 ② 소음계 : 공사 현장의 소음이 법규 기준치 이내인지 관리
Tip	
비고	

<table>
<tr><td>질문 12.</td><td>◆ 도심지의 협소한 공간에서 공사 시 바닥에 자재를 효율적으로 적재 할 수 있는 공법에 대하여 설명하세요.(9회 기출문제)</td></tr>
<tr><td>출처</td><td>KOSHA GUIDE C - 60 - 2015 탑다운(Top down) 공법 안전작업 지침</td></tr>
<tr><td>답</td><td>도심지 협소 공간에서 가장 큰 걸림돌은 자재 적치 공간(Yard)의 부재입니다. 바닥 공간을 효율적으로 적재할 수 있는 가장 대표적인 공법을 설명하겠습니다.

▷ Top-Down 공법 (역타공법)
1. 원리
- 지표면에서 지하와 지상을 동시에 시공하며, 1층 바닥 슬래브(Working Platform)를 가장 먼저 타설합니다.
2. 자재 적재 효과
- 시공된 1층 바닥판 전체를 대규모 자재 적치장 및 대형 장비(펌프카, 크레인)의 작업대로 활용할 수 있습니다.
3. 안전성
- 흙막이 벽체를 슬래브가 직접 지지하므로 배면 지반 침하를 방지하여 주변 건물의 안전까지 확보합니다
4. 특징
① 지상, 지하 동시작업으로 공기단축
② 인접건물에 악영향(소음.진동) 적음
③ 1층바닥 작업장으로 활용
④ 1층 슬래브 선시공하여 우천시 시공가능

▷ 복공공법 (Decking Method)
1. 원리
- 굴착부 상부에 복공판 또는 가설슬래브를 설치하여 상부 공간을 작업 및 자재 적치 공간으로 활용하는 공법이다.
2. 특징
① 굴착부 상부를 작업공간으로 활용 가능
② 자재 적치 및 장비 이동 공간 확보
③ 도심지 교통 유지 가능
④ 공사 중 낙하물 방지</td></tr>
<tr><td>Tip</td><td></td></tr>
<tr><td>비고</td><td>▶ 도심지의 협소한 공사현장은 자재 적치공간 부족, 장비 작업공간 제한, 인접 구조물 영향 및 교통통제 문제 등이 발생하므로 공사공간을 효율적으로 활용하고 공기를 단축할 수 있는 공법을 적용하여야 한다.</td></tr>
</table>

<table>
<tr><td>질문 13.</td><td>◆ 토류판 흙막이 현장 굴착중 다량의 지하수 누수시 제일먼저 해야할일에 대해 설명하세요.
(13회 기출문제)</td></tr>
<tr><td>출처</td><td>굴착공사 표준안전 작업지침 제18조
KOSHA GUIDE C – 4 - 2012 흙막이공사(엄지말뚝 공법) 안전보건작업 지침</td></tr>
<tr><td>답</td><td>토류판 흙막이(Wooden Lagging) 현장에서 굴착 중 다량의 지하수 누수가 발생하면, 이는 단순한 배수 문제를 넘어 지반 유실(Piping) 및 흙막이 붕괴로 직결되는 매우 긴박한 상황입니다. 이에 작업 중단 및 즉시 되메우기의 즉각적인 조치를 취해야 한다.

▷ 토류판 흙막이 현장 굴착 중 다량의 지하수 누수 시 최우선 조치 (제일 먼저 해야 할 일)
1. 작업 중단 및 즉시 되메우기(압성토)
① 즉시 작업 중단 및 대피: 하부 작업 인원을 즉시 대피시키고 장비를 안전한 곳으로 이동시킵니다.
② 응급 되메우기 (Counter-fill): 누수 지점에 굴착했던 토사를 즉시 다시 채워 넣습니다.
– 이유: 외부의 수압과 토압에 대항하는 내부 하중(압성토)을 인위적으로 만들어 물과 흙이 터져 나오는 현상을 물리적으로 억제하기 위함입니다.
③ 지표수 유입 차단: 흙막이 배면(뒤쪽)으로 흐르는 지표수가 균열 등으로 유입되지 않도록 가마니나 비닐 등으로 차단합니다. 약액 주입: 필요시 급결재를 포함한 시멘트 페이스트나 우레탄 등을 주입하여 물길을 잡습니다.

2. 후속 조치 및 원인 파악
① 누수 원인 분석: 인근 상하수도관 파손인지, 지하수위가 높은 사질 지반(대수층)을 통과하며 발생한 것인지 파악합니다.
② 긴급 계측 실시: 지중경사계와 하중계(Load Cell) 수치를 확인하여 흙막이 벽체의 변위가 관리기준치를 초과했는지 정밀 모니터링합니다.
③ 지수 그라우팅: 누수 부위 배면에 LW(Liquid Wall), SGR(Space Grouting Rocket) 등의 약액 주입 공법을 실시하여 차수벽을 형성합니다.</td></tr>
<tr><td>Tip</td><td></td></tr>
<tr><td>비고</td><td>▶ 작업중지 → 근로자 대피 → 배수조치 → 흙막이 보강 → 지반 차수조치를 실시하여야 한다. 흙막이 벽에서 토사와 함께 물이 유출될 우려가 있는 경우에는 흙주머니 충진, 약액주입 등 지수방법으로 토사유출을 방지하여야 한다</td></tr>
</table>

질문 14.	◆ 흙막이공사의 가시설에서 안전을 확보하기 위하여 설치하는 계측기의 종류5가지에 대해 설명하세요.(10회 기출문제) ◆ 흙막이 공사 계측기 종류와 목적에 대해 설명하세요.(8.12회 기출문제)
출처	KOSHA GUIDE C-103-2014 굴착공사 계측관리 기술지침
답	흙막이 구조물 안정성 관리가 중심이다. **▷ 흙막이 공사 계측기의 종류** 1. 지중경사계 (Inclinometer) ① 목적: 흙막이 벽체의 수평 변위 및 깊이별 변형 형태 측정. ② 역할: 벽체의 배부름 현상이나 상부 전도 징후를 조기에 포착. 2. 하중계 (Load Cell) ① 목적: 버팀대(Strut)나 어스앵커의 실제 축하중 측정. ② 역할: 지보공 부재의 지지력 상실 및 과하중 여부를 수치로 확인. 3. 변형률계 (Strain Gauge) ① 목적: 주요 강재 부재(H-Pile, 띠장 등)의 표면 응력 변화 측정. ② 역할: 부재의 굴곡, 변형 등 구조적 결함을 실시간 감시. 4. 토압계 (Earth Pressure Cell) ① 목적: 흙막이 벽체 배면에 작용하는 실제 토압의 크기와 분포 측정. ② 역할: 설계 시 가정한 토압과 실측치를 비교하여 이상 토압(편압 등)에 의한 붕괴를 예방. 5. 간극수압계 (Piezometer) ① 목적: 지중 내 물의 압력을 측정하여 지반의 전단강도 변화 감시 ② 역할: 지반의 전단강도 저하 감시 및 보일링/파이핑 현상 예측 경사계 균열계 변형률계 하중계 지하수위계 지중경사계 지중침하계 간극수압계 토압계
Tip	
비고	

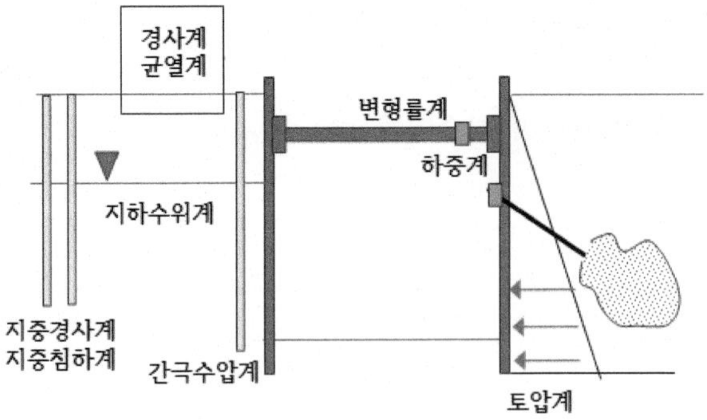

질문 15. ◆ **부마찰력에 대해 설명하세요.(8회 기출문제)**

출처

토질 및 기초공학 이론
구조물 기초설계기준 말뚝기초 설계

답

부마찰력은 말뚝의 주면마찰력이 말뚝을 위로 받쳐주는 것이 아니라, 오히려 말뚝을 아래쪽으로 끌어내리는 방향으로 작용하는 마찰력입니다.
발생 메커니즘: 지반 침하량 〉 말뚝 침하량 일 때, 지반이 말뚝보다 더 많이 내려가면서 말뚝 표면을 아래로 훑고 내려가는 힘이 생기는 것입니다.

▷ **부마찰력**

1. 부마찰력이 발생하는 원인
① 연약지반의 압밀침하
② 성토 또는 매립
③ 지하수위 저하
④ 지반 재하(Loading)

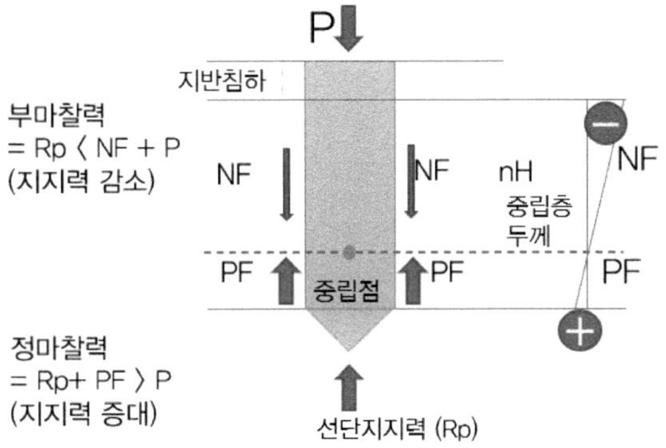

P
지반침하
부마찰력
= Rp 〈 NF + P
(지지력 감소)
NF
NF
nH
중립층
두께
NF
PF
중립점
PF
PF
정마찰력
= Rp+ PF 〉 P
(지지력 증대)
선단지지력 (Rp)

2. 부마찰력이 구조물에 미치는 영향
① 말뚝에 추가 하중 발생
② 말뚝의 허용지지력 감소
③ 말뚝의 침하 증가
④ 말뚝 파손

3. 부마찰력 방지 및 저감대책
① 말뚝 표면 코팅 (아스팔트, 도료 등)
② 이중관 시공
③ 지반 개량 (프리로딩, 샌드드레인)
④ 성토 후 말뚝 시공
⑤ 말뚝 지지층 깊게 설치

Tip

▶ 부마찰력(Negative Skin Friction)은 말뚝 기초 시공 시 발생하는 매우 중요한 공학적 현상으로 구조물 기초설계기준에서 말뚝 설계시 부마찰력을 고려하도록 규정하고 있다.

비고

▶ 부마찰력은 지반 침하에 의해 말뚝에 작용하는 하향 마찰력으로 말뚝에 추가하중을 발생시키며, 설계 시 반드시 고려해야 하는 말뚝기초의 중요한 영향요인이다.

질문 16.	◆ 면진구조에 대해 설명하세요.(8회 기출문제)

출처 KDS 41 17 00 (건축물 내진설계기준)

답

면진구조는 지진 발생 시 건물에 전달되는 지진에너지를 감소시키기 위하여 건물과 기초 사이에 면진장치를 설치하여 구조물의 지진응답을 저감시키는 구조방식이다.
즉, 구조물 하부에 면진장치(Isolator)를 설치하여 지반의 진동이 상부 구조물에 직접 전달되지 않도록 하는 것이다.

▷ **면진구조**

1. 면진구조의 원리

면진구조는 기초와 구조물 사이에 유연한 장치를 설치

① 구조물의 고유주기 증가
② 지진가속도 감소
③ 지진에너지 흡수
④ 상부구조의 변형 감소

2. 면진장치의 종류

① 적층고무받침
② 슬라이딩 베어링
③ 마찰진자형 면진장치

Tip

▶ 내진 / 제진 / 면진 비교

구분	내진	제진	면진
개념	구조물의 강성으로 저항	댐퍼가 지진에너지 흡수	지반과 구조물 분리
목표	인명피해방지	구조물 및 내부 기물보호	기능 유지 및 자산 보호
비용	낮음	중간	높음
	접합부를 단단히 연결	제진 장비	면진 장비

▶ 면진구조는 지표면 가속도를 건물에 직접 전달하지 않으므로 비구조요소(천장재, 배관, 엘리베이터 등)의 탈락 방지에 가장 효과적인 대책

비고

▶ 면진구조(Base Isolation)는 지진 시 건축물의 피해를 최소화하기 위한 가장 적극적인 공법 중 하나입니다. 단순히 버티는 것(내진)이나 에너지를 흡수하는 것(제진)을 넘어, 건축물과 지반을 분리(Isolate)하여 지진파가 건물로 전달되는 것 자체를 차단하는 개념입니다.

질문 17.	◆ 천단부 붕괴 각도와 붕괴원인에 대해 설명하세요.(8회 기출문제)
출처	토질역학 이론
답	천단부 붕괴는 굴착사면 또는 절토사면의 상단부(천단부)에서 발생하는 붕괴 형태로서 사면 상부의 토사가 활동면을 따라 붕괴되는 현상을 말한다. 붕괴 과정은 사면상부의 인장균열발생 → 균열아래의 전단파괴면 형성– 〉 슬라이딩 발생 굴착공사에서 작업자 추락 및 토사 매몰사고의 주요 원인이 되는 붕괴 유형이다. ▷ **천단부 붕괴 각도(파괴면의 형상)** 랭킨 토압이론에서는 지반이 전단파괴될 때 파괴면은 $\theta = 45^\circ + \frac{\varnothing}{2}$($\varnothing$: 흙의 내부마찰각)의 각도를 이루며 발생 일반적 토사의 내부마찰각 30°∼ 40°이므로 – 즉 토사가 붕괴될 때 파괴면이 약 60 정도 경사로 형성된다는 의미 ▷ **천단부 붕괴 원인** 1. 내적원인(지반강도 저하) ① 간극수압 상승 – 집중호우로 인한 천단부 인장균열로 물 유입, 간극수압이 상승하여 유효응력 감소하고 전단강도가 상실 ② 토질의 특성 – 점성토의 경우 시간경과에 팽윤/연화되어 강도 저하 ③ 풍화작용 – 기온 변화, 동결 융해 반복으로 상부 지반강도 저하 2. 외적원인(전단응력 증가) ① 사면 상부의 상재하중 증가 : 건설장비, 자재 적치, 차량 통행 ② 굴착 시 과도한 절토경사 : 안정경사 미확보 ③ 발파진동 및 충격
Tip	▶ **천단부 붕괴 방지 대책 및 관리 방안** ① 천단부 배수 처리: 산마루 측구 설치 ② 인장 균열은 점토나 시멘트 밀크 등으로 즉시 충진 ③ 사면 천단부로부터 일정 거리(보통 사면 높이의 1∼1.5배) 이내에는 중량물 적치 금지 ④ 지표침하계를 설치하여 천단부의 수직/수평 변위 실시간 모니터링
비고	▶ 인장 균열 사이로 빗물이 들어가면, 물의 무게가 흙을 더 무겁게 만들 뿐만 아니라, 갈라진 틈 사이에서 쐐기처럼 흙을 밖으로 밀어내는 수압이 발생하기 때문입니다. 그래서 비가 올 때 사면 꼭대기에 천막을 씌우는 것이 아주 중요한 안전 수칙입니다

질문 18.

- **옹벽의 종류와 안정조건에 대해 설명하세요.(8회 기출문제)**
- **옹벽의 안전진단 8가지 기준에 대해 설명하세요.(12회 기출문제)**

출처

KOSHA GUIDE C – 78 – 2016 옹벽(콘크리트 옹벽)공사의 안전보건작업지침
KDS 11 80 05 (옹벽 설계기준)/
시설물의 안전 및 유지관리 실시 세부지침

답

옹벽은 토압에 의해 붕괴될 우려가 있는 토사를 지지하기 위한 구조물로서 옹벽 설계 시 전도·활동·지반지지력 등에 대한 안정검토를 실시하여야 한다.

▷ 옹벽의 종류

① 중력식 옹벽 : 자중에 의해 토압에 저항
② 반중력식 옹벽 : 중력식 옹벽의 벽두께를 얇게 하고 철근을 배치한 형식
③ 캔틸레버식 옹벽 : 저판과 벽체가 일체 구조로 작용하여 토압에 저항하는 형식
④ 부벽식 옹벽 : 옹벽 배면에 부벽을 설치하여 벽체의 휨모멘트를 감소

▷ 옹벽의 안정조건

① 활동에 대한 안정
② 전도에 대한 안정
③ 지지력에 대한 안정
④ 전체 안정 (사면안정)

▷ 옹벽의 안전진단 8가지 기준

① 균열조사
② 침하
③ 활동
④ 전도/경사
⑤ 누수부위 조사
⑥ 전면부 : 열화조사, 균열깊이, 철근 부식 등
⑦ 기초부 세굴
⑧ 배수공 상태

Tip

▶ 옹벽의 안정성 검토

검토항목	안전율
활동	FS = 활동저항력/활동력〉1.5
전도	FS = 저항모멘트/활동모멘트〉2.0
지지력	FS = 지반의 극한지지력/지반반력〉3.0
전체안정성	FS〉 1.5

전도(FS>2.0)
토압
활동
(FS>1.5)
지지력
(FS>3.0)
전체안정성
(FS>1.5)

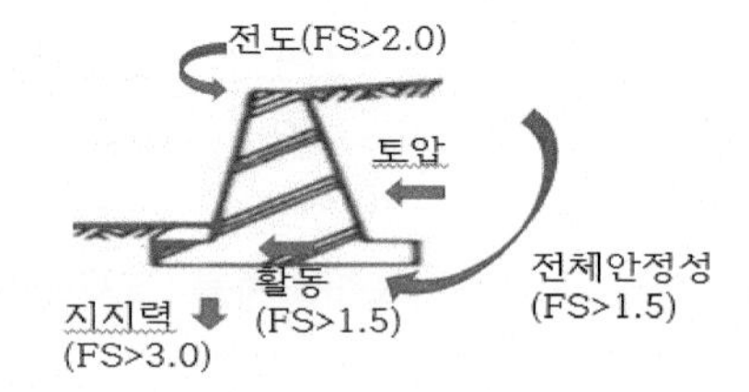

비고

▶ 옹벽의 안정조건은 전도, 활동, 지반지지력, 전체 안정에 대해 검토하며 일반적으로 전도 안전율은 2.0 이상, 활동 안전율은 1.5 이상을 확보하도록 설계합니다.

MEMO

4. 구조물공사

분류	질문번호	회차	질문내용
1. 총칙	1	9	탄성계수와 소성계수 차이, 적용
	2	8.10	탄성계수와 변형계수에 대하여 설명

2. 거푸집 · 동바리	3	9	콘크리트 공사에서 거푸집의 수평방향 허용오차에 대하여 설명
	4	8.10	작업발판 일체형거푸집의 종류와 안전대책에 대하여 설명
	5	9.10.12	콘크리트공사표준안전작업지침상의 거푸집공사에서 거푸집, 동바리, 콘크리트 타설 시 점검사항을 각각 2개씩 설명

3. 철근	6	8	철근의 가공 방법에 대하여 설명
	7	9	철근 절단작업의 종류와 주의사항에 관하여 설명
	8	14.15	철근 인력운반과 기계운반 시 준수사항에 대해 설명

4. 콘크리트	9	8	콘크리트 헤드에 대해 설명
		8.15	콘크리트 측압공식과 측압에 영향을 주는 인자에 대해 설명
		15	콘크리트 벽체 두께 구하는 공식, 기둥 측압산정 공식과 계수에 대해 설명
	10	7.9.11	콘크리트공사표준안전작업지침상의 콘크리트 타설 시 안전수칙에 관하여 설명

질문 1.	◆ **탄성계수와 소성계수 차이, 적용에 대해 설명하세요.(9회 기출문제)**
출처	재료의 역학적 성질

답

▷ **탄성계수와 소성계수 차이**

– 이 두 계수는 재료에 힘을 가했을 때 원래대로 돌아오느냐(탄성) 아니면 영구적으로 모양이 변해버리느냐(소성)를 결정짓는 기준입니다.

1. 탄성계수 vs 소성계수 개념 차이

구분	탄성계수 (E)	소성계수 (Zp)
정의	비례한계 내에서 응력과 변형률의 비	단면이 전부 항복했을 때의 저항능력
의미	재료의 강성 (Stiffness)	단면의 극한 휨저항
핵심 성질	재료 고유의 성질 (강철, 콘크리트 등 재질에 따라 결정)	단면 형상의 성질 (모양, 크기에 따라 결정)
거동 특성	하중 제거 시 원래 형상으로 100% 복원	하중 제거 후에도 영구 변형이 남음 (파괴 직전)
공식 관계	$\sigma = E \cdot \epsilon$ 응력 = 강성 × 변형률	$M_p = f_y \cdot Z_p$ 최대 휨내력 = 항복강도 × 단면능력
해석 의미	재료가 얼마나 안 늘어나냐 (강성)	단면이 얼마나 크게 버티다가 파괴되냐 (내력)
설계 적용	구조물의 변형 및 처짐 계산 (사용성 검토)	구조물의 극한 강도 설계 및 붕괴 해석 (안전성 검토)

Tip

▶ 콘탄성계수(E) → 변형, 처짐, 강성 평가
소성계수(Zp) → 내력, 붕괴, 극한강도 평가

비고

▶ 탄성계수는 재료의 탄성영역에서 응력과 변형률의 비로 정의되는 재료 고유의 강성지표로서 구조물의 변형 및 처짐을 평가하는 데 사용되며, 소성계수는 단면이 전부 항복한 상태에서의 휨저항능력을 나타내는 단면특성값으로 극한강도 설계 및 붕괴해석에 적용된다.

질문 2. ◆ **탄성계수와 변형계수에 대하여 설명하세요.(8.10회 기출문제)**

출처 재료의 역학적 성질

답

▷ **탄성계수와 변형계수**

구조물 공사에서는 철근처럼 성질이 일정한 재료뿐만 아니라, 흙이나 암반처럼 하중 제거 시 복원되지 않는 성질을 가진 재료도 다룹니다. 이때 각 재료의 특성에 맞게 계수를 구분하여 적용해야 합니다.

1. 탄성계수 vs 변형계수 개념 차이

구분	탄성계수 (E)	변형계수 (Ed)
정의	하중 제거 시 원래대로 돌아오는 탄성 변형률에 대한 응력의 비	탄성 변형에 소성(영구) 변형을 모두 합친 전체 변형률에 대한 응력의 비
의미	재료의 강성 (Stiffness)	지반의 침하량(Settlement) 예측
핵심 성질	재료 고유의 성질 (강철, 콘크리트 등 재질에 따라 결정)	불균질한 재료의 성질 (흙, 절리 암반 등)
거동 특성	하중 제거 시 원래 형상으로 100% 복원	하중 제거 후에도 영구적인 눌림이 남음
공식 관계	$\sigma = E \cdot \epsilon$ 응력 = 강성 × 변형률 탄성영역만 고려	$Ed = \frac{\sigma}{\epsilon_t}$ $\epsilon_t = \epsilon_e + \epsilon_p$ (탄성변형+ 소성변형)
해석 의미	“누르면 다시 튕겨 나오는 범위만 본다”	“누르면 들어간 전체 변형을 다 본다 (복원 + 잔류 포함)”
설계 적용	구조물 부재 자체의 변형/처짐 검토	동바리 하부 지반의 침하/지지력 검토

Tip

▶ 탄성계수 = “부재(Material)의 성질” : 철근, 강재, 고강도 콘크리트 설계 (부재의 꼿꼿함)
변형계수 = “지반(Ground)의 성질” : 토사 지반, 풍화암 상의 가설물 기초 (바닥의 꺼짐)

비고

▶ 탄성계수는 재료의 가역적인 탄성 변형만을 고려한 응력의 비로서 구조 부재의 강성 설계에 사용되며, 변형계수는 탄성 및 소성 변형을 모두 포함한 비가역적 변형 지표로서 지반의 침하량 산정 및 기초 설계에 적용된다.

질문 3.	◆ 콘크리트 공사에서 거푸집의 수평방향 허용오차에 대하여 설명하세요.(9회 기출문제)
출처	KCS 21 50 05 거푸집 및 동바리공사 일반사항
답	거푸집(Formwork)은 콘크리트 구조물의 형상, 치수 및 위치를 정확하게 유지하기 위한 가설구조물로서 설치 시 수평 및 수직 정밀도 확보가 중요하다. 거푸집의 설치 오차가 과도할 경우 구조물의 치수 불량, 구조성능 저하 및 마감 불량이 발생할 수 있으므로 허용오차 범위 내에서 시공하여야 한다. **▷ 거푸집 수평방향 허용오차** ① 슬래브・보・모서리 위치 오차 : 25 mm ② 슬래브 개구부 중심선 또는 외곽선 위치 오차 : 13 mm ③ 슬래브 쇠톱자름, 줄눈, 매설물로 인한 약화된 면 위치 오차 : 19 mm – 약화된 면 : 단면이 감소하거나 구조적으로 약화되는 부분 – 매설물(전선관, 슬리브 등) 주변은 콘크리트 타설 시 밀림 가능성이 크지만, 구조적 약점이 될 수 있어 19mm 이내로 엄격히 제한 **▷ 거푸집 밀림(수평오차) 발생 주요 원인** ① 거푸집 고정 및 지지 불량 ② 콘크리트 측압 증가 및 편심 타설 ③ 진동다짐 과다 ④ 시공관리 및 점검 미흡
Tip	**▶ 거푸집 수평방향 허용오차 방지를 위한 관리사항** ① 기준선 및 기준점 설정 ② 거푸집 설치 후 위치 및 수평 확인 ③ 버팀대 및 긴결재 설치로 변형 방지 ④ 콘크리트 타설 중 변형 여부 확인
비고	▶ 거푸집 수평오차 방지의 핵심은 타설 중 거푸집의 변형이나 밀림이 없는지 전담 인원이 상시 모니터링을 실시

질문 4.	◆ 작업발판 일체형거푸집의 종류와 안전조치에 대하여 설명하세요.(8.10회 기출문제)
출처	산업안전보건기준에 관한 규칙 제331조의3
답	작업발판 일체형 거푸집이란 거푸집의 설치・해체, 철근 조립, 콘크리트 타설, 콘크리트 면처리 작업 등을 위하여 거푸집을 작업발판과 일체로 제작하여 사용하는 거푸집을 말한다. ▷ **작업발판 일체형 거푸집의 종류** ① 갱폼(Gang Form) – 대형 패널 형태로 제작하여 크레인으로 인양. 주로 아파트 외벽에 사용 ② 슬립폼(Slip Form) – 콘크리트 타설과 동시에 연속적으로 상승하면서 시공. – 사일로, 교각, 굴뚝 등 이음매 없는 구조물에 사용 ③ 클라이밍폼(Climbing Form) – 유압 또는 레일 시스템을 이용하여 상향 이동하는 거푸집으로 고층빌딩에 사용 ④ 터널 라이닝폼(Tunnel Lining Form) – 터널 내부 콘크리트 라이닝 시공을 위한 대형 거푸집 ⑤ 기타 작업발판 일체형 거푸집 ▷ **작업발판 일체형 거푸집의 안전조치** 1. 갱폼(Gang Form)의 안전 작업 준수사항 ① 작업절차 사전 교육 ② 구조물 내부 전용 이동통로 설치 ③ 지지 및 고정 철물 수시 점검 ④ 인양 장비 결속 전 고정철물 해체금지 ⑤ 작업발판용 케이지에 탑승한 채 인양금지 2. 슬립폼, 클라이밍 폼 등 기타 일체형 거푸집의 안전 작업 준수사항 ① 거푸집 및 지지재의 변형 확인 ② 위험구역 출입통제 ③ 콘크리트 양생기간 준수 : 거푸집 지지면의 풍압 영향으로 이탈 방지 ④ 낙하・붕괴・전도방지 : 연결/지지 형식 부재의 조립 시 거푸집을 인양장비에 매단 후에 작업
Tip	▶ 갱폼 사고의 90% 이상은 크레인이 오기도 전에 고정 볼트를 미리 다 풀어버리는 선해체에서 발생합니다. 반드시 크레인 샤클을 갱폼 인양 고리에 체결한 것을 확인한 뒤 볼트를 풀어야 합니다.
비고	▶ 갱폼 해체 시 볼트 해체 완료 알림판이나 인양 작업 전담 신호수를 배치하여, 크레인 기사와 해체 작업자 간의 소통 오류를 원천 차단하는 시스템 구축이 병행되어야 한다.

질문 5.	◆ **콘크리트공사표준안전작업지침상의 거푸집공사에서 거푸집, 동바리, 콘크리트 타설 시 점검사항을 각각 2개씩 설명하세요.(9.10.12회 기출문제)**
출처	콘크리트공사 표준안전 작업지침 제2020-9호 제7조 (개정 전) 콘크리트공사 표준안전 작업지침 제2025-78호 (개정-시행 2025. 12. 1)
답	콘크리트 공사에서 거푸집 및 동바리는 콘크리트 자중, 작업하중 및 측압을 지지하는 가설구조물이므로 설치 후에는 구조적 안정성 등을 철저히 점검하여 붕괴재해를 예방 ▷ **거푸집 · 동바리 점검사항(개정 전)** 1. 거푸집을 점검사항 ① 기초 거푸집을 검사할 때에는 터파기 폭 ② 거푸집의 형상 및 위치 등 정확한 조립상태 ③ 거푸집에 못이 돌출되어 있거나 날카로운 것이 돌출되어 있을시에는 제거 2. 지주(동바리)를 점검사항 ① 지주를 지반에 설치할 때에는 받침철물 또는 받침목등을 설치하여 부동침하 방지조치 ② 강관지주(동바리) 사용시 접속부 나사 등의 손상상태 ③ 이동식 틀비계를 지보공(동바리) 대용으로 사용할 때에는 바퀴의 제동장치 3. 콘크리트를 타설할 때 점검사항 ① 콘크리트를 타설할 때 거푸집의 부상 및 이동방지 조치 ② 건물의 보, 요철부분, 내민부분의 조립상태 및 콘크리트 타설시 이탈방지장치 ③ 청소구의 유무 확인 및 콘크리트 타설시 청소구 폐쇄 조치 ④ 거푸집의 흔들림을 방지하기 위한 턴 버클, 가새 등의 필요한 조치 ▷ **거푸집 · 동바리 점검사항(개정 후)** 1. 사전 계획 (제4조, 제5조) ① 조립도 일치: 구조검토가 반영된 조립도대로 시공(규격, 간격, 이음) 확인 ② 인증 자재: 안전인증 제품 및 재사용재 품질시험 성적서 확인 2. 조립 기준 (제9조 ~ 제13조) ① 강관: 높이 3.5m 초과 시 2m 이내마다 2방향 수평연결재 설치 ② 시스템: 수직재-받침철물 겹침 길이(1/3 이상) 및 연결핀 체결 ③ 하부: 깔판 · 깔목 사용 및 2단 이상 적치 금지 ④ 보 형식(데크): 끝단 걸침 길이 확보 및 탈락 방지 조치 3. 타설 및 해체 (제17조, 제20조) ① 타설 중 감시: 변형 · 침하 확인을 위한 전담 감시자 상주 ② 분산 타설: 편심 하중 방지를 위한 균등 타설 및 CPB 장비 점검 ③ 해체 강도: KCS 기준에 따른 압축강도(양생기간) 확인 필수 ④ 인양 결속: 갱폼 등 대형 거푸집은 인양장비 결속 후 해체(선해체 금지)
Tip	▶ 개정 취지 : 단순 육안 점검에서 구조계산 기반의 조립도 준수 및 공종별 정밀 조립 기준 확인으로 안전 관리 체계가 강화됨
비고	▶ 과거에는 현장 경험에 의존한 육안 점검이 주를 이루었다면, 개정 지침은 구조적 안전성(데이터)과 표준화된 조립 기준(시스템) 준수를 법적 · 기술적 의무로 명시하고 있습니다.

질문 6.	◆ 철근의 가공 방법에 대하여 설명하세요.(8회 기출문제)
출처	콘크리트공사 표준안전 작업지침 제14조
답	철근의 가공은 설계도면에서 정한 형상과 치수에 맞추어 철근을 자르거나 구부리는 과정을 말합니다. 콘크리트 표준안전작업지침 제14조는 철근 가공 과정에서 발생하는 협착 및 감전 사고를 방지하기 위해 작업방법에 따른 안전수칙을 규정하고 있습니다. ▷ **철근 절단 작업 시 준수사항** – 철근 절단 작업은 철근의 탄성력에 의한 비산, 공구 파손, 감전 등의 위험 1. 해머 절단 작업 시 ① 해머 상태 점검 : 해머 자루에 금이 가거나 쪼개진 부분이 없는지 확인 ② 절단기 날 상태 확인 : 절단기의 절단날이 마모되어 미끄러질 우려가 있는 것은 사용 금지 2. 기계 절단 작업 시 ① 기계 접지 실시 : 절단기의 접지 상태 확인하여 감전 예방 ② 철근 비산 방지 : 철근 절단 시 철근 탄성에 의해 절단 부위가 튀지 않도록 주의하여 작업 ▷ **철근 절단 작업 시 준수사항** – 철근 절곡 작업은 기계 협착, 말림, 감전 등의 위험 ① 오작동 방지조치 : 풋 스위치 보호덮개 설치 ② 협착·접촉 방지조치: 작업 범위 접근 금지 ③ 감전 방지조치 : 접지 실시 ④ 비상정지 장치인 동력차단장치 설치 및 유지관리
Tip	
비고	▶ 철근 절단 작업 시 해머 및 절단기의 상태를 점검하고 절단기의 접지를 실시하며 철근 절단 시 탄성력에 의한 비산을 방지하는 등 안전조치를 하여야 한다. ▶ 철근 절곡 작업 시 풋스위치 보호덮개 설치, 절곡 작업범위 접근 금지, 절곡기 접지 및 동력차단장치 설치 등 안전조치를 실시하여 협착 및 감전 재해를 예방하여야 한다.

질문 7.	◆ **철근 절단작업의 종류와 주의사항에 관하여 설명하세요.(9회 기출문제)**
출처	콘크리트공사 표준안전 작업지침 제14조
답	철근 절단 작업은 구조물의 치수에 맞게 철근을 자르는 공정으로, 작업 방식에 따라 기계적 특성이 달라지므로 적절한 공법 선택과 안전 수칙 준수가 필수적입니다 ▷ **철근 절단작업의 종류** 1. 기계 절단 (Cutter) – 전기 모터의 힘을 이용해 칼날로 철근을 자릅니다. 특징: 절단면이 비교적 깨끗하며 상온(냉간) 가공이므로 철근의 성질 변화가 없습니다. 2. 해머 절단 (Hammer) – 정(Chisel)을 철근에 대고 해머로 타격하여 자르는 수동 방식 3. 가스 절단 (Gas Cutting) ① 산소와 가스(LPG, 아세틸렌 등)의 혼합 불꽃으로 철근을 녹여 자르는 방식 ② 굵은 철근에 사용, 고열로 인해 철근의 강도 저하 및 취성 발생 4. 톱 절단 (Sawing) ① 금속용 톱이나 고속 절단기(Grinder)를 사용 ② 단면이 매우 정밀하여 기계적 이음(커플러)을 위한 나사 가공 전처리 시 주로 사용 ▷ **철근 절단 작업 시 주의사항** ① 기계 절단 작업 시 기계 몸체에 접지를 실시하여 감전 사고를 방지 ② 철근비산 방지 : 철근 절단 시 탄성력에 의해 절단부가 튀지 않도록 작업 ③ 해머 절단 시 해머 자루의 균열 유무와 절단날의 마모 상태를 점검하여 미끄러짐 사고를 방지 ④ 화기 예방: 가스 절단 시에는 성능인증 용접방화포를 설치하고 화기감시자를 배치
Tip	▶ 이번 개정 지침은 특히 화기 작업 시 성능인증을 받은 용접방화포 사용과 화재감시자 배치를 구체화하여, 철근 가공 중 발생할 수 있는 화재 사고에 대한 사업주의 책임을 강화함.
비고	▶ 철근 절단 작업은 작업 방법에 따라 공구 파손, 철근 비산, 감전 등의 위험이 있으므로 절단 공구 상태 점검, 기계 접지, 작업구역 통제 등 안전조치를 철저히 하여야 한다.

질문 8.	◆ 철근 인력운반과 기계운반 시 준수사항에 대해 설명하세요.(14.15회 기출문제)
출처	콘크리트공사 표준안전 작업지침 제15조
답	콘크리트공사 표준안전 작업지침 제15조에 규정 철근은 중량이 크고 길이가 길어 운반 시 전도, 낙하, 감전, 근골격계 질환 등 다양한 사고 위험이 존재합니다. 인력·기계 운반 시의 하중 제한과 감전 예방이 매우 구체적으로 명시되어 있습니다. **▷ 철근 인력 운반 시 준수사항** – 인력 운반: 신체 부담을 주므로 하중제한 및 안전통로 설치 ① 중량 및 횟수 제한: 1회 25킬로그램 미만, 1인당 10회 미만으로 제한하여 근골격계 질환예방. ② 공동작업 : 2인 이상이 1조가 되어 어깨메기로 운반 ③ 결속 및 하역 : 다발 운반 시 양끝을 묶고, 내려놓을 때 충격(던지기)을 금지 ④ 안전한 통로확보 : 실족방지망 등 설치 **▷ 철근 기계 운반 시 준수사항** – 낙하 및 붕괴 방지 ① 작업 책임자 배치 및 표준신호 준수 ② 허용하중 준수 ③ 양중기 작업반경 내 작업 구역 통제 ④ 적재하중 제한 : 비계, 거푸집, 데크플레이트 등 가설구조물에 과다 적재금지 ⑤ 양중기 운반시 2줄걸이 수평유지 ⑥ 지게차 하역·운반 시 포크 중앙에 적재(편하중 방지)하고 미끄러지지 않도록 단단히 고정
Tip	**▶ 철근 운반시 감전사고 예방조치** ① 작업 바닥 주변 전선 배치 금지 ② 주변의 전선은 사용 철근의 최대길이 이상의 높이에 배선/ 최소 2m 이상 이격거리 확보 ③ 운반장비 전선의 배선 상태 확인 후 운행
비고	▶ 철근 운반 시 인력은 하중 제한(25kg)과 어깨메기를 준수하고, 기계는 2줄 걸이 결속과 작업 반경 출입 통제를 통해 낙하 및 충돌 재해를 예방해야 한다.

<table>
<tr><td>질문 9.</td><td>◆ 콘크리트 헤드에 대해 설명하세요.(8회 기출문제)
◆ 콘크리트 측압공식과 측압에 영향을 주는 인자에 대해 설명하세요.(8.15회 기출문제)
◆ 콘크리트 기둥 측압산정 공식과 계수에 대해 설명하세요.(15회 기출문제)</td></tr>
<tr><td>출처</td><td>KDS 21 50 00 거푸집 및 동바리 설계기준</td></tr>
<tr><td>답</td><td>▷ 콘크리트 헤드
– 타설된 콘크리트 윗면으로부터 최대측압면까지의 거리(측압이 최대가 되는 지점부터 자유 수면(상단)까지의 높이)
– 거푸집 조립도 작성 시 예상되는 최대 콘크리트 헤드를 산정하여 이에 견딜 수 있는 긴결재(Form–tie)의 간격과 버팀대의 강성을 확보하는 것이 붕괴 사고 예방의 핵심이다.

▷ 콘크리트 측압공식과 측압에 영향을 주는 인자
1. 콘크리트 측압 공식
P=w・H
P : 콘크리트 측압 (kN/m^2)
w : 콘크리트 단위중량 (약 23~24 kN/m^3)
H : 콘크리트 타설 높이(콘크리트 헤드) (m)
2. 측압에 영향을 주는 인자(측압이 커지는 조건)
① 타설 속도 빠를수록
② 타설높이가 높을수록
③ 콘크리트 온도가 낮으면 응결지연
④ 다짐 과도할수록
⑤ 슬럼프가 클수록
⑥ 부재 단면 두꺼울수록
⑦ 지연제 사용 시 응결시간이 길수록

▷ 콘크리트 기둥 측압산정 공식과 계수
1. 기둥 (Column) 측압 공식
기둥은 벽체보다 단면이 작아 타설 속도가 상대적으로 빠르기 때문에 더 높은 측압을 적용합니다.
<table><tr><td>$P_{\max} = C_W\ C_C\left[7.2 + \frac{790R}{T+18}\right]$</td><td>$P$: 콘크리트 측압(kN/m^2)
C_w : 단위중량 계수
Cc : 화학첨가물 계수
R : 콘크리트 타설속도(m/hr)
T : 타설되는 콘크리트의 온도(℃)</td></tr></table></td></tr>
<tr><td>Tip</td><td>▶ 콘크리트공사 표준안전 작업지침 제5조에 따라, 이 공식을 통해 계산된 최대 측압에 견딜 수 있도록 긴결재(Form–tie)의 규격과 간격을 조립도에 반드시 명시해야 합니다.</td></tr>
<tr><td>비고</td><td>▶ 특히 동절기(낮은 온도)나 펌프카 타설(빠른속도)시에는 측압이 급증하므로 긴결재(Form–tie)의 배치 간격을 평소보다 좁게 조립도를 작성해야 붕괴 사고를 예방할 수 있습니다.</td></tr>
</table>

질문 10.	◆ 콘크리트공사 표준안전 작업지침상의 콘크리트 타설 시 안전수칙에 관하여 설명하세요. (7.9.11회 기출문제)
출처	콘크리트공사 표준안전 작업지침 제2025-78호 제17조, 제18조, 제19조
답	▷ **콘크리트 타설 시 안전수칙** 1. 콘크리트 타설작업 시 안전수칙 ① 타설계획 수립 및 준수 ② 거푸집 및 동바리 점검 ③ 감시자 배치 : 타설 중 거푸집 및 동바리 변형·변위·침하 여부 확인 ④ 붕괴 위험 발생 시 즉시 작업 중지 및 근로자 대피/ 충분한 보강조치 ⑤ 콘크리트 양생기간 확보 또는 압축강도 확인 후 해체 ⑥ 콘크리트를 골고루 분산 타설 ⑦ 진동기 적정 사용 2. 콘크리트 타설장비 사용 시 안전수칙 ① 타설장비 사전 점검 및 작업계획서 작성/ 유도자 배치 ② 배관 및 호스 연결상태 확인/장비 사양의 허용 길이 준수 ③ 붐대 조작 시 매뉴얼 준수 및 전선 이격거리 확보 ④ 콘크리트 분배기 적재하중 초과 금지 ⑤ 플레이싱 붐 구조 점검 및 누전 여부 확인 및 절연조치 실시 ⑥ 타설 호스 요동 방지 : 호스 선단을 확실히 잡고 작업 ⑦ 공기압송 펌프 사용 시 콘크리트 비산 주의 ⑧ 장비 전도 방지를 위해 지반 침하 및 아웃트리거 상태 확인 3. 콘크리트 양생 시 안전수칙 – 일산화탄소 중독 및 산소결핍 사고 방지를 위해 보온양생은 열풍기 사용 원칙 – 불가피하게 갈탄 등을 사용할 경우의 준수사항 ① 출입금지 표지를 설치하고 관리감독자 허가 없이 출입을 금지 ② 출입 전 반드시 유해가스 및 산소 농도를 측정 및 환기 ③ 공기호흡기 또는 송기마스크 착용 ④ 소화기 및 소화시설 설치
Tip	▶ 콘크리트공사 표준안전 작업지침 개정 내용 ① 감시자 배치 의무화 : 단순 작업이 아닌 구조 감시 기능 강화 ② 질식 예방 구체화 : 열풍기 사용 원칙 및 보호구(공기호흡기) 명시 ③ CPB 안전 기준 신설 : 신기술 장비에 대한 관리 항목 구체
비고	▶ 콘크리트 타설 작업은 거푸집 및 동바리 붕괴 위험이 크므로 타설계획 수립, 거푸집 점검, 감시자 배치, 균등 타설 및 타설속도 관리와 함께 콘크리트 타설장비의 점검과 양생작업 시 질식·화재 예방조치를 실시하여야 한다.

MEMO

5. 철골공사

분류	질문번호	회차	질문내용
5. 철골공사	1	8.9.10	철골 자립도 검토 대상에 대해 설명
	2	15	철골공사 표준안전작업지침상 사전에 계획하여 철골 공작도에 포함되어야 할 안전시설에 대해 설명
	3	15	철골건립전 준비사항과 반입시 준수사항에 대해 설명
	4	15	철골공사표준안전작업지침에 따른 철골 인양시 준수사항에 대해 설명
		14	철골공사표준안전작업지침상 철골건립을 위하여 철골기둥을 인양할 때 준수사항
	5	9.10.13	철공공사 시 안전대책에 대하여 설명
		15	철골공사표준안전작업지침상 철골공사 안전준수사항에 대해 설명
	6	15	철골공사 안전시설물에 대해 설명
	7	15	구명줄 로프 기준에 대해 설명

6. 초고층공사

분류	질문번호	회차	질문내용
6. 초고층공사	8	8.9.12	건축물의 연돌현상에 대한 문제점과 대책에 대하여 설명
	9	9	초고층 건축물의 가설구조물에 대하여 설명

7. 해체공사

분류	질문번호	회차	질문내용
7. 해체공사	10	9	건축물 해체 시 고려사항에 대하여 설명
	11	12.13	건물 등의 해체작업시 사전조사 내용과 작업계획서의 내용에 대해 설명
	12	8.14.15	해체공사 시 구조물 사전조사 사항에 대해 설명
	13	15	해체공사시 절단톱 공법을 사용할 경우 주의사항에 대해 설명
	14	15	해체공사시 지반침하, 분진, 소음에 대한 대책에 대해 설명

<table>
<tr><td>질문 1.</td><td>◆ 철골 자립도 검토 대상에 대해 설명하세요.(8.9.10회 기출문제)</td></tr>
<tr><td>출처</td><td>철골공사표준안전작업지침 제3조</td></tr>
<tr><td>답</td><td>철골공사에서 철골세우기(Steel Erection) 중 구조물이 외부 하중(풍압 등)에 의해 쓰러지지 않고 스스로 버틸 수 있는지를 확인하는 자립도 검토는 대형 붕괴 사고를 막기 위한 필수 절차입니다. 철골공사표준안전작업지침 제3조에 규정된 사항

▷ 철골 자립도 검토 대상
① 높이 20미터 이상의 구조물
② 구조물의 폭과 높이의 비가 1:4 이상인 구조물
③ 단면구조에 현저한 차이가 있는 구조물
④ 연면적당 철골량이 50킬로그램/평방미터 이하인 구조물
⑤ 기둥이 타이플레이트(tie plate)형인 구조물
⑥ 이음부가 현장용접인 구조물</td></tr>
<tr><td>Tip</td><td>▶ 자립도 부족 시 보강조치
① 와이어로프(Guy Wire) 설치: 기둥 상부에서 지면으로 와이어를 연결하여 팽팽하게 잡아당겨 지지합니다.
② 가새(Bracing) 우선 설치: 구조적 안정을 주는 가새(X-브레이싱 등)를 다른 부재보다 먼저 조립합니다.
③ 가설 지주(Support) 설치: 영구 부재가 연결될 때까지 하중을 받쳐줄 임시 기둥을 배치합니다.</td></tr>
<tr><td>비고</td><td>▶ 철골 구조물은 완공 전 가설 상태에서 바람이나 충격에 매우 취약합니다. 반드시 구조기술사 등의 확인을 거쳐 자립도를 검토해야 합니다.</td></tr>
</table>

질문 2.	◆ 철골공사 표준안전작업지침상 사전에 계획하여 철골 공작도에 포함되어야 할 안전시설에 대해 설명하세요.(15회 기출문제)
출처	철골공사표준안전작업지침 제3조
답	철골공사는 고소・양중 작업이 수반되어 추락・낙하・전도 위험이 크므로, 안전시설을 현장에서 임의 설치하는 것이 아니라 사전에 계획하여 철골 공작도(Shop Drawing)에 반영하여야 한다. 철골공사표준안전작업지침 제3조에 규정된 사항 ▷ **철골 공작도에 포함되어야 할 안전시설** 1. 근로자 추락 방지 시설 ① 기둥 승강용 트랩 ② 구명줄 설치용 고리 ③ 난간 설치용 부재 ④ 기둥 및 보 중앙의 안전대 설치용 고리 2. 낙하물 및 추락 방호 시설 ① 방망 설치용 부재 ② 방호선반 설치용 부재
Tip	▶ 안전시설은 독립적으로 인명을 보호하는 '안전시설물'과 이동 및 보호구 사용을 돕는 '보조 시설(구명줄 등)'을 모두 포함하는 실무적 총칭이다. ▶ **철골 공작도에 포함되어야 할 안전시설 외 시공 및 보강용 부재** – 가설 설비 지지 또는 시공 보강 ① 외부비계받이 및 화물승강설비용 브라켓: 비계나 엘리베이터 설비를 받치기 위한 구조적 장치 ② 건립에 필요한 와이어 걸이용 고리: 철골 부재 자체를 크레인으로 들어 올리기 위한 시공용 고리 ③ 비계 연결용 부재: 비계를 구조물에 고정(벽이음)하기 위한 연결 장치 ④ 양중기 설치용 보강재: 무거운 장비를 올릴 때 철골이 견디도록 하는 구조 보강재
비고	▶ 철골공사 표준안전작업지침 제3조는 공작도에 포함할 사항으로 시공 편의와 안전 시설을 포괄하여 규정하고 있다. 그러나 질문의 의도가 '안전시설'에 있다면, 부재의 인양을 돕는 '시공 부재(Lugs 등)'와 안전 확보를 위한 '안전시설(트랩, 구명줄 고리 등)'을 엄격히 구분하여야 한다. 즉, 근로자의 추락 및 낙하 방지를 목적으로 하는 직접적인 안전 장치 위주로 답안을 구성하는 것이 질문의 취지에 가장 부합하는 답변이다.

질문 3.	◆ 철골건립전 준비사항과 반입시 준수사항에 대해 설명하세요.(15회 기출문제)
출처	철골공사표준안전작업지침 제7조, 제8조
답	철골공사는 반입 및 건립준비 단계에서의 관리 수준에 따라 인양·건립 시 재해 발생 여부가 결정되므로, 작업환경 정비, 장비점검, 적치안정성 확보가 핵심이다. ▷ **철골건립 전 준비사항** – 건립 전 작업장의 환경 정비와 기계 기구의 안전성 확보가 핵심 1. 작업장 및 환경정비 ① 낙하물 위험이 없는 평탄한 작업장 확보 ② 경사지 작업 시 작업대 및 임시발판 설치 ③ 건립작업에 지장되는 수목 제거 또는 이설 2. 주변 위험요인 관리 – 인접 건축물, 고압선 등 방호조치 및 안전조치 실시 3. 장비 점검 및 배치 ① 기계기구 사전 점검 및 정비·보수 실시 ② 장비 배치 적정성 확인 ③ 윈치는 작업상황 확인 가능한 위치에 설치 4. 고정 및 안정성 확보 – 앵커 등 고정장치 상태 확인 및 기초구조 및 지지상태 점검 ▷ **철골 반입 시 준수사항** – 부재를 현장에 들여오고 쌓아두는 과정에서의 도괴(무너짐) 방지와 양중 안전이 핵심 1. 작업에 지장이 없는 장소에 적치/ 건립순서를 고려하여 반입 2. 적치 안정성 확보 – 적치높이는 하단폭의 1/3 이하/ 체인 또는 버팀대로 전도방지 3. 하역 및 인양 작업 ① 하차 시 부재 도괴 방지 ② 트럭 위 작업 시 전도·낙하 주의/ 약 2m 상승 후 수평이동 실시 4. 수평이동 시 안전조치 ① 전선 등 장애물 접촉 여부 확인 ② 유도로프 적정 사용 (끌림·압착 방지) ③ 인양물 하부 출입금지 ④ 하강 시 일단 정지하여 흔들림 제거 후 하강
Tip	
비고	▶ 철골공사는 건립 전 준비와 반입 단계에서 작업장 정비, 장비점검, 적치안정성, 인양안전 확보가 핵심이며, 특히 적치높이(1/3), 서서히 인양, 인원통제를 철저히 준수해야 재해를 예방할 수 있다.

<table>
<tr><td>질문 4.</td><td>◆ 철골공사 표준안전작업지침에 따른 철골 인양시 준수사항에 대해 설명하세요.(15회 기출문제)
◆ 철골공사 표준안전작업지침상 철골건립을 위하여 철골기둥을 인양할 때 준수사항에 대해 설명하세요.(14회 기출문제)</td></tr>
<tr><td>출처</td><td>철골공사표준안전작업지침 제9조, 제11조</td></tr>
<tr><td>답</td><td>▷ 철골 인양 시 준수사항
1. 인양 작업 공통 준수사항
① 인양장비(와이어로프, 샤클, 크램프 등) 및 인양부재 상태(안전대 부착설비 등) 사전 점검
② 정격하중 준수 및 장비 이상 유무 확인
③ 신호자 지정 및 통신체계 확립
④ 작업반경 내 출입금지 조치
⑤ 유도로프(Tag line) 설치로 흔들림 방지
⑥ 인양 및 줄걸이는 숙련자 수행
⑦ 와이어가 후크의 중심 위치 및 해지장치 상태 확인

2. 철골기둥 인양 시 준수사항 (전도 방지와 상단부 체결 방식이 핵심)
① 인양장치 설치
- 기둥 상단 볼트 구멍에 장방형 덧댐 철판을 부착하여 인양
- 반드시 샤클을 사용하며, 와이어로프를 구멍에 직접 걸어서는 안 됨
② 기둥 하부에 미끄럼 방지 깔판 삽입 후 서서히 기립
③ 흔들림 제어를 위해 유도 로프(Tag Line) 사용. 흔들림 심할 경우 지면으로 내려 재정비

3. 철골보 인양 시 준수사항 (균형유지와 인양 각도가 핵심)
① 와이어 체결 기준
- 2줄 걸이 원칙: 부재 길이의 1/3 지점을 기준으로 체결
- 와이어로프의 내각은 60° 이하를 유지 (각도가 커질수록 와이어에 걸리는 장력이 급증함).
② 크램프(Clamp) 사용 시
- 수평으로 2개소 사용이 원칙이며, 양단에서 등간격 위치에 체결</td></tr>
<tr><td>Tip</td><td>▶ 기둥인양 vs 보인양
<table>
<tr><td>구분</td><td>기둥(Column) 인양</td><td>보(Beam) 인양</td></tr>
<tr><td>핵심 장치</td><td>덧댐 철판, 샤클, 구명 로프</td><td>크램프, 2줄 걸이 와이어</td></tr>
<tr><td>체결 지점</td><td>상단 볼트 구멍 (덧댐판 사용)</td><td>부재 길이의 1/3 지점 (2개소)</td></tr>
<tr><td>주요 주의사항</td><td>기둥 하부 미끄럼 방지(깔판)</td><td>와이어 내각 60도 이하 유지</td></tr>
<tr><td>공통 사항</td><td colspan="2">유도 로프(Tag Line) 사용, 신호체계 수립, 하부 출입 통제</td></tr>
</table></td></tr>
<tr><td>비고</td><td>▶ 철골 인양작업은 줄걸이의 적정성, 인양 중 안정성, 설치 시 구조 안정 확보, 작업통제가 핵심이며, 특히 기둥은 덧댐철판·샤클 체결, 보는 60° 이하·1/3 지점 2줄걸이 기준을 준수해야 한다.</td></tr>
</table>

<table>
<tr><td>질문 5.</td><td>◆ 철공공사 시 안전대책에 대하여 설명하세요.(9,10,13회 기출문제)
◆ 철골공사표준안전작업지침상 철골공사 안전준수사항에 대해 설명하세요.(15회 기출문제)</td></tr>
<tr><td>출처</td><td>산업안전보건기준에 관한 규칙 제380조 - 제383조
철골공사표준안전작업지침 제2020-7호</td></tr>
<tr><td>답</td><td>▷ 철골공사 시 안전대책(안전준수 사항)
1. 공사 전 검토 및 건립 계획 (시공 전 단계 : 구조적 안전성 확보)
① 기둥 승강용 트랩, 구명줄 고리, 안전대 부착 설비 등 공작도 사전 반영
② 강풍 등 외압에 대한 내력을 확인 등 구조안전확인
③ 풍속 10m/s, 강우 1mm/h, 강설 1cm/h 이상 시 작업을 즉시 중지

2. 반입 및 적치 단계 (부재의 변형 방지와 하차 시의 도괴 예방이 핵심)
① 작업에 지장이 없는 장소에 적치
② 받침목 설치 및 안정성 확보
③ 적치높이 : 하단폭의 1/3 이하
④ 전도방지 (체인, 버팀대)
⑤ 건립순서 고려 적치

3. 기둥 및 보의 인양 단계 (인양 중 낙하 및 고소 작업 시 추락 방지)
① 인양장비 점검 및 정격하중 준수
② 기둥 : 덧댐철판 + 샤클 체결
③ 보 : 2점지지 + 60° 이하 + 1/3 지점 체결
④ 후크 중심걸기 및 틸락방지장치 사용
⑤ 유도로프 설치로 흔들림 방지

4. 기둥 건립 단계(자립도 확보)
① 기둥 하부 미끄럼방지 조치
② 서서히 인양 및 회전 방지
③ 가설볼트, 가새 설치로 자립도 확보

5. 고소작업 및 이동
① 구명줄 및 안전대 설치 (1인 1라인)
② 작업발판 및 가설통로 설치
③ 승강설비 확보

6. 작업통제 및 관리
① 신호자 지정 및 단일 신호체계
② 작업반경 내 출입금지</td></tr>
<tr><td>Tip</td><td></td></tr>
<tr><td>`비고</td><td>▶ 철골공사의 안전은 반입 → 인양 → 건립 → 고소작업 전 과정의 체계적 관리가 핵심이며, 특히 줄걸이 기준, 자립도 확보, 추락방지, 작업통제를 철저히 준수하여야 한다.</td></tr>
</table>

질문 6.	◆ 철골공사 안전시설물에 대해 설명하세요.(15회 기출문제)
출처	철골공사표준안전작업지침 제16조
답	안전시설물이란, 현장의 위험 요소로부터 근로자를 보호하기 위해 설치하는 가설물 중 그 자체로 독립적인 방어 기능을 갖춘 물리적 구조체를 의미합니다. 철골공사표준안전작업지침 제16조에 규정된 사항 ▷ **철골공사 안전시설물** 1. 추락 방지용 안전시설물 - 근로자가 높은 곳에서 떨어지는 것을 물리적으로 막아주는 시설 ① 비계 ② 수평통로 ③ 안전난간대 및 울타리 ④ 추락방지용 방망 2. 비래 · 낙하 및 비산 방지용 안전시설물 - 물체가 떨어지거나 불꽃이 튀어 발생하는 사고를 막기 위한 시설 ① 방호철망 및 방호울타리 ② 방호선반 ③ 방호시트 및 안전망 ④ 석면포 (불꽃 방지포)
Tip	▶ 철골공사표준안전작업지침 제16조에 규정된 사항 - 시설물에서 제외된 항목 (설비 및 보호구) ① 안전대: 작업자가 몸에 착용하는 개인보호구입니다. ② 구명줄: 안전대를 걸기 위한 와이어로, 시설물에 부착되는 부속 설비입니다. ③ 안전대 부착설비 (고리 등): 구명줄을 매기 위한 부품입니다.
비고	▶ 철골공사 표준안전작업지침 제16조는 재해방지설비를 규정하고 있다. 그러나 질문의 의도가 '안전시설물'에 있다면, 안전시설물과 설비 및 보호구를 엄격히 구분하여야 한다. 즉, 구명줄은 안전시설에는 해당하지만, 그 자체로 추락을 막지못하고 보호구와 결합해야 하므로 안전시설물은 아니다.

<table>
<tr><td>질문 7.</td><td>◆ 구명줄 로프 기준에 대해 설명하세요.(15회 기출문제)</td></tr>
<tr><td>출처</td><td>철골공사표준안전작업지침 제16조
KOSHA GUIDE D-C-7-2026 비계구조및안전작업에관한기술지원규정</td></tr>
<tr><td>답</td><td>▷ 구명줄 로프 기준
– 고소작업 시 추락방지를 위하여 안전대와 연결. 사용하는 수평 또는 수직 로프를 말한다.
1. 재료 기준
① 마닐라 로프 또는 합성섬유 로프 사용
② 내마모성 및 인장강도가 충분한 재질 사용
③ 부식, 손상, 꼬임이 없는 상태 유지
2. 직경 기준
① 마닐라 로프 기준 : 직경 16mm 이상
② 합성섬유 로프 : 동등 이상의 강도 확보
3. 강도 기준
① 근로자 하중 및 충격하중을 충분히 견딜 수 있는 강도 확보(22.9kN)
② 일반적으로 1인 이상 사용 시 안전율 고려하여 설계
4. 설치 기준
① 견고한 구조물에 확실히 고정
② 처짐(Sag)을 최소화하여 추락거리 감소
③ 작업구간 전체를 연속적으로 보호 가능하도록 설치
④ 날카로운 모서리와 접촉 방지 조치
5. 사용 기준
① 1가닥 구명줄에 다수 근로자 동시 사용 금지
② 안전대와 확실히 결속하여 사용
③ 이동 시 항상 체결상태 유지 (100% 체결 원칙)
6. 점검 및 관리
① 사용 전·후 손상 여부 점검
② 마모, 절단, 변형 발생 시 즉시 교체
③ 습기, 직사광선 등 열화요인 관리</td></tr>
<tr><td>Tip</td><td>▶ 수직 vs 수평 구명줄 차이
<table><tr><td>구분</td><td>설치 방식</td><td>주요 특징</td></tr><tr><td>수직 구명줄</td><td>위에서 아래로 수직 설치</td><td>추락 방지대를 사용하여 작업자 이동 시 자동 잠금</td></tr><tr><td>수평 구명줄</td><td>구조물 사이에 수평 설치</td><td>로프의 처짐을 고려해야 하며, 양 끝단 지지점의 강도가 매우 중요</td></tr></table></td></tr>
<tr><td>비고</td><td>▶ 구명줄을 설치할 경우에는 1가닥의 구명줄을 여러명이 동시에 사용하지 않도록 하여야 하며 구명줄을 마닐라 로우프 직경 16밀리미터를 기준하여 설치하고 작업방법을 충분히 검토하여야 한다. 철골공사표준안전작업지침 제16조에 규정된 사항</td></tr>
</table>

질문 8.	◆ 건축물의 연돌현상에 대한 문제점과 대책에 대하여 설명하세요.(8.9.12회 기출문제)
출처	건축환경공학 이론
답	▷ **연돌현상** 1. 정의 연돌현상(Stack Effect)은 건축물 내부와 외부의 온도차 및 밀도차에 의해 공기가 수직방향으로 이동하는 현상 – 발생 메커니즘: 외부(저온/고밀도) → 내부(고온/저밀도) 유입 → 수직 상승 → 상부 유출 – 영향 인자: 건물의 높이가 높을수록, 내외부 온도 차가 클수록 현상이 심화 2. 연돌효과로 인한 주요 문제점 ① 출입문 개폐 불능 ② 승강기 장애 ③ 풍찰음 유발 ④ 에너지 손실 ⑤ 화재 확산(굴뚝 효과) 3. 연돌현상 방지대책 ① 건물 외피의 기밀성 확보 (틈새 최소화) ② 출입구에 전실(Vestibule) 설치 ③ 회전문, 이중문 설치 ④ 계단실 및 승강기실 가압(Pressurization) 시스템 설치 ⑤ 화재 시 자동제연설비 가동 ⑥ 외벽, 창호, 배관 관통부 기밀 시공
Tip	
비고	▶ 연돌현상은 고층건물에서 필연적으로 발생하는 현상이지만, 기밀성 확보, 압력제어 적용을 통해 충분히 제어 가능하며, 특히 화재 시 연기확산 방지를 위한 가압 및 제연시스템 설계가 핵심이다.

질문 9.	◆ 초고층 건축물의 가설구조물에 대하여 설명하세요.(8.9.12회 기출문제)
출처	KOSHA GUIDE C – 79 – 2015 초고층 건축물공사(일반사항) 안전보건작업지침
답	▷ **초고층 가설구조물** 1. 특징 ① 자동화(Automated): 고소 작업의 위험을 줄이기 위해 스스로 상승하는 시스템 채택 ② 고강도 및 경량화: 부재의 자중을 줄이면서 강풍(풍하중)에 견딜 수 있는 구조 ③ 시스템화(Systemized): 비계, 거푸집, 작업발판이 일체화되어 반복 작업에 최적화 2. 주요 가설구조물 종류 ① 거푸집 및 상승시스템 – ACS (Auto Climbing System), RCS (Rail Climbing System), 슬립폼(Slip Form) – 유압 또는 레일을 이용하여 자체 상승 ② 동바리 및 지지구조 – 시스템 동바리 (알루미늄, 강재) ,대형 슬래브 지지구조 – 고하중지지, 반복사용 가능 ③ 비계 및 작업발판 – 시스템 비계, 브라켓 비계, 외부 작업발판 – 고층 외벽 작업 대응, 낙하·추락 방지 기능 필수 ④ 양중설비 – 타워크레인(T/C), 건설용 리프트 – 작업반경 및 하중관리 중요 ⑤ 방호 및 안전설비 – 낙하물 방지망, 방호선반 3. 안전관리상 유의사항 ① 구조적 안전 확보 – 설계하중(작업하중, 풍하중 등) 검토, 연결부 및 고정상태 점검 ② 풍하중 및 환경관리 – 강풍 시 작업중지, 상승형 거푸집 고정상태 유지 ③ 장비 및 시스템 관리 – 유압장치, 레일, 고정장치 점검, 정격하중 준수
Tip	▶ 시공 시 주요검토 및 안전대책
비고	▶ 초고층 가설구조물은 상승형·기계화 시스템으로 구성되며, 풍하중과 구조안전 확보가 핵심이다.

(Tip 표)

구분	주요검토사항	안전 및 기술대책
풍하중	고층부 강풍영향	가설재 결속 확인
양중 계획	사이클 타임(Cycle Time)	유효 가동 시간 분석 및 피크 타임 분산
구조 안전	가설재 지지부(Anchor) 강도	콘크리트 경화 속도 확인 후 인양
낙하 방지	틈새 및 개구부 관리	발끝막이판 및 일체형 스크린 설치

질문 10.	◆ 건축물 해체 시 고려사항에 대하여 설명하세요.(9회 기출문제)
출처	KCS 41 85 00 해체공사 및 자원 재활용 일반사항
답	▷ **건축물 해체 시 고려사항** 1. 구조적 고려사항(붕괴 위험 판단) ① 구조형식(RC, 철골, 조적 등) 및 하중전달경로 파악 ② 부재의 손상, 균열, 열화 상태 확인 ③ 편심 및 비대칭 구조로 인한 불안정성 검토 2. 주변환경 고려사항(주변 피해 방지) ① 인접 건축물 및 도로, 통행인 영향 검토 ② 지하매설물(가스, 수도, 통신 등) 확인 ③ 낙하물 및 붕괴 영향범위 설정 3. 유해・위험요인 고려사항(사전 제거・차단) ① 석면, PCB, 납 등 유해물질 존재 여부 조사 ② 전기, 가스, 수도 등 설비 차단 여부 확인 4. 해체공법 선정(공법 적정성) ① 기계해체, 수동해체, 발파해체 등 공법 선택 ② 구조물 특성 및 주변여건에 적합한 공법 적용 ③ 작업공간 및 장비 접근성 고려 5. 작업조건 및 장비(장비 안전성) ① 장비 작업반경, 지반지지력 검토 ② 고소작업 및 중량물 취급 계획 ③ 작업공간 확보 여부 6. 작업순서 및 공정(순서 해체) – 해체 중 구조균형 유지 7. 안전관리 사항(추락・낙하 방지) ① 낙하물 방지시설 설치 ② 추락방지시설(안전대, 난간) 설치 ③ 작업구역 출입통제 ④ 작업자 교육 및 보호구 착용 8. 환경관리 사항(환경 영향 최소화) ① 비산먼지 억제(살수 등) ② 소음・진동 저감대책 ③ 폐기물 분리 및 처리
Tip	
비고	▶ 건축물 해체 시에는 구조안정성, 주변환경, 공법선정, 안전・환경관리 등을 종합적으로 고려해야 한다.”

질문 11.	◆ 건물 등의 해체작업시 사전조사 내용과 작업계획서의 내용에 대해 설명하세요. (12.13회 기출문제)
출처	산업안전보건기준에 관한 규칙 [별표 4]
답	건축물 해체공사는 건립 공사보다 변수가 많고 구조적 불안정성이 높기 때문에 산업안전보건기준에 관한 규칙에서 사전조사와 작업계획서 작성을 법으로 엄격히 규정하고 있습니다. ▷ **해체작업시 사전조사 내용과 작업계획서 내용** 1. 사전조사 내용 해체건물 등의 구조, 주변 상황 등 2. 작업계획서 내용 가. 해체의 방법 및 해체 순서도면 나. 가설설비・방호설비・환기설비 및살수・방화설비 등의 방법 다. 사업장 내 연락방법 라. 해체물의 처분계획 마. 해체작업용 기계・기구 등의 작업계획서 바. 해체작업용 화약류 등의 사용계획서 사. 그 밖에 안전・보건에 관련된 사항
Tip	
비고	▶ 건물 해체작업은 구조물의 불확실성과 주변환경 영향으로 인해 붕괴, 낙하, 비산 등 중대재해 위험이 높은 작업이다. 따라서 해체 전 사전조사를 통해 위험요인을 파악하고, 이를 반영한 작업계획서를 수립하여야 한다.

질문 12.	◆ 해체공사 시 구조물 사전조사 사항에 대해 설명하세요.(8.14.15회 기출문제)
출처	해체공사표준안전작업지침 제14조
답	▷ 해체대상 구조물조사 1. 구조(철근콘크리트조, 철골철근콘크리트조 등)의 특성 및 생수, 층수, 건물높이 기준층 면적 2. 평면 구성상태, 폭, 층고, 벽 등의 배치상태 3. 부재별 치수, 배근상태, 해체시 주의하여야 할 구조적으로 약한 부분 4. 해체시 전도의 우려가 있는 내외장재 5. 설비기구, 전기배선, 배관설비 계통의 상세 확인 6. 구조물의 설립연도 및 사용목적 7. 구조물의 노후정도, 재해(화재, 동해 등) 유무 8. 증설, 개축, 보강 등의 구조변경 현황 9. 해체공법의 특성에 의한 비산각도, 낙하반경 등의 사전 확인 10. 진동, 소음, 분진의 예상치 측정 및 대책방법 11. 해체물의 집적 운반방법 12. 재이용 또는 이설을 요하는 부재현황 13. 기타 당해 구조물 특성에 따른 내용 및 조건
Tip	▶ 해체 대상건물과 관련된 부지상황 조사 1. 부지내 공지유무, 해체용 기계설비위치, 발생재 처리장소 2. 해체공사 착수에 앞서 철거, 이설, 보호해야 할 필요가 있는 공사 장애물 현황 3. 접속도로의 폭, 출입구 갯수 및 매설물의 종류 및 개폐 위치 4. 인근 건물동수 및 거주자 현황 5. 도로 상황조사, 가공 고압선 유무 6. 차량대기 장소 유무 및 교통량(통행인 포함.) 7. 진동, 소음발생 영향권 조사
비고	▶ 건물 해체작업은 구조물의 불확실성과 주변환경 영향으로 인해 붕괴, 낙하, 비산 등 중대재해 위험이 높은 작업이다. 따라서 해체 전 사전조사를 통해 위험요인을 파악하고, 이를 반영한 작업 계획서를 수립하여야 한다.

질문 13.	◆ 해체공사시 절단톱 공법을 사용할 경우 주의사항에 대해 설명하세요.(15회 기출문제)
출처	해체공사표준안전작업지침 제9조
답	건축물 해체공사에서 절단톱(Diamond Sawing) 공법은 다이아몬드 입자가 박힌 회전날을 이용해 콘크리트 부재를 정교하게 절단하는 방식입니다. 소음과 진동이 적어 도심지나 부분 해체에 유리하지만, 고속 회전체와 냉각수 사용에 따른 회전체 접촉, 낙하, 과열, 감전 등의 위험이 존재합니다. ▷ **해체공사시 절단톱 공법을 사용할 경우 주의사항** 1. 작업환경 관리 – 작업장 정리정돈 상태 유지 2. 전기 및 설비 관리 ① 절단기 전기설비 점검 ② 급수·배수 설비 수시 점검 ③ 누전 및 감전 위험 방지 3. 절단기 및 회전날 안전 ① 회전날에 접촉방지 커버 설치 ② 회전날 체결상태(조임상태) 사전 점검 ③ 회전부 윤활상태 유지 4. 냉각 및 과열 방지 ① 냉각수 충분히 공급 ② 불꽃 비산, 수증기 발생 시 과열로 판단하여 일시 중단 한 후 작업 5. 절단작업 방법 ① 절단방향은 직선 유지 ② 철근 등으로 절단이 어려울 경우 최소단면으로 절단 ③ 무리한 절단 금지 6. 장비 점검 및 유지관리 ① 절단기 매일 점검 및 정비 실시 ② 회전구조부 윤활유 주기적으로 주유
Tip	▶ **절단톱 공법의 부재 낙하 방지조치** – 절단되는 부재가 갑자기 떨어지지 않도록 사전에 인양 와이어를 체결하거나, 하부에 잭서포트(Jack Support) 등 받침대를 설치하여 고정해야 합니다.
비고	▶ 절단톱 공법은 정밀해체에 유리하나, 회전날 안전관리, 냉각수 관리, 전기설비 점검이 핵심이며, 특히 접촉방지, 과열방지, 장비점검을 철저히 준수하여야 한다

질문 14.	◆ 해체공사시 지반침하, 분진, 소음에 대한 대책에 대해 설명하세요.(15회 기출문제)
출처	해체공사표준안전작업지침 제22조, 제23조, 제24조
답	▷ **해체공사시 지반침하 방지대책** 1. 발생원인 ① 중장비 하중 집중 ② 지반지지력 부족 ③ 지하매설물 및 공동 존재 ④ 반복하중 및 진동 2. 방지대책 ① 지반지지력 조사 및 보강 (다짐, 치환, 강판깔기) ② 장비 이동경로 계획 및 하중 분산 ③ 아웃트리거 하부 받침목·강판 설치 ④ 지하매설물 위치 사전 확인 및 보호 ⑤ 침하 계측 및 모니터링 실시 ▷ **해체공사시 분진(비산먼지) 방지대책** 1. 발생원인 ① 콘크리트 파쇄 및 절단 ② 해체 시 낙하물 충격 ③ 건설폐기물 처리 2. 방지대책 ① 살수(물 분사) 작업 실시 ② 방진막 및 비산방지망 설치 ③ 습식공법 적용 (습식절단 등) ④ 분진 발생 작업 최소화 및 작업시간 조정 ⑤ 작업자 방진마스크 착용 ▷ **해체공사시 소음 방지대책** 1. 발생원인 ① 브레이커, 절단기, 중장비 사용 ② 구조물 파쇄 및 충격 2. 방지대책 ① 저소음 장비 사용 ② 방음벽 및 방음커버 설치 ③ 작업시간 제한 (주간 작업 원칙) ④ 장비 점검 및 불필요한 공회전 방지 ⑤ 작업자 귀마개 등 보호구 착용
비고	▶ 해체공사의 환경관리 핵심은 지반안정 확보, 분진 억제, 소음 저감이며, 특히 지반보강, 습식작업, 방음시설 설치 및 작업시간 관리를 통해 주변 피해를 최소화해야 한다.

MEMO

8. 터널공사

분류	질문번호	회차	질문내용
8. 터널공사	1	9	TBM과 실드, 침매터널의 차이점에 대하여 설명
	2	9	터널의 스프링라인에 대하여 설명
	3	9	TBM공법에서 버력처리 방법에 대하여 설명
	4	11	발파표준안전작업지침상 발파 시 진동, 파손 우려에 대한 통제사항에 대하여 설명
	5	9	발파시 진동에 대한 수치와 영향을 최소화하기 위한 방안에 대해 설명
		11	발파 시 진동관리기준에 대해 설명
	6	9.10.13	터널굴착공사를 할 때 환기방법에 대하여 지침에 나온 내용을 중심으로 설명
		8.9.10.11	터널 작업 시 환기방법, 작업대기 시간, 및 사용금지된 내연기관을 가진 건설기계 에 대하여 설명

9. 교량공사

분류	질문번호	회차	질문내용
9. 교량공사	7	10.14	산업안전보건기준에 관한 규칙상 교량공사의 설치・해체 또는 변경작업 시 준수사항에 대하여 설명
	8	8.9	교량 교좌장치의 부반력에 대하여 설명

10. 제방공사

분류	질문번호	회차	질문내용
10. 제방공사	9	15	하천제방의 붕괴원인

질문 1.	◆ **TBM과 실드, 침매터널의 차이점에 대하여 설명하세요.(9회 기출문제)**
출처	터널공학 이론
답	▷ TBM (Tunnel Boring Machine) 공법 ① TBM은 거대한 회전식 커터헤드(Cutter Head)를 이용해 암반을 깎아내며 전진하는 기계 굴착 공법입니다. ② 원리: 전면의 커터헤드가 회전하며 바위를 부수고, 파쇄된 토사는 벨트 컨베이어를 통해 뒤로 배출합니다. ③ 특징: 진동과 소음이 적어 도심지나 장대 터널에 유리합니다. ④ 주요 대상: 주로 단단한 암반층을 뚫을 때 사용됩니다. ⑤ 장점: 굴착 속도가 빠르고 근로자의 작업 안전성이 높습니다. ▷ 실드(Shield) 공법 ① 실드 공법은 사실 TBM의 한 종류로 분류되기도 하지만, 주로 연약 지반에서 터널 붕괴를 막으며 전진하는 방식에 특화되어 있습니다. ② 원리: 실드라는 강재 통(기계 몸체) 안에서 안전하게 굴착을 진행하고, 기계 뒤편에서 바로 세그먼트(Segment)라는 콘크리트 조각을 조립하여 터널 벽체를 만듭니다. ③ 특징: 지반이 약해 무너질 위험이 큰 지하철 공사나 하저(강 밑) 터널에 주로 쓰입니다. ④ TBM과의 차이: TBM: 암반 굴착 자체에 초점 (Open TBM 등) ⑤ 실드: 막장(굴착면)의 붕괴 방지와 벽체 조립(세그먼트)의 동시 공정에 초점 ▷ 침매터널 (Immersed Tunnel) ① 침매터널은 물 위에 띄워와서 가라앉히는 방식입니다. ② 원리: 육상 제작장에서 터널 모양의 구조물(침매함)을 미리 만든 뒤, 바다나 강 위로 끌고 와 지정된 위치에 가라앉혀 연결합니다. ③ 특징: 수심이 깊거나 수압이 너무 높아 TBM으로 굴착하기 어려운 해저 구간에 사용됩니다 (예: 가덕해저터널). ④ 장점: 단면 형상을 자유롭게(사각형 등) 만들 수 있고, 깊은 수중 작업 시간을 단축할 수 있습니다. ⑤ 단점: 대규모 함체 제작장이 필요하며, 파도나 조류 등 기상 조건의 영향을 많이 받습니다.
Tip	▶ TBM: “암반에서 빠르게 뚫는 기계굴착” 실드: “연약지반을 보호하며 밀고 나가는 굴진” 침매터널: “물속에 가라앉혀 연결하는 구조물 터널”
비고	

<table>
<tr><td>질문 2.</td><td>◆ 터널의 스프링라인에 대하여 설명하세요.(9회 기출문제)</td></tr>
<tr><td>출처</td><td>터널 공학이론</td></tr>
<tr><td>답</td><td>▷ 터널의 스프링라인

1. 정의
터널 단면에서 중심을 기준으로 좌우 측벽과 아치가 접하는 위치, 즉 수평방향 최대 폭 위치를 연결한 선을 스프링라인이라 한다.

2. 구조적 의미
스프링라인은 단순 위치 개념이 아니라 응력 전달의 핵심 구간
① 하중 전달 전환점
– 아치부 압축력이 측벽으로 전달되는 지점
② 내압 및 토압 작용 집중
– 지반토압과 라이닝 반력이 균형을 이루는 주요 위치
③ 변형 관리 중요
– 변위(수평수축)가 집중되는 구간

3. 스프링라인의 실무적 핵심 요소
① 분할 굴착의 시공 기준 (Bench Cut 공법)
② 응력 집중 및 지지력 확보의 임계점
– 구조적 추약성으로 보강대책 요구
③ 계측 관리 및 내공 변위의 기준점
– 최적의 계측지점으로 활용</td></tr>
<tr><td>Tip</td><td>▶ 수평 최대폭 위치
아치 ↔ 측벽 경계
하중전환점 (수직 → 수평)
변위 집중부
구조적 취약 가능 구간</td></tr>
<tr><td>비고</td><td>▶ 스프링라인은 변위가 집중되는 구조적 핵심부로 시공관리의 핵심구간이다.
응력집중이 발생하는 구간으로 안정성 확보의 관건이 된다.</td></tr>
</table>

질문 3.	◆ TBM공법에서 버력처리 방법에 대하여 설명하세요.(9회 기출문제)
출처	터널 공학이론
답	▷ TBM공법에서 버력처리 방법 ① 벨트 컨베이어 방식 (Continuous Belt Conveyor) – TBM 후방 설비부터 터널 외부(사토장)까지 연속적으로 벨트를 설치하여 이송하는 방식 – 적용 : 장대 터널(5km 이상) 및 고속 굴진이 필요한 구간 ② 궤도 및 차량 방식 (Muck Car / MSV) – 레일 위의 버력 운반차(Muck Car)나 타이어식 MSV(Multi–Service Vehicle)를 이용하는 방식 – 적용 : 단거리 터널, 중소규모 단면, 혹은 보조 운반 수단 ③ 유체 수송 방식 (Slurry Piping) – 이수식(Slurry) TBM에서 굴착토를 액체 상태의 이수(Slurry)와 섞어 파이프라인으로 압송하는 방식 – 적용 : 고수압 지반, 하저/해저 터널, 이수식 TBM 적용 구간
Tip	▶ 버력처리 장비 선정 시 고려사항 ① 굴착단면의 크기 및 단위발파 버력의 물량 ① 터널의 경사도 ② 굴착방식 ③ 버력의 상상 및 함수비 ④ 운반 통로의 노면상태 ▶ 버력처리 시 준수사항(터널공사 표준안전 작업지침 제13조) ① 버력 내 불발약 혼입 확인 ② 과적 금지 ③ 수직구 하부 낙석 방지 조치 ④ 장비별 안전정치 설치 ⑤ 궤도 부설 정밀도 확보 및 노면배수관리
비고	▶ 터널 내 버력 처리는 단순한 토사 운반을 넘어, 밀폐된 공간에서의 장비 운용과 불발약 확인 등 복합적인 위험 요소를 내포하고 있습니다.

질문 4.	◆ 발파표준안전작업지침상 발파 시 진동, 파손 우려에 대한 통제사항에 대하여 설명하세요. (11회 기출문제)
출처	발파 표준안전 작업지침 제5조
답	▷ **발파 시 진동, 파손 우려에 대한 통제사항** 1. 사전통제 및 작업제한 ① 구조물, 동력선, 통신망 인접 발파 시 주변상태 및 발파위력 고려하여 진동·소음 최소화 ② 소유자·점유자·사용자에게 발파계획, 시기, 통제조치 사전 통보 ③ 필요한 보호조치 완료 전 발파작업 금지 2. 건진법 등 관계 법령 진동 허용기준 준수 3. 계측 및 기록관리 4. 기술적 통제수단 ① 전문가 자문을 통한 저진동 화약류 결정 ② 자유면 최대 확보, 최소저항선 및 장약량 결정 ③ 폭발음 경감조치 : 토제설치 및 지발뇌관사용 ④ 충분한 전색작업 및 보호매트 등 사용 ⑤ 기폭소음 저감조치
Tip	▶ 발파 진동 및 파손 방지 3단계 관리 체계 1. 사전 단계 : 시설물 소유자 사전통보, 전문가 자문 2. 실행 단계 : 지발뇌관, 자유면 확보, 전색작업으로 공발방지 3. 사후 단계 : 진동 기록지 보관, 진동 허용기준 준수
비고	▶ 발파 진동·파손 통제는 사전통보와 기준준수를 전제로, 계측관리와 장약·지발발파·전색 등 기술적 저감조치를 병행하는 체계적 관리이다

질문 5.	◆ **발파시 진동에 대한 수치와 영향을 최소화하기 위한 방안에 대해 설명하세요.(9회 기출문제)** ◆ **발파 시 진동관리기준에 대해 설명하세요.(11회 기출문제)**
출처	KDS 27 20 00 터널 설계기준

답

▷ **발파진동 허용치**

구분	문화재 및 진동예민 구조물	조적식(벽돌, 석재 등) 벽체와 목재로 된 천장을 가진 구조물	지하기초와 콘크리트 슬래브를 갖는 조적식 건물	철근콘크리트 골조 및 슬래브를 갖는 중소형 건축물	철근콘크리트 또는 철골골조 및 슬래브를 갖는 대형건물
허용 진동속도 (cm/sec)	0.2~0.3	1.0	2.0	3.0	5.0

▷ **발파시 진동에 영향을 최소화하기 위한 방안**

1. 장약량 제어
① 지발당 장약량 최소화
② 분산장약 적용

2. 발파기법 개선
① 지발발파(Delay blasting)
② 제어발파(Smooth blasting/ Pre-splitting)

3. 설계 개선
① 천공간격 및 최소저항선 조정
② 장약구조 최적화

4. 물리적 차단 및 방호
① 구조물과 이격거리 확보
② 방진매트 설치

5. 계측 및 관리
① 진동계 설치 및 실시간 계측
② 시험발파 실시 후 조건 보정

Tip

▶ **진동 영향 요인**
① 1회 지발당 장약량 (W)
② 발파지점과 거리 (R)
③ 지반조건 (암반, 연약지반)
④ 발파방법 (지발 여부)

비고

▶ 발파 진동 저감은 장약량 · 거리 · 지발발파를 조절하고 계측을 통해 허용범위 이내로 통제하는 것이 핵심이다

질문 6.	◆ 터널굴착공사를 할 때 환기방법에 대하여 지침에 나온 내용을 중심으로 설명하세요. (9.10.13회 기출문제) ◆ 터널 작업 시 환기방법, 작업대기 시간, 및 사용금지된 내연기관을 가진 건설기계 에 대하여 설명하세요.(8.9.10.11회 기출문제)
출처	터널공사 표준안전 작업지침–NATM공법 제39조
답	▷ **환기** 1. 환기용량 산출기준 ① 발파가스 ② 근로자 호흡량 ③ 디젤기관의 유해가스 ④ 뿜어붙이기 콘크리트의 분진 ⑤ 암반 및 지반자체의 유독가스 2. 발파 후 환기 기준 – 30분 이내 배기・송기 완료(발파 후 즉시 작업 금지) 3. 작업환경 및 장비관리 ① 터널 내부 온도 37℃ 이하 유지 ② 환기가스처리장치가 없는 디젤기관은 터널 내의 투입 금지 4. 환기방법(설치구성) ① 중앙집중환기방식 ② 단열식 송풍방식 ③ 병렬식 송풍방식
Tip	▶ **터널 작업 시 환기방법(설비 배치 및 운전 방법)** – 터널의 규모와 연장에 따라 적정한 계획을 수립 ① 중앙집중식 환기 : 수직구나 사갱을 활용하여 터널 중간 지점에서 집중적으로 공기를 교체하는 방식 ② 단열식(직렬식) 송풍 : 하나의 덕트 라인에 송풍기를 일렬로 배치하는 기본적인 방식 ③ 병렬식 송풍 : 두 개 이상의 송풍기나 덕트를 나란히 배치하여 대용량 환기 및 예비 동력 확보 ▶ **터널 작업 시 환기방식(공기 흐름 형태)** ① 송풍식(Blowing): 신선한 공기를 막장까지 밀어 넣는 방식(단거리 유리) ② 배기식(Exhausting): 오염된 공기를 막장에서 직접 빨아내어 배출(분진 제거 유리) ③ 혼합식(Combined): 송풍과 배기를 병행하여 환기 효율을 극대화(장대 터널 적용)
비고	▶ 터널 작업 시에는 적정 환기방법으로 유해가스를 제거하고, 발파 후 30분 환기 후 작업하며, 배기가스 처리장치 없는 디젤기관은 사용을 금지하여야 한다.

질문 7.	◆ 산업안전보건기준에 관한 규칙상 교량공사의 설치·해체 또는 변경작업 시 준수사항에 대하여 설명하세요.(10.14회 기출문제)
출처	산업안전보건기준에 관한 규칙 제369조
답	▷ **교량공사의 설치·해체 또는 변경작업 시 준수사항** – 교량(상부구조가 금속 또는 콘크리트로 구성되는 교량으로서 그 높이가 5미터 이상이거나 교량의 최대 지간 길이가 30미터 이상인 교량으로 한정한다)의 설치·해체 또는 변경 작업 1. 작업을 하는 구역에는 관계 근로자가 아닌 사람의 출입을 금지할 것 2. 재료, 기구 또는 공구 등을 올리거나 내릴 경우에는 근로자로 하여금 달줄, 달포대 등을 사용하도록 할 것 3. 중량물 부재를 크레인 등으로 인양하는 경우에는 부재에 인양용 고리를 견고하게 설치하고, 인양용 로프는 부재에 두 군데 이상 결속하여 인양하여야 하며, 중량물이 안전하게 거치되기 전까지는 걸이로프를 해제시키지 아니할 것 4. 자재나 부재의 낙하·전도 또는 붕괴 등에 의하여 근로자에게 위험을 미칠 우려가 있을 경우에는 출입금지구역의 설정, 자재 또는 가설시설의 좌굴 또는 변형 방지를 위한 보강재 부착 등의 조치를 할 것
Tip	
비고	▶ 교량공사 설치·해체·변경 작업은 사전계획과 구조검토를 바탕으로 작업통제, 추락·낙하방지 및 가설구조물 관리를 통해 붕괴와 추락재해를 예방하는 것이다.

<table>
<tr><td>질문 8.</td><td>◆ 교량 교좌장치의 부반력에 대하여 설명하세요.(8.9회 기출문제)</td></tr>
<tr><td>출처</td><td>KDS 24 14 00 교량구조 설계기준
도로교 설계기준(한계상태설계법)
구조공학 및 교량공학 이론</td></tr>
<tr><td>답</td><td>교량의 부반력(Uplift Force)은 상부 구조물(거더)이 교좌장치(받침, Bearing)를 누르는 것이 아니라, 반대로 위로 들어 올리려고 하는 힘을 말합니다.

▷ 교량 교좌장치의 부반력
1. 정의
교좌장치에서 발생하는 부반력은 상부구조의 변형・구속・온도변화 등으로 인해 추가적으로 발생하는 비정상 반력을 의미한다.
2. 역학적 원리
– 연속교에서 특정 경간에 활하중이 재하될 때, 인접 경간의 단부 받침이 지렛대 원리에 의해 들리게 되는 현상
3. 발생 부위
– 주로 연속교의 단부 교대(Abutment)나 곡선교의 외측 받침에서 빈번하게 발생
4. 부반력이 발생하는 주요 원인
① 경간 배분 불균형: 인접한 경간의 길이 차이가 매우 클 때(단경간과 장경간의 조합)
② 곡선교 및 사교: 평면 선형이 곡선이거나 사각이 큰 경우, 하중 재하 위치에 따라 특정 받침에 편심발생
③ 활하중의 편심 재하: 다차선 교량에서 한쪽 차선에만 중차량이 통과할 때 비틀림(Torsion)에 의해 반대편 받침이 들리는 경우
④ 캔틸레버 구조: 외팔보 형태의 구조물에서 끝단 하중에 의해 지점부가 들리는 경우
5. 부반력의 영향
① 교좌장치 파손
② 교각 및 교대에 과도한 응력 발생
③ 상부구조 균열 및 변형
④ 장기적 구조물 내구성 저하
6. 부반력 제어 및 대책방안
① 자중 조절 : 부반력이 발생하는 교량 단부 거더 내부에 콘크리트 등을 채워 자중으로 누름
① 구조 변경 : 하부 교각의 위치를 조정하거나 경간 분할을 최적화하여 부반력 상쇄
② 장치 보강 : 인장력을 견딜 수 있는 특수 앵커나 걸쇠(Hook)가 부착된 받침 사용
③ 강성 조절 : 단순교를 연속교로 전환하여 하중 전달 체계를 개선</td></tr>
<tr><td>Tip</td><td></td></tr>
<tr><td>비고</td><td></td></tr>
</table>

질문 9.	◆ **하천제방의 붕괴원인에 대하여 설명하세요.(15회 기출문제)**
출처	하천제방 설계 및 유지관리 기준
답	하천제방의 붕괴는 제방 자체의 구조적 결함(내적 원인)과 수리적 요인(외적 원인) 등 복합적으로 작용하여 발생 ▷ **하천제방의 붕괴원인** 1. 외적 원인 (수리적 요인) – 하천의 흐름과 수위 변화에 의해 제방 표면이 파괴되는 현상 ① 월류 : 계획홍수위를 초과하는 유량이 제방 정상부를 넘어 비탈면 하단을 침식시켜 급격한 붕괴 ② 세굴 및 침식 : 유속 증가로 제방 기초의 토사유실로 붕괴 ③ 급격한 수위저하 : 홍수 후 수위가 급격히 낮아질 때, 제방 내부의 잔류 간극수압 영향 2. 내적 원인 (토질공학적 요인) – 제방 내부로 물이 침투하여 세립토를 유출시키는 현상 ① 파이핑 : 제방 내부로 물이 침투하여 세립토 유실로 파이프 모양의 통로 형성으로 붕괴 ② 누수 : 지반의 투수성이 높아 침윤선을 상승시켜 비탈면의 전단강도 저하 ③ 사면 활동 (Sliding) : 간극수압 증가로 인해 전단강도 감소하면서 미끄러져 내리는 현상 3. 구조적 원인 – 구조물 접속부 취약 : 교량 교각 등 구조물과 흙 제방이 만나는 지점은 다짐 곤란 4. 유지관리 원인 ① 수목 및 동물에 의한 훼손 ② 배수시설 기능 저하
Tip	
비고	

02 건설현장 재해유형별 원인 및 안전대책

분류	질문번호	회차	질문내용
1. 추락	1	11	떨어짐(추락) 재해의 물적원인과 인적원인에 대하여 설명
	2	11	산업안전보건법령상 추락방지를 위한 안전방망(추락방호망)을 설치해야 할 경우에 설치기준에 대해 설명
		13	산업안전보건기준에 관한 규칙에서 추락방호망의 설치기준과 추락방지망이 낙하물방지망을 대체할 수 있는 조건에 대해 설명
	3	8.10	추락방호망에 대하여 설명
		14	추락재해방지표준안전작업지침상 테두리로프 및 달기로프의 강도와 방망사 강도 구분 설명
		15	추락재해방지표준안전작업지침상 방망 보관, 사용제한, 방망 작성내용에 대해 설명
	4	14.15	지붕공사 시 추락방지 조치에 대해 설명
	5	14	표준안전난간 설치기준에 대해 설명
	6	14.15	추락재해방지표준안전작업지침상 안전대 폐기기준 (로우프, 벨트, 재봉부분, D링, 후크 및 버클 구분하여 설명)
2. 낙하	7	12.14	낙하물방지망, 방호선반 설치기준에 대해 설명
3. 붕괴	8	14.15	구축물 등의 안전성 평가 대상에 대해 설명
4. 폭발.화재	9	10	전기화재의 원인과 대책에 대하여 설명
	10	14	화재위험작업시 특별교육 내용에 대해 설명
	11	14	가연성물질이 있는 장소에서 화재위험작업 시 준수사항에 대해 설명
	12	13	화재감시자를 배치해야 할 장소, 화재감시자의 업무, 화재감시자에게 지급해야 할 장비에 대해 설명
5. 감전	13	11	표준안전작업지침 상 건설현장에서 전기 감전재해 방지대책에 대하여 설명
6. 전도	14	12	건설기계 장비별 전도 방지대책에 대해 설명
7. 질식	15	11.12.13	산소결핍장소에서 작업 시 안전보건 조치사항에 대해 설명
	16	9	밀폐공간에 대하여 설명
	17	10	밀폐공간 작업 프로그램에 대해서 설명
	18	11	건설현장의 밀폐공간 작업 시 사전안전조치 사항 및 재해예방대책에 대해 설명

<table>
<tr><td>질문 1.</td><td>◆ 떨어짐(추락) 재해의 물적원인과 인적원인에 대하여 설명하세요.(11회 기출문제)</td></tr>
<tr><td>출처</td><td>안전공학 이론
KOSHA 자료 재해분석</td></tr>
<tr><td>답</td><td>떨어짐 재해는 단독 원인보다는 물적 결함이 있는 상태에서 인적 불완전한 행동이 더해질 때 주로 발생합니다.

▷ 떨어짐 재해의 물적원인
1. 안전시설 설치 미비
① 작업발판 끝단이나 개구부에 안전난간 또는 울타리가 설치되지 않은 경우
② 추락 방호망(그물망)을 설치하지 않았거나 설치 기준에 미달하는 경우
2. 가설구조물의 구조적 결함
① 비계(Scaffolding): 연결부 불량, 벽연결(Wall Tie) 미설치로 인한 구조체 흔들림
② 작업발판: 발판의 고정 상태 불량(시소 현상), 발판 사이의 틈새(3cm 초과) 과다
3. 설비 및 장비의 결함
① 사다리: 미끄럼 방지 장치(고무 패드) 파손, 아웃트리거 미설치
② 개구부 덮개: 하중에 견디지 못하는 취약한 재료 사용 또는 고정 불량
4. 작업 환경 요인
① 통로 및 작업장 내 조도 부족 (75럭스 미만)
② 눈, 비 등으로 인한 바닥면의 미끄러움

▷ 떨어짐 재해의 인적원인
1. 보호구 미착용 및 사용 부주의
① 높이 2m 이상 고소 작업 시 안전대를 착용하지 않거나 수직구명줄에 체결하지 않은 경우
② 턱끈을 조이지 않은 채 안전모를 착용하는 경우
2. 불안전한 작업 행동
① 사다리 최상부에서 작업하거나, 이동식 비계 위에서 사람을 태운 채 이동하는 행위
② 지정된 통로가 아닌 구조물을 타고 오르내리는 행위(승강 설비 미사용)
3. 심리적 및 신체적 요인
① 서두름(조급함): 작업 시간에 쫓겨 안전 절차를 생략하는 경우
② 피로 및 음주: 평형 감각 상실이나 판단력 저하
③ 익숙함(자만심) : “나 정도 베테랑은 괜찮다”는 생각으로 안전 고리를 걸지 않는 행위
4. 교육 및 관리 부재
① 작업 전 TBM(Tool Box Meeting)을 통한 위험 요지 교육 미흡
② 관리자의 위험 구역 통제 및 감시 소홀</td></tr>
<tr><td>Tip</td><td></td></tr>
<tr><td>비고</td><td></td></tr>
</table>

질문 2.	◆ 산업안전보건법령상 추락방지를 위한 안전방망(추락방호망)을 설치해야 할 경우에 설치기준에 대해 설명하세요.(11회 기출문제) ◆ 산업안전보건기준에 관한 규칙에서 추락방호망의 설치기준과 추락방호망이 낙하물방지망을 대체할 수 있는 조건에 대해 설명하세요.(13회 기출문제)
출처	산업안전보건기준에 관한 규칙 제42조
답	추락방호망은 작업발판 설치가 곤란하거나 개구부 등에 안전난간 설치가 어려운 경우, 근로자의 추락 시 충격을 흡수하여 재해를 방지하기 위해 설치하는 망 ▷ **추락방호망 설치기준** ① 추락방호망의 설치위치는 가능하면 작업면으로부터 가까운 지점에 설치하여야 하며, 작업면으로부터 망의 설치지점까지의 수직거리는 10미터를 초과하지 아니할 것 ② 추락방호망은 수평으로 설치하고, 망의 처짐은 짧은 변 길이의 12퍼센트 이상이 되도록 할 것 ③ 건축물 등의 바깥쪽으로 설치하는 경우 추락방호망의 내민 길이는 벽면으로부터 3미터 이상 되도록 할 것 ▷ **추락방호망이 낙하물방지망을 대체할 수 있는 조건** 1. 근거 : 산업안전보건기준에 관한 규칙 제42조 2항 3호 – 그물코가 20밀리미터 이하인 추락방호망을 사용한 경우에는 낙하물 방지망을 설치한 것으로 본다. 2. 대체 시 반드시 함께 충족해야 할 설치 기준 ① 높이 10미터 이내마다 설치하고, 내민 길이는 벽면으로부터 2미터 이상으로 할 것 ② 수평면과의 각도는 20도 이상 30도 이하를 유지할 것
Tip	▶ 추락방호망이 낙하물방지망을 대체 시 이점 – 이중 설치의 번거로움 해소 : 추락방호망(사람)과 낙하물 방지망(물건)을 따로 설치하면 공사비와 시간이 이중으로 들지만, 20mm 이하 촘촘한 망 하나로 통합하면 경제성과 안전성을 동시에 잡을 수 있다
비고	

질문 3.

- **추락방호망에 대하여 설명하세요.(8.10회 기출문제)**
- **추락재해방지표준안전작업지침상 테두리로프 및 달기로프의 강도와 방망사 강도 구분 설명하세요.(11회 기출문제)**
- **추락재해방지표준안전작업지침상 방망 보관, 사용제한, 방망 작성내용에 대해 설명하세요. (13회 기출문제)**

출처

추락재해방지표준안전작업지침 제4조, 제5조, 제11조, 제12조, 제13조

답

▷ **방망의 구조 및 강도**

– 방망은 망, 테두리우프, 달기로우프, 시험용사로 구성

1. 테두리로프 및 달기로프의 강도

– 인장강도가 1,500kg 이상

2. 방망사의 강도

① 신품에 대한 인장강도

그물코 크기(단위 : cm)	매듭없는 방망	매듭방망
10	240	200
5	–	110

② 폐기시 인장강도

그물코 크기(단위 : cm)	매듭없는 방망	매듭방망
10	150	135
5	–	60

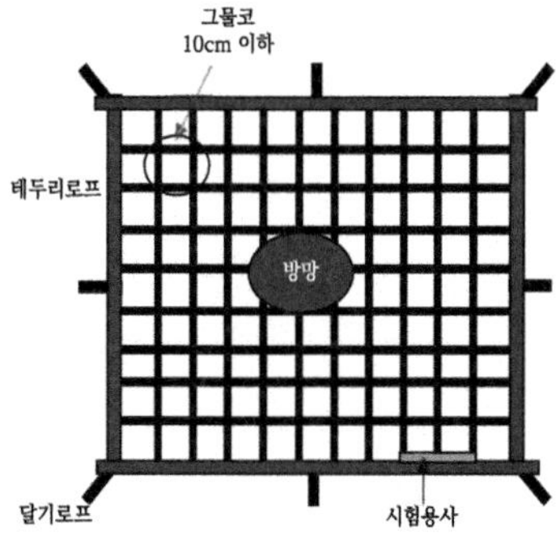

그물코 10cm 이하
테두리로프
방망
달기로프
시험용사

▲ 추락방호망 구성

▷ **방망 보관**

① 방망은 깨끗하게 보관하여야 한다.

② 방망은 자외선, 기름, 유해가스가 없는 건조한 장소에서 취하여야 한다.

▷ **사용제한** (하나라도 해당 시 사용금지)

① 방망사가 규정한 강도 이하인 방망

② 인체 또는 이와 동등 이상의 무게를 갖는 낙하물에 대해 충격을 받은 방망

③ 파손한 부분을 보수하지 않은 방망

④ 강도가 명확하지 않은 방망

▷ **방망 작성내용**

① 제조자명

② 제조연월

③ 재봉치수

④ 그물코

⑤ 신품인때의 방망의 강도

Tip

비고

질문 4.	◆ 산업안전보건법령상 지붕공사 시 추락방지 조치에 대해 설명하세요.(14.15회 기출문제)
출처	산업안전보건기준에 관한 규칙 제45조
답	지붕 위 작업은 추락·전도 위험이 매우 크므로 사업주는 안전난간 → 추락방호망 → 안전대의 단계적 방호조치를 실시하여야 한다. ▷ **지붕공사 시 추락방지 조치** 1. 지붕의 가장자리에 안전난간을 설치할 것 2. 채광창(skylight)에는 견고한 구조의 덮개를 설치할 것 3. 슬레이트 등 강도가 약한 재료로 덮은 지붕에는 폭 30센티미터 이상의 발판을 설치할 것 4. 안전난간을 설치하기 곤란한 경우에는 추락방호망 설치 5. 추락방호망 설치하기 곤란한 경우에는 안전대 착용
Tip	▶ 시설이 먼저, 보호구는 마지막이다. 법령은 난간 → 방호망 → 안전대 순서로 규정하고 있습니다.
비고	▶ 지붕작업 시에는 안전난간을 우선 설치하고, 곤란 시 추락방호망, 최종적으로 안전대를 적용하며 채광창 덮개와 취약지붕 발판(30cm 이상)을 통해 추락재해를 예방한다

질문 5.	◆ **표준안전난간 설치기준에 대해 설명하세요.(14회 기출문제)**
출처	산업안전보건기준에 관한 규칙 제13조
답	▷ **표준안전난간 설치기준** 1. 구성요소 ① 상부 난간대 : 바닥면 등으로부터 90cm 이상 지점에 설치할 것 – 단, 120cm 이상 지점에 설치하는 경우에는 중간 난간대를 2단 이상으로 균등하게 설치하고, 난간 상하 간격은 60cm 이하가 되도록 할 것 ② 중간 난간대 : 상부 난간대와 바닥면의 중간에 설치할 것 ③ 발끝막이판 : 바닥면등으로부터 10센티미터 이상의 높이를 유지할 것 ④ 난간기둥 : 상부 난간대와 중간 난간대를 견고하게 떠받칠 수 있도록 적정한 간격을 유지할 것 2. 구조적 안전기준 ① 난간의 구조적 강도 : 가장 취약한 지점에서 임의의 방향으로 작용하는 100kg 이상의 하중에 견딜 것 ② 지름 및 재질 : 2.7센티미터 이상의 금속제 파이프나 그 이상의 강도가 있는 재료일 것
Tip	▶ 현장 점검 – 현장에서 난간의 견고함을 테스트할 때, 주로 난간대 중앙부를 바깥쪽으로 세게 흔들어보는 이유가 바로 이 '가장 취약한 방향'을 점검하기 위해서입니다.
비고	▶ 안전난간은 단순히 세워두는 울타리가 아닙니다. 100kg의 육중한 하중이 가장 약한 곳을 때려도 부러지지 않는 구조물이어야 합니다.

질문 6.

◆ **추락재해방지표준안전작업지침상 안전대 폐기기준(로우프, 벨트, 재봉부분, D링, 후크 및 버클 구분하여 설명)하세요.(14.15회 기출문제)**

출처

추락재해방지표준안전작업지침 제21조

답

안전대는 추락 시 인명을 보호하는 최후의 개인보호구로서, 손상·노후화 시 성능이 급격히 저하되므로 부위별 폐기기준을 엄격히 적용하여야 한다.

▷ **안전대 폐기기준(부위별)**

부위별	폐기기준
로우프	① 소선에 손상이 있는 것 ② 페인트, 기름, 약품, 오물 등에 의해 변화된 것 ③ 비틀림이 있는 것 ④ 횡마로 된 부분이 헐거워진 것
벨트	① 끝 또는 폭에 1밀리미터 이상의 손상 또는 변형이 있는 것 ② 양끝의 헤짐이 심한 것
재봉부분	① 재봉 부분의 이완이 있는 것 ② 재봉실이 1개소 이상 절단되어 있는 것 ③ 재봉실의 마모가 심한 것
D링	① 깊이 1밀리미터 이상 손상이 있는 것 ② 눈에 보일 정도로 변형이 심한 것 ③ 전체적으로 녹이 슬어 있는 것
후크 및 버클	① 후크와 갈고리 부분의 안쪽에 손상이 있는 것 ② 후크 외측에 깊이 1밀리미터 이상의 손상이 있는 것 ③ 이탈 방지장치의 작동이 나쁜 것 ④ 전체적으로 녹이 슬어 있는 것 ⑤ 변형되어 있거나 버클의 체결상태가 나쁜 것

Tip

▶ 안전대 중점 관리

① 충격 이력 우선: 외관상 멀쩡해 보이더라도 추락 시 충격을 흡수했던 안전대는 내부 섬유 조직이 파괴된 상태이므로 반드시 폐기합니다.

② 임의 수선 금지: 벨트가 찢어지거나 재봉이 풀린 것을 현장에서 임의로 꿰매어 사용하는 행위는 절대 금지됩니다.

③ 보관방법 :안전대의 주성분은 합성섬유로 햇빛(자외선)에 취약합니다. 사용하지 않을 때는 직사광선을 피해 통풍이 잘되는 곳에 보관해야 수명이 유지됩니다.

비고

▶ 안전대는 외관상 멀쩡해 보이더라도 섬유의 마모나 금속의 변형이 있다면 즉시 폐기해야 합니다.

질문 7.	◆ **낙하물 방지망, 방호선반 설치기준에 대해 설명하세요.(12.14회 기출문제)**
출처	산업안전보건기준에 관한 규칙 제14조
답	낙하물방지망과 방호선반은 고소작업 시 발생하는 자재·공구 낙하에 의한 2차 재해를 방지하는 방호시설로서, 작업구간 하부 및 외측에 설치하여 낙하물 확산을 차단하여야 한다. ▷ **낙하물 방지망 설치기준** – 그물망을 이용해 낙하물을 포집하는 시설 ① 설치위치 : 비계 외측, 건축물 외벽 작업부 ② 설치높이 : 지상으로부터 10m 이내에 설치하고, 이후 매 10m 이내마다 설치 ③ 내민길이 : 벽면으로부터 2m 이상 ④ 설치각도 : 수평면과 20° 이상 30° 이하 유지 ⑤ 그물코 규격 : 2cm 이하 ⑥ 틈새방지 : 망과 구조물 사이 틈 발생 금지/ 망과 망 사이 겹침 설치 ▷ **방호선반 설치기준** – 주로 출입구 상부나 차량 통행로 등 낙하물 위험이 큰 곳에 설치하는 견고한 선반 구조물 ① 설치 위치: 주출입구, 가설통로, 낙하물 발생 우려가 있는 장소 상부에 설치 ② 내밀기 길이: 비계 외측으로부터 수평 거리 2m 이상 ③ 설치 각도: 수평면과 20° 이상 30° 이하 유지 ④ 재질 및 강도: 틈새가 없도록 촘촘히 깔아야 하며, 낙하물 충격에 견딜 수 있는 충분한 강도의 목재나 금속판을 사용
Tip	
비고	▶ 낙하물 방지는 ‘망’을 사용하는 방식과 ‘선반’을 설치하는 방식으로 나뉩니다. 두 시설 모두 물체의 비산 거리를 고려한 설치 규격을 준수해야 합니다.

질문 8.	◆ 구축물 등의 안전성 평가 대상에 대해 설명하세요.(14.15회 기출문제)
출처	산업안전보건기준에 관한 규칙 제52조
답	사업주는 구축물 등이 외력, 손상, 하중 변화 등으로 붕괴 위험이 예상되는 경우 사전에 구조검토 및 안전진단 등 안전성 평가를 실시하여 위험요인을 제거하여야 한다. ▷ **구축물 등의 안전성 평가 대상** 1. 구축물등의 인근에서 굴착・항타작업 등으로 침하・균열 등이 발생하여 붕괴의 위험이 예상될 경우 2. 구축물등에 지진, 동해(凍害), 부동침하(不同沈下) 등으로 균열・비틀림 등이 발생했을 경우 3. 구축물등이 그 자체의 무게・적설・풍압 또는 그 밖에 부가되는 하중 등으로 붕괴 등의 위험이 있을 경우 4. 화재 등으로 구축물등의 내력(耐力)이 심하게 저하됐을 경우 5. 오랜 기간 사용하지 않던 구축물등을 재사용하게 되어 안전성을 검토해야 하는 경우 6. 구축물등의 주요구조부에 대한 설계 및 시공 방법의 전부 또는 일부를 변경하는 경우 7. 그 밖의 잠재위험이 예상될 경우
Tip	▶ 구조검토는 설계도서와 실제 시공 상태를 비교하고 하중조건에 따른 역학적 계산을 통해 구조적 안전성을 검토하는 것이며, 안전진단은 비파괴시험 등을 통해 콘크리트 강도, 철근 상태, 균열 등 구조물의 물리적 상태를 조사・평가하는 것이다.
비고	▶ 구조검토 결과 아무리 수치가 안전하게 나와도, 안전진단 결과 콘크리트가 중성화되어 철근이 부식되었다면 그 구축물은 위험한 것입니다. 따라서 검토와 진단은 반드시 병행되어야 합니다.

질문 9.	◆ 전기화재의 원인과 대책에 대하여 설명하세요.(10회 기출문제)
출처	KOSHA 자료 전기화재 사고예방 매뉴얼
답	전기화재는 전기설비의 결함이나 사용 부주의로 인해 과열·스파크·아크 등에 의해 발생하는 화재로서, 건설현장 및 산업현장에서 주요 화재원인 중 하나이다. ▷ **전기화재의 주요 원인** – 전기화재는 전기에너지가 열에너지로 변환되어 가연물에 점화되는 현상 ① 단락(합선) : 전선의 절연 피복이 손상되어 두 전선이 직접 접촉할 때 발생하는 거대한 아크열이 주된 원인입니다. ② 과부하 : 전선의 허용전류를 초과하여 많은 기기를 연결했을 때, 전선에서 발생하는 줄열에 의해 피복이 녹아 불이 붙습니다. ③ 누전 : 전류가 규정된 통로를 벗어나 구조물이나 대지로 흐르며 접촉 불량 지점에서 열을 발생시키는 현상입니다. ④ 접촉 불량: 전선과 단자 사이의 접속이 느슨할 경우 접촉 저항이 증가하여 국부적인 고열이 발생합니다. ⑤ 스파크(Arc) 및 정전기: 개폐기 작동 시 발생하는 아크나 정적 에너지가 인근 분진 또는 가연성 가스에 점화됩니다. ▷ **전기화재의 방지대책** ① 적정 차단기 설치 – 배선차단기 및 누전차단기를 용량에 맞게 설치(과전류와 누전 차단) ② 절연 성능 확보 – 접속부는 절연 테이핑이나 커넥터를 사용하여 노출방지 ③ 접지 실시 ④ 문어발식 배선 금지 ⑤ 정기 점검 ⑥ 주변 가연물 제거 – 분전반이나 전기 설비 주변에 종이, 목재 등 가연성 물질 보관금지 ⑦ 방폭형 스위치 사용 및 전기 기기 외함의 밀폐 유지
Tip	
비고	▶ 전기화재는 과전류·접촉불량·절연열화·누전·아크 등에 의해 발생하며, 차단기 설치, 접지, 절연관리 및 정기점검을 통해 예방할 수 있다.

질문 10.	◆ 화재위험작업시 특별교육 내용에 대해 설명하세요.(14회 기출문제)
출처	산업안전보건법 시행규칙 [별표 5]
답	사업주는 용접·용단 등 화재위험작업에 근로자를 배치할 때, 공통 교육 외에 아래의 특별안전보건교육(16시간 이상)을 실시해야 합니다. 건설 현장 대형 화재 사고를 예방하기 위해 시행규칙 별표 5의 라목 제38호에 매우 구체적으로 규정되어 있습니다. ▷ **화재위험작업시 특별교육 내용** – 가연물이 있는 장소에서 하는 화재위험작업 ① 작업준비 및 작업절차에 관한 사항 ② 작업장 내 위험물, 가연물의 사용·보관·설치 현황에 관한 사항 ③ 화재위험작업에 따른 인근 인화성 액체에 대한 방호조치에 관한 사항 ④ 화재위험작업으로 인한 불꽃, 불티 등의 흩날림 방지 조치에관한 사항 ⑤ 인화성 액체의 증기가 남아 있지 않도록 환기 등의 조치에 관한 사항 ⑥ 화재감시자의 직무 및 피난교육 등 비상조치에 관한 사항 ⑦ 그 밖에 안전·보건관리에 필요한 사항
Tip	▷ **교육 시간 및 실시 방법** ① 총 교육 시간: 16시간 이상 ② 분할 실시방법 – 최초 작업 종사 전: 4시간 이상 우선 실시 – 나머지 시간: 3개월 이내에 분할하여 실시 가능
비고	▶ 화재위험작업(용접·용단 등)은 불꽃·아크·고온금속 등에 의해 화재·폭발 위험이 매우 높은 작업이므로 사전에 특별교육을 실시하여 위험요인 인식 및 예방조치 능력을 확보하여야 한다. ▶ 화재위험작업 특별교육은 화재위험요인, 작업 전 가연물 제거, 작업방법, 소화설비 사용, 보호구 착용 및 비상대응 등을 교육하여 화재·폭발 재해를 예방하는 것이다

질문 11.	◆ **가연성물질이 있는 장소에서 화재위험작업 시 준수사항에 대해 설명하세요.(14회 기출문제)**
출처	산업안전보건기준에 관한 규칙 제241조
답	가연성 물질이 가득한 현장에서의 화재위험작업은 한순간의 방심이 대형 참사로 이어질 수 있습니다. 산업안전보건기준에 관한 규칙 제241조에 작업 전·중·후에 반드시 지켜야 할 안전조치가 규정되어 있습니다. ▷ **가연성물질이 있는 장소에서 화재위험작업 시 준수사항** 1. 작업 준비 및 작업 절차 수립 2. 작업장 내 위험물의 사용·보관 현황 파악 3. 화기작업에 따른 인근 가연성물질에 대한 방호조치 및 소화기구 비치 4. 용접불티 비산방지덮개, 용접방화포 등 불꽃, 불티 등 비산방지조치. 이 경우 용접방화포는 「소방시설 설치 및 관리에 관한 법률」 제40조제1항에 따라 성능인증을 받은 것을 사용해야 한다. 5. 인화성 액체의 증기 및 인화성 가스가 남아 있지 않도록 환기 등의 조치 6. 작업근로자에 대한 화재예방 및 피난교육 등 비상조치
Tip	
비고	▶ 가연성물질이 존재하는 장소에서의 화재위험작업(용접·용단 등)은 점화원 + 가연물 + 산소가 동시에 존재하는 매우 위험한 상태이므로 작업 전 제거·격리, 작업 중 관리, 작업 후 확인까지 전 단계 안전조치를 실시하여야 한다.

질문 12.	◆ **화재감시자를 배치해야 할 장소, 화재감시자의 업무, 화재감시자에게 지급해야 할 장비에 대해 설명하세요.(13회 기출문제)**
출처	산업안전보건기준에 관한 규칙 제241조의2
답	화재감시자는 용접·용단 등 화재위험작업 시 화재 발생을 사전에 감시하고 초기 대응을 수행하는 핵심 인력으로서, 가연물 존재 및 불꽃 비산 우려가 있는 장소에 반드시 배치하여야 한다. ▷ **화재감시자를 배치해야 할 장소** ① 작업반경 11미터 이내에 건물구조 자체나 내부(개구부 등으로 개방된 부분을 포함한다)에 가연성물질이 있는 장소 ② 작업반경 11미터 이내의 바닥 하부에 가연성물질이 11미터 이상 떨어져 있지만 불꽃에 의해 쉽게 발화될 우려가 있는 장소 ③ 가연성물질이 금속으로 된 칸막이·벽·천장 또는 지붕의 반대쪽 면에 인접해 있어 열전도나 열복사에 의해 발화될 우려가 있는 장소 ▷ **화재감시자의 업무** ① 배치된 장소에 가연성물질이 있는지 여부의 확인 ② 가스 검지, 경보 성능을 갖춘 가스 검지 및 경보 장치의 작동 여부의 확인 ③ 화재 발생 시 사업장 내 근로자의 대피 유도 ▷ **화재감시자에게 지급해야 할 장비** ① 확성기 ② 휴대용 조명기구 ③ 화재 대피용 마스크 등 대피용 방연장비(KS 제품/ 한국소방산업기술원의 기준을 충족하는 것)
Tip	▷ **화재감시자를 배치하지 않아도 되는 경우** – 상시·반복 작업 장소에 경보설비, 소화설비 또는 소화기가 충분히 갖춰진 경우
비고	▶ 화재감시자는 가연물 존재 및 화기작업 장소에 배치하여 불티 감시, 초기소화 및 잔불 확인을 수행하며 화재를 예방하는 역할을 한다.

질문 13.	◆ 건설현장에서 전기 감전재해 방지대책에 대하여 설명하세요.(14회 기출문제)
출처	산업안전보건기준에 관한 규칙 전기 기계·기구 등으로 인한 위험 방지 KOSHA 자료 전기작업 안전지침
답	건설 현장은 습기, 노출된 충전부, 이동형 전기 기계·기구가 많아 감전 사고의 위험이 매우 높습니다. ▷ **건설현장 전기 감전재해 방지대책** 1. 정의 – 감전이란 인체의 일부 또는 전부가 충전부(전기가 흐르는 부위)에 접촉하여, **인체 내부로 전류가 흐르는 현상(통전)**을 말합니다. 2. 감전 시 인체 반응 – 근육수축, 호흡곤란 및 심한 고통, 심실세동(심정지) 3. 감전재해 방지대책 1) 기술적 대책 ① 충전부 방호조치 : 절연덮개나 방호망 설치하여 직접 접촉방지 ② 이중절연구조 기구 사용 ③ 전기기기 외함은 접지 실시 ④ 이동형 전기기기는 접지형 콘센트 사용 ⑤ 누전차단기 설치 2) 관리적 대책 ① 공중걸이 하거나, 통로 횡단 시 케이블 보호관 설치 등의 전선관리 ② 습기많은 장소는 방수형 설비 사용 ③ 절연장갑, 절연화 등 반드시 착용 지도 ④ 고압선 주변 작업 시 절연용 방호구 설치 및 이격거리 확보 ⑤ 젖은 손으로 전기 취급 금지 등의 안전수칙 교육 실시 ⑥ 절연저항 측정 등 전기설비 정기점검
Tip	▶ 감전의 위험도는 전류의 크기, 통전시간, 통전경로, 전압에 의해 결정되며, 특히 전류의 크기가 가장 큰 영향을 미친다. ▶ 현장 습윤장소의 위험성 – 인체 저항의 가변성 : 땀에 젖은 손은 마른 손보다 저항이 1/25로 줄어듭니다. 똑같은 220V라도 비 오는 날 감전 사고가 훨씬 치명적인 이유 – 인체는 외부 환경(습기)에 따라 저항값이 변하며, 이는 통전 전류의 크기를 결정합니다.
비고	▶ 건설현장의 감전재해는 접지 및 누전차단기 설치, 절연 확보, 전원 차단, 이격거리 유지 및 정기점검과 교육을 통해 예방하여야 한다.

질문 14.	◆ 건설기계 장비별 전도 방지대책에 대해 설명하세요.(12회 기출문제)
출처	KOSHA 자료 건설기계 사고예방 매뉴얼
답	건설기계 전도는 지반조건, 작업방법, 장비특성에 의해 발생하며 대형 중대재해로 직결된다. 따라서 장비별 특성에 맞는 지반확보・하중관리・작업방법 통제가 핵심이다. ▷ **건설기계 장비별 전도 방지대책** 1. 크레인 ① 기초 및 앵커 고정 철저 ② 풍하중 고려 및 강풍 시 작업 중지 ③ 설치・해체 시 안정성 확보 ④ 하중 및 모멘트 제한 준수 2. 이동식 크레인 : 인양 하물에 의한 무게중심 이동이 가장 큰 장비 ① 아웃트리거 완전 전개 ② 받침판 설치 및 침하 방지 ③ 정격하중 준수(과부하 금지) ④ 작업반경 내 하중 관리 3. 굴착기 : 이동성과 회전이 잦아 경사지 작업 시 위험 ① 지반 보강 및 평탄화 ② 작업반경 내 하중 편중 방지 ③ 경사면 작업 시 저속・수평 유지 ④ 버킷 과적 및 급회전 금지 4. 항타기 및 항발기 : 리더의 높이가 수십 미터에 달해 전도 위험성이 매우 큰 장비 ① 깔판, 받침목 설치 ② 상부 → 버팀대 및 와이어로 고정 ③ 이동 시 레일클램프, 쐐기 고정 ④ 수직도 유지 5. 지게차 ① 적재물 중심 유지 ② 과적 및 편하중 금지 ③ 급회전 및 급정지 금지 ④ 경사면 주행 시 저속 유지 6. 차량탑재형 고소작업대 ① 수평 지반에서 설치 ② 아웃트리거 설치 및 고정 ③ 작업 중 이동 금지 ④ 작업대 과적 금지

질문 15.	◆ 산소결핍장소에서 작업 시 안전보건 조치사항에 대해 설명하세요.(11.12.13회 기출문제)
출처	산업안전보건기준에 관한 규칙 제619조의2
답	산소결핍이란 공기 중의 산소 농도가 18% 미만인 상태를 말합니다 산소결핍장소는 산소농도가 저하되거나 유해가스가 존재하여 질식·중독 재해가 발생할 수 있는 고위험 작업환경이므로 작업 전 산소 및 유해가스 농도를 측정·평가하여 적정공기 유지 여부를 확인하고, 그 결과에 따라 필요한 조치를 실시하여야 한다. ▷ **산소결핍장소에서 작업 시 안전보건 조치사항** 1. 산소 및 유해가스 농도 측정 ① 측정자 지정: 지식과 실무경험이 풍부한 사람을 지정하여 전용 측정장비 지급 ② 측정 시점: 작업 시작 전은 물론, 작업을 일시 중단했다가 다시 시작할 때도 반드시 측정 2. 측정자에 대한 교육 및 확인 ① 밀폐공간의 위험성 ② 측정장비의 이상 유무 확인 및 조작 방법 ③ 밀폐공간 내에서의 산소 및 유해가스 농도 측정방법 ④ 적정공기의 기준과 평가 방법 3. 부적정 공기 발견 시 즉각 조치 ① 송·배풍기를 이용한 강제 환기 실시 ② 환기만으로 부족할 경우 공기호흡기 또는 송기마스크를 지급하여 반드시 착용 후 진입 4. 감시자 배치 및 연락 체계 ① 감시자 배치 : 밀폐공간 입구에 상시 배치하여 작업 인원 점검 및 이상 유무를 확인 ② 대피용 기구: 비상 시 구조를 위한 구조용 삼각대, 윈치, 송기마스크, 로프 등 현장에 비치 ③ 출입 통제: 인가된 근로자 외에는 출입할 수 없도록 표지판을 게시하고 인원을 기록 5. 특별안전보건교육 실시
Tip	
비고	▶ 산소결핍장소는 산소농도가 저하되거나 유해가스가 존재하여 질식·중독 재해가 발생할 수 있는 고위험 작업환경이므로 작업 전·중·후에 걸쳐 측정·환기·감시·보호구 착용 등 체계적 관리가 필요하다

<table>
<tr><td>질문 16.</td><td>◆ 밀폐공간에 대하여 설명하세요.(9회 기출문제)</td></tr>
<tr><td>출처</td><td>산업안전보건기준에 관한 규칙 제618조, [별표 18]</td></tr>
<tr><td>답</td><td>▷ 밀폐공간
1. 정의
– “밀폐공간”이란 산소결핍, 유해가스로 인한 화재・폭발 등의 위험이 있는 장소로서 산업안전보건기준에 관한 규칙 별표 18에서 정하는 장소를 말합니다.
① 산소결핍: 공기 중의 산소 농도가 18% 미만인 상태
② 유해가스: 탄산가스, 일산화탄소, 황화수소 등 인체에 해를 끼치는 상태의 가스
③ 적정공기 범위
– 산소 농도: 18% 이상 23.5% 미만
– 탄산가스 농도: 1.5% 미만
– 일산화탄소 농도: 30ppm 미만
– 황화수소 농도: 10ppm 미만

2. 건설 현장의 대표적인 밀폐공간 종류 (별표 18)
① 지하 구조물 : 맨홀, 암거(Box Culvert), 정화조, 침전조, 케이슨 내부
② 저장 탱크 : 물탱크, 연료탱크, 사일로(Silo), 반응기 내부
③ 환기 불량 장소 : 지하 주차장(마감 도장 작업 시), 터널 막장, 관로 내부
④ 장기간 폐쇄된 공간 : 오랫동안 사용하지 않은 보일러 내부나 피트(Pit) 층

3. 밀폐공간의 위험 요인 (3대 재해)
① 질식 : 산소 부족으로 인한 뇌사 및 사망 (가장 빈번함)
② 중독 : 황화수소나 일산화탄소 등 유해가스 흡입
③ 화재・폭발 : 메탄 등 가연성 가스 체류 시 작은 불꽃에 의해 발생

4. 밀폐공간 작업 시 안전조치
① 산소 및 유해가스 농도 측정
② 환기 실시
③ 감시인 배치
④ 보호구 착용
⑤ 작업허가제 운영
⑥ 밀폐공간 작업 프로그램을 수립・시행</td></tr>
<tr><td>Tip</td><td></td></tr>
<tr><td>비고</td><td>▶ 사업주는 밀폐공간 작업 시 질식・중독 등 건강장해를 예방하기 위하여 작업 전・중・후 전 과정을 포함하는 밀폐공간 작업 프로그램을 수립・시행하여야 한다</td></tr>
</table>

질문 17.	◆ 밀폐공간 작업 프로그램에 대해서 설명하세요.(10회 기출문제)
출처	산업안전보건기준에 관한 규칙 제619조
답	밀폐공간 작업 프로그램이란 산소결핍·유해가스 중독 등 건강장해를 예방하기 위하여 밀폐공간 작업 전·중·후 전 과정을 체계적으로 관리하는 안전관리체계를 말한다. ▷ **밀폐공간 작업 프로그램** 1. 밀폐공간 작업 프로그램 수립 시 포함내용 ① 사업장 내 밀폐공간의 위치 파악 및 관리 방안 ② 밀폐공간 내 질식·중독 등을 일으킬 수 있는 유해·위험 요인의 파악 및 관리 방안 ③ 밀폐공간 작업 시 사전 확인 절차 ④ 안전보건교육 및 훈련 ⑤ 그 밖에 밀폐공간 작업 근로자의 건강장해 예방에 관한 사항 2. 밀폐공간에서 작업 전 확인사항 ① 작업 일시, 기간, 장소 및 내용 등 작업 정보 ② 관리감독자, 근로자, 감시인 등 작업자 정보 ③ 산소 및 유해가스 농도의 측정결과 및 후속조치 사항 ④ 작업 중 불활성가스 또는 유해가스의 누출·유입·발생 가능성 검토 및 후속조치 사항 ⑤ 작업 시 착용하여야 할 보호구의 종류 ⑥ 비상연락체계
Tip	
비고	▶ 밀폐공간에서의 질식 사고는 한 번 발생하면 치사율이 매우 높기 때문에 단순한 주의사항 전달만으로는 부족합니다. 그래서 법적으로 밀폐공간 보건작업 프로그램이라는 체계적인 관리 시스템을 수립하고 시행하도록 강제하고 있습니다.

질문 18.	◆ 건설현장의 밀폐공간 작업 시 사전안전조치 사항 및 재해예방대책에 대해 설명하세요. (11회 기출문제)
출처	산업안전보건기준에 관한 규칙 제619조, 제619조의2
답	밀폐공간은 환기 불량으로 산소결핍 · 유해가스 중독 · 화재 · 폭발 위험이 상존하는 고위험 작업장으로, 「산업안전보건기준에 관한 규칙」 제619조(프로그램) 및 제619조의2(측정 · 기록)에 따라 사전조치와 작업 중 · 후 관리를 체계적으로 수행하여야 한다. ▷ **밀폐공간 작업 시 사전안전조치 사항** ① 밀폐공간 보건작업 프로그램 수립: 위치 파악, 유해 요인 분석, 교육 훈련 등을 포함한 종합 관리 계획을 세워야 합니다. ② 산소 및 유해가스 농도 측정 – 측정 시점: 작업 시작 전 및 작업을 일시 중단했다가 다시 시작할 때 반드시 실시합니다. – 적정 공기 기준: 산소(18%~23.5%), 황화수소(10ppm 미만), 일산화탄소(30ppm 미만), 이산화탄소(1.5% 미만) ③ 지속적 환기 실시: 송 · 배풍기를 이용하여 내부 공기를 완전히 교체하고, 작업 중에도 가동해야 합니다. ④ 출입구 게시 및 통제: 작업 정보, 측정 결과, 비상연락망 등을 출입구에 게시하고 인가된 자만 출입시킵니다. ▷ **밀폐공간 작업 시 재해예방대책** ① 화재 · 질식 감시자 배치: 밀폐공간 외부 입구에 감시자를 상주시켜 내부 작업자와 상시 연락 체계 유지 ② 연락 체계 가동: 외부 감시자와 내부 작업자 간의 무전기, 신호 로프 등을 통한 정기적 확인. ③ 지속적 환기 및 재측정: 작업 중 가스 발생 우려가 있는 경우(용접, 도장 등) 실시간 농도 측정기 휴대. ④ 비상구조 체계 가동 – 감시인에 의한 즉시 구조, 구조장비 상시 대기, 비상대응 · 구조훈련 실시
Tip	▶ [비상 대응] 사고 발생 시 구조 대책 – 사고 발생 시 구조자가 질식하는 '2차 재해'를 막는 것이 핵심입니다. ① 비상 구조 장비 비치: 구조용 삼각대, 윈치(Winch), 구명줄, 송기마스크 등을 현장에 상시 비치하여 즉각적인 구조가 가능케 합니다. ② 무단 진입 금지 교육: 동료가 쓰러졌을 때 보호구 없이 뛰어들지 않도록 철저히 교육합니다. 반드시 공기호흡기를 착용한 상태에서만 구조에 나서야 합니다. ③ 특별안전보건교육: 밀폐공간 작업자 및 감시자에게 위험 요인과 구조 장비 사용법, 응급처치(CPR) 등을 포함한 16시간의 특별교육을 실시
비고	▶ 밀폐공간 작업은 프로그램 수립, 가스측정 · 환기, 작업허가를 선행하고, 작업 중 지속관리와 구조 체계를 통해 질식 · 중독 재해를 예방하여야 한다.

MEMO

03 건설현장 안전관리

분류	질문번호	회차	질문내용
1. 계절별 안전관리 (하절기)	1	11.15	건설현장 계절별 위험요인중 장마철 위험요인 및 안전대책에 대해 설명
	2	8	태풍 대비한 현장의 안전관리 방안에 대해 설명
	3	9	폭염 시 공사장 안전관리 대책에 대하여 설명
	4	7	온열질환에 대하여 설명
		11.12.13	온열질환의 종류 및 초기증상, 예방수칙, 응급처치 요령에 대하여 설명

질문 1.	◆ 건설현장 장마철 위험요인 및 안전대책에 대해 설명하세요.(11.15회 기출문제)
출처	KOSHA 자료 장마철 건설현장 안전보건 길잡이
답	▷ 건설현장 장마철 위험요인별 및 안전대책 1. 집중호우로 인한 지반 붕괴 및 침수 – 강우로 인해 토사 내 수분이 많아지면(간극수압 상승), 지반의 전단 강도가 떨어져 무너짐 1) 위험요인 : 굴착면・사면 붕괴, 흙막이 지보공 붕괴, 현장 침수 및 고립 2) 안전대책 ① 현장 내 배수로 확보 및 양수기(펌프) 사전 점검 ② 사면 보호: 경사면에 비닐이나 천막(Blue Sheet)을 덮어 빗물 침투 방지 ③ 점검 강화: 흙막이 지보공의 변위 여부를 정밀 점검 2. 고온다습한 환경에서의 감전 사고 – 장마철은 습도가 높고 바닥에 물이 고여 있어, 인체 저항이 낮아지므로 감전 발생 증가 1) 위험요인 : 침수된 전기 설비 접촉, 젖은 손으로 기기 조작, 절연 파괴로 인한 누전 2) 안전대책 ① 누전차단기 점검 : 모든 임시 분전함에 누전차단기 설치 및 작동 확인 ② 외함 접지: 전동기기 및 철제 구조물에 외함 접지 실시 ③ 절연 보호구: 절연 장화 및 절연 장갑 착용 3. 강풍 및 태풍으로 인한 전도・낙하 – 장마와 함께 동반되는 강풍은 가설 구조물을 쓰러뜨리거나 자재를 날려 2차 사고를 유발 1) 위험요인: 비계・거푸집 동바리 전도, 타워크레인 붕괴, 낙하물 비래(날림) 2) 안전대책 ① 결속 강화 : 비계 벽이음(Wall Tie) 간격 준수 및 거푸집 동바리 수평 연결재 보강 ② 크레인 안전 : 순간풍속 10m/s 초과 시 운전 중지 ③ 자재 결속 4. 폭염으로 인한 온열질환 – 장마 기간 중 습도가 높은 상태에서 기온이 오르면 체온 조절이 어려워져 온열질환자 급증 1) 위험요인 : 열사병, 열탈진(일사병), 열경련 등 2) 안전대책 ① 물・그늘・휴식 : 깨끗한 물과 시원한 그늘(휴게시설)을 제공하고, 폭염 특보 시 매시간 10~15분 휴식 보장 ② 작업 시간 조정 : 가장 뜨거운 시간대(14:00~17:00)에는 옥외 작업을 지양/ 무더위 휴식시간 적용
Tip	
비고	▶ 장마철은 강우, 지반연약화, 시야저하 등으로 인해 붕괴・전도・감전・미끄럼 재해가 증가하는 시기로서, 사전 대비와 현장관리 강화를 통해 위험요인을 제거하여야 한다.

질문 2.	◆ 태풍 대비한 현장의 안전관리 방안에 대해 설명하세요.(8회 기출문제)
출처	KOSHA 자료 장마철 건설현장 안전보건 길잡이
답	▷ **태풍 대비한 현장의 안전관리 방안** 1. 태풍 내습전 조치 ① 기상정보 확인 및 대응계획수립 ② 타워크레인 등 : 선회 브레이크 해제(바람 저항 최소화) ③ 가설구조물 보강조치 : 벽이음 보강 및 가림막 제거 ④ 낙하물 방지조치 : 자재 및 공구 정리·결속/ 비산 우려 자재 제거 2. 태풍 통과시 조치 ① 강풍 시 고소작업 중지 및 타워크레인 작업 중지 ② 근로자 대피 : 위험구역 통제 ③ 비상 대기 3. 태풍 통과 후 조치 ① 가설 구조물 점검 ② 전기 설비 점검 ③ 지반 침하 및 붕괴 여부 점검 ④ 안전점검 후 작업 재개 ⑤ 이상 발견 시 보수 후 작업
Tip	▶ 태풍 등 강풍 예방조치 ① 각 종 시설물, 건설기계장비(타워크레인 등), 자재 등 결속상태 점검 및 보강 ② 기상정보 수시 확인 등 기상 변화 주시, 비상대피계획 수립·운영 ③ 유리창, 가설물 인근 등 낙하물 우려 장소 접근 통제
비고	▶ 태풍은 강풍·폭우를 동반하여 가설구조물 전도, 낙하물, 침수, 감전 등 중대재해를 유발하므로 사전 대비와 상황별 단계적 안전관리가 필수이다.

질문 3.	◆ 폭염 시 공사장 안전관리 대책에 대하여 설명하세요.(9회 기출문제)
출처	KOSHA 자료 장마철 건설현장 안전보건 길잡이
답	▷ **폭염 시 공사장 안전관리 대책** 1. 폭염시 위험요인 ① 고온 · 고습 환경 → 체온 상승 ② 탈수 및 전해질 불균형 ③ 보호구 착용에 따른 열 축적 ④ 집중력 저하 → 추락 · 협착 등 2차 재해 2. 안전관리 대책 ① 작업시간 및 작업관리 – 무더위 시간대(12~17시) 작업 최소화 또는 중지 – 작업시간 단축 및 교대작업 실시 – 작업강도 조절 ② 휴식 및 냉방시설 – 그늘막, 휴게시설 설치 / 규칙적 휴식시간 부여 ③ 수분 및 염분 공급 ④ 건강관리 – 온열질환 증상자 즉시 작업 중지/ 신규작업자 적응기간 부여 ⑤ 온열질환 예방교육 / 응급조치 방법 교육 ⑥ 응급조치 및 비상대응
Tip	
비고	▶ 폭염은 고온환경으로 인해 열사병 · 열탈진 등 온열질환과 작업능력 저하로 인한 2차 사고를 유발하므로 작업환경 개선과 작업관리, 건강관리를 병행한 체계적 대책이 필요하다

<table>
<tr><td>질문 4.</td><td>◆ 온열질환에 대하여 설명하세요.(7회 기출문제)
◆ 온열질환의 종류 및 초기증상, 예방수칙, 응급처치 요령에 대하여 설명하세요.
(11.12.13회 기출문제)</td></tr>
<tr><td>출처</td><td>KOSHA 자료 장마철 건설현장 안전보건 길잡이</td></tr>
<tr><td>답</td><td>온열질환이란 고온환경에서 체온조절 기능이 저하되어 열에 의해 발생하는 급성 건강장해(열사병, 열탈진 등)를 말한다.

▷ 온열질환의 종류 및 초기증상
<table>
<tr><th>종류</th><th>초기증상</th></tr>
<tr><td>열사병</td><td>가장 위험. 체온이 40℃ 이상으로 치솟으며, 땀이 나지 않고 의식이 혼미해짐</td></tr>
<tr><td>열탈진</td><td>흔히 말하는 ‘일사병’. 과도한 발한(땀), 극심한 피로, 어지럼증, 구토</td></tr>
<tr><td>열경련</td><td>고온에서 심한 육체활동 시 근육(종아리, 팔, 배 등)에 경련과 통증 발생</td></tr>
<tr><td>열실신</td><td>뇌로 가는 혈류가 일시적으로 부족해져 갑자기 정신을 잃고 쓰러짐</td></tr>
</table>

▷ 온열질환 예방수칙
① 물 : 시원하고 깨끗한 물을 규칙적으로 섭취
② 그늘 : 햇볕을 완전히 차단하고 바람이 통하는 시원한 장소 제공
③ 휴식 : 폭염 특보 시 매시간 10~15분 이상 휴식, 가장 뜨거운 시간대(14~17시) 작업 중지 권고

▷ 응급처치 요령
① 의식 확인: 환자의 의식이 있는지 확인하고 즉시 119에 신고합니다.
② 시원한 곳으로 이동
③ 체온 낮추기
④ 수분 섭취: 의식이 있을 때만 시원한 물을 조금씩 마시게 합니다. (의식이 없으면 기도로 넘어갈 위험이 있어 절대 금지!)</td></tr>
<tr><td>Tip</td><td></td></tr>
<tr><td>비고</td><td>▶ 온열질환은 고온환경에서 발생하는 건강장해로서 물・그늘・휴식의 예방수칙을 준수하고, 이상 발생 시 즉시 작업중지 및 체온저감과 응급조치를 통해 재해를 예방한다.</td></tr>
</table>

MEMO

4주완성 합격마스터

산업안전지도사 3차 면접 - 건설안전 분야

2026년 4월 30일 초판 발행

저　　자 안우현(안길웅)
발 행 인 김은영
발 행 처 오스틴북스
주　　소 경기도 고양시 일산동구 백석동 1351번지
전　　화 070)4123-5716
팩　　스 031)902-5716
등록번호 제396-2010-000009호
e-mail ssung7805@hanmail.net
홈페이지 www.austinbooks.co.kr

I S B N 979-11-24051-57-3 (13500)
정　　가 26,000원